名门家风

沈秀红 —— 主编

图书在版编目（CIP）数据

名门家风 / 沈秀红主编. -- 北京：华文出版社，2024.6（2024.10 重印）

ISBN 978-7-5075-5848-7

Ⅰ.①名… Ⅱ.①沈… Ⅲ.①家庭道德 – 中国 Ⅳ.① B823.1

中国国家版本馆 CIP 数据核字 (2024) 第 104715 号

名门家风
MING MEN JIA FENG

主　　编：	沈秀红
责任编辑：	景洋子
出版发行：	华文出版社
地　　址：	北京市西城区广外大街 305 号 8 区 2 号楼
邮政编码：	100055
网　　址：	http://www.hwcbs.cn
电　　话：	总编室 010-58336239　发行部 010-58336202
	编辑部 010-58336252
经　　销：	新华书店
制　　版：	北京禾风雅艺文化发展有限公司
印　　刷：	三河市航远印刷有限公司
开　　本：	880mm×1230mm　1/32
印　　张：	15.125
字　　数：	320 千字
版　　次：	2024 年 6 月第 1 版
印　　次：	2024 年 10 月第 2 次印刷
标准书号：	ISBN 978-7-5075-5848-7
定　　价：	65.00 元

版权所有，侵权必究

前　言

到过嘉兴的人都惊奇于嘉禾一邑的人文渊薮。我做名家后人访谈这个系列时，不时会感慨，近现代之人文嘉兴，真是一个取之不竭、令人沉迷的宝藏。

你看那一个个名头响亮的人物：硕学通儒沈曾植，国学大师王国维，出版巨擘张元济、陆费逵，艺术奇才李叔同，学者、书法家张宗祥，兵学泰斗蒋百里，史学大家朱希祖，新闻泰斗严独鹤，文学巨匠茅盾，诗人徐志摩和穆旦，漫画家丰子恺、张乐平、米谷，诗人、书画家陆维钊，古文字学家唐兰，书画艺术家、收藏家钱君匋，词学家吴世昌，词人、古典文学研究专家沈祖棻，历史地理学家谭其骧，数学家陈省身，翻译家朱生豪，摄影家徐肖冰，电影艺术家史东山、孙道临，武侠小说家金庸……

文坛尤盛。早有人考证，浙江文人占据了五四运动以来中国现代文学的半壁江山，而嘉兴文人又占了浙江的近三分之一。

这样的一个现象级宝藏，作为媒体人又岂能放过。

《名门家风》来源于我在主持《嘉兴日报》副刊期间策划的一个栏目"名人之后"，从2012年开始，做了多年。只是，我们切入的视角与以往有所不同：追踪文化名人子嗣，透过他们的目光来看先贤、探家风，同时关注出身书香门第的"名人之后"这个群体的成长和生活状态,关注这一个个家族在风云变幻的历史进程中的变迁。个人和家族变迁的背后,是什么?文化大家的家风又是如何传承的?

我们先后进行了两轮、跨度长达八年的寻访,采访团队的足迹到过京、津、沪、杭、穗等城市,采访邮件直抵海外,一共采访到33位近现代嘉兴籍文化名家的后代,还原了一段段或被湮没或被扭曲的历史,收集了不少珍贵的图片和音频音像资料。

进入我们视野的文化名家,最长者为出生于1850年的清末"硕学通儒"沈曾植,最小的是出生于1921年的电影表演艺术家孙道临,时间跨度半个多世纪。

如今得以以完全版的全新面貌出版,过程稍显曲折。

文化名家,之所以能成大家乃至大师,个中原因很多,有一点令我们在采访中感受尤深,那就是李叔同对弟子丰子恺说过的那句话——"士先器识而后文艺"。通俗地讲,就是"先做人,再做事"。

这几乎成为我们这个系列大师们的共识。

名门家风,有言传,更多的是身教。

他们对脚下这块土地的热爱,那一份浓浓的家国情怀,无不以其格局之大、气节之高给人留下深刻印象。在血雨腥风的岁月里,这些文化大家都曾遭遇劫难,但无一不对国家心怀无限包容。

抗战时期,沈钧儒同邹韬奋、李公朴、史良、沙千里、章乃器、王造时,为了促进全民族统一抗战而奋战,却不幸被逮捕,史称"七君子"事件。研究者称沈钧儒身上既有吴文化的亲厚、友善、忠义、爱家等风范,又流淌着刚毅、坚贞、顽强的越文化血液。

蒋百里挥笔写就《国防论》，提出了抗日持久战的著名论断，他认为抗日必须以国民为本，打持久战。他断言，中国对日本，打不了，亦要打，打败了，就退，退了还是打，五年、八年、十年总坚持打下去，不论打到什么天地，穷尽输光不要紧，千千万万就是不要向日寇妥协，最后胜利定是我们的。

中华书局创始人陆费逵，平时不怎么管孩子们的学习，但要求他们"必须学好汉语，一定不能做亡国奴"。他提倡书业"华商自办"。当时，上海有上百家印刷厂，很多都是日本人开的，所以他在上海（静安寺、澳门路）和香港等很多地方办印刷厂，就是为了分散风险。陆费逵办过的杂志中，有一本叫《新中华》，就是提醒人们"人人有国家观念，人人明白自己是中国人"。

被著名报人范敬宜誉为"新闻界闻一多、朱自清式的人物"的严独鹤，1932年"一·二八"事变后，将他主编的《新闻报》副刊《快活林》改名为《新园林》，把这份副刊办成了宣传抗日的阵地。为此，严独鹤多次收到装有子弹的恐吓信，并被日本宪兵司令部传讯，但他毫不退缩。1941年12月8日太平洋战争爆发后，敌伪接管《新闻报》，严独鹤愤然离去。他创办的大经中学后来受到胁迫，他与合作伙伴毅然解散学校，回家过清贫日子。

几乎同时，书画家、诗人陆维钊面临的是，日军占领租界，松江女中被迫第二次停办，没有了生活来源，他一度依靠朋友接济和鬻字卖画勉强维持一家生计，但毫不犹豫拒绝了汪伪政府的邀约。

"抗战那段经历，以前他不愿意多讲。实际上，这段经历非常了不起。"张乐平的子女在父亲身后才知道，抗战时，父亲一直在抗日第一线。"当时上海漫画家组成抗战漫画宣传队，父亲是副领队。他为画抗日宣传画出生入死。他深入基层，辗转各地，坚持到抗战胜利，这从我们兄弟姐妹的出生地就能看出来。"张乐平大女儿张娓娓1941年出生于江西上饶，二女儿张晓晓1943年出生于江西赣州，大儿子张融融1945年12月出生于广东梅县。这就是张乐平在抗战中的足迹。

莎剧翻译家朱生豪，"在民族危亡的关头，他虽然只是一个文弱书生，出现在侵略者面前的，却是一个'金刚怒目'的文化战士。他以'屈原是，陶潜否'的鲜明态度投身抗日事业，在日伪势力笼罩的上海'孤岛'（上海沦陷后的租界区），在随时都有被绑架暗杀的恐怖中，他以笔为武器，和日伪法西斯进行了短兵相接的战斗，写下了一千多篇旗帜鲜明的时政短论，为我国的抗战文学留下了浓墨重彩的一笔"（其子朱尚刚语）。

诗人穆旦曾是中国远征军中的一名战士，为抗战写下一首首祭歌。他曾用这样的诗句来祭奠野人山中的无数英魂："你们的身体还挣扎着想要回返，而无名的野花已在头上开满……过去的是你们对死的抗争，你们死去为了要活的人们的生存，那白热的纷争还没有停止，你们却在森林的周期内，不再听闻。"

词学家吴世昌，1962年听从祖国召唤，放弃国外的优渥生活，携全家回国。

数学家陈省身和夫人早早立下遗嘱，将遗产一分为三，除一双儿女外，还加上了南开数学研究所。南开数学研究所于1985年10月17日成立，陈省身一直希望它能成为国际数学中心。他的另一个心愿是，中国在21世纪成为数学大国。他曾写下了这样的诗句："一朝数学大国日，家祭无忘告乃翁。"

……………

心怀天下、淡泊名利，几乎是所有文化大家的共性，他们将其浸润于血液，传承给后人。

茅盾之子韦韬："政府规定，给予高级干部特殊服务，但父亲却认为，凡是私人的需求，一律不能沾公家的光。他一般外出都不带秘书，生活起居由自己料理，公家配备的厨师，他也以'家里人口少'为由谢绝了。"

茅盾临终捐出所有25万元稿费，设立茅盾文学奖。如今茅奖已成为中国文坛最权威的奖项之一。他唯一的儿子韦韬在世时，为人低调谦逊，每次到桐乡参加活动，都婉拒桐乡政府部门的接送，连一盒榨菜这样的土特产，都坚持自费购买。

王东明回忆父亲王国维："父亲生前教育我们后代，要勤奋读书，认真做事，要做个好人，不贪财，不争利……"

张宗祥之孙张耕："爷爷对钱财、名利的淡泊，从小就通过言传身教，附着在我们体内。"

孔另境之女孔明珠："父亲一生影响我'做一个大写的人'。"

沈祖棻之女程丽则："母亲留下的最大财富是精神财富。我母亲是经历过富贵的，因为她家里很有钱。但是在选择爱情或者事业的时候，她又可以安于清贫，这是最不容易的，现代人最不容易做到的。"

争议如徐志摩，他身后，朋友们对他的评价惊人的高，首先不是说他诗作得如何好，而是为人如何真、善、美。当国人因为一部剧对徐志摩情感戏的无限放大，从而对他的为人产生认识上的偏差时，作为后人，又是如何认识自己的祖父的？说来难以置信，当初布置采访任务时，部门里竟没有一个姑娘愿意采访志摩后人，以至于我不得不接受这个她们眼里的"烫手山芋"。

事实证明，志摩被妖魔化了。

志摩后人，他的嫡孙徐善曾，随着他对祖父足迹的五年寻访，对祖父的认识逐渐加深，他专门为祖父写了一本传记《志在摩登》。当他来国内为这本传记的中文版做分享时，我当面采访了他。徐善曾这样理解自己的祖父："我祖父的旅程从来都不是一种冒险，无论是身体上的冒险，还是精神上的冒险，都是对人性的探寻。他终其一生，一直在探寻着如下的问题，就是所谓的摩登到底是什么，所谓真正伟大的灵魂又是什么？""他认为通过他的诗歌和他的真诚面对理想，可以将他的国家和他的人民带离一个充满不合时宜的习俗和信仰的时期，前往情感和理性的自由，进入现代光明的自由国度。"

人性到底是什么？何为善，何为恶？

很自然地，我想到了经过长达半年时间采访完成的志摩后人文稿，被山东一家媒体同行以极巧妙的手段剽窃。

所幸，这是我们这个系列采访过程中极个别的不快。

每一位文化大家，都是一本浩瀚之书。身为采访者，我们感怀太多，先贤的德才兼备、心怀家国，后人的谦逊平易、低调担当……不得不说，从后人身上我们感受到了名门家风的传承滋养，如沐春风。

记得有位素昧平生的读者张家鸿写来观感（《名人之后》一书于2017年7月曾有幸忝列李辉策划主编的"副刊文丛"，内容选编了"名人之后"栏目部分报道，在大象出版社出版），他这样写道："在这些后人身上，我感到的是一种冷静和责任。冷静的是他

前言

们并不因为身为名人之后,而借先父先祖之名大肆炒作,以博得关注,捞取名和利,而是对文化传播艰难的深深担忧,心生时不我待的紧迫感与责任心,因之而投入纷繁芜杂的研究中。这就是所谓的'家学渊源'。"

心有戚戚。

因这个系列启动至今已超过10年,今夏,我们对这个系列做了全面修订,对能联系到的名家后人都做了回访,得到了他们的大力支持,也因此得以让我们对名家后人的近况,尤其是家风传承,做了弥足珍贵的补充和完善,同时校正了原稿中的一些错讹。本书很多老照片,得到了被访名家后人的授权。在此一并表示感谢!

感恩有那么多人的支持,才让这个系列从一个粗浅的想法变成一个个版面,最后化为精美的书。要感谢的人太多,详见本书最后《致谢》。

有些列入采访计划的文化名人,如巴金(祖籍嘉兴)、金庸、王蘧常等,或因其后人低调,或因其他原因,没能完成采访,留下遗憾。

本书入选2017年嘉兴市文化精品工程重点扶持项目。

本书所有篇目按嘉兴籍文化名人的出生时间先后编次。

我们的勉力搜索,共圈定了33位近现代嘉兴籍文化名人,这对星光璀璨的人文嘉兴而言,犹如沧海一粟,差错亦难免,还望读者诸君不吝指正。

沈秀红

2023年7月于禾城

目 录
CONTENTS

沈曾植后人：历史地看，沈曾植是一个爱国学者 / 002

张元济后人：第一件好事还是读书 / 017

褚辅成后人：老老实实凭本事吃饭 / 030

沈钧儒后人：沈家的后代，最看重学问和气节 / 046

王国维后人：我们的家风是讲勤奋、讲奉献、淡名利 / 061

朱希祖后人：我的精神家园是整理他们的手稿 / 077

李叔同后人：弘祖的嘉言懿行是我们行为的准则 / 090

张宗祥后人：他希望我们内外兼修，做有用的人 / 105

蒋百里后人：父亲对我们的教育，是采取中西合璧的方式 / 120

陆费逵后人：父亲要求我们必须学好汉语 / 137

张天方后人：父亲留下的最宝贵财富是家国情怀 / 149

严独鹤后人：他是一个正直的有独立人格的知识分子 / 165

葛昌楣后人：把家族优良传统传承下去 / 180

茅盾后人：父亲心中有一只迎风而立的雄鹰 / 194

徐志摩后人：祖父的人生旅程，是对人性的探寻 / 208

丰子恺后人：爸爸教导我们牢记"士先器识而后文艺" / 226

陆维钊后人：父亲教我们做正直的人 / 239

唐兰后人：最可贵的是，在学术上父亲骨头很硬 / 252

史东山后人：我把爸爸的学习奋斗精神传给了儿子 / 265

孔另境后人：父亲一生影响我们"做一个大写的人" / 278

陈学昭后人：母亲特别看重人格的塑造 / 290

钱君匋后人："能婴儿"和"豫则立"，影响祖父一生 / 302

吴世昌后人：影响我一辈子的，是爱国主义 / 316

沈祖棻后人：她留下的最大财富是精神财富 / 331

张乐平后人：父亲希望我们做事不要太张扬 / 347

谭其骧后人：在我心中，有八个词可以形容父亲 / 362

陈省身后人：父亲留给我们的一大财富是做人的方式 / 374

朱生豪后人：父亲的殉道者精神让后人铭记 / 387

蒋礼鸿后人：父亲一生为人为文都贯穿一个"朴"字 / 401

徐肖冰后人：父亲是个不拿枪的勇敢战士 / 415

穆旦后人：父亲为理想活着而津津有味 / 429

米谷后人：他用一生的行动，给我们做了典范 / 441

孙道临后人：父亲对自己的信仰从未改变 /457

致谢 / 470

沈曾植
（1850.04.11—1922.11.21）

浙江嘉兴人，字子培，号巽斋，晚号寐叟。被誉为"硕学通儒""中国大儒"，尤长于史学，深于地学，邃于律学，精于佛学，湛于诗学，卓于书学。

沈曾植和夫人李逸静并无生育，过继了胞弟沈曾樾（沈子林）一双儿女沈颎（慈护）和沈蕊。沈慈护与原配夫人李稚梅生有一女沈宜孙、一子沈培孙，与续弦劳善文育有一子沈乙孙。

> 他超越了他的时代,但他同时又是一个古人,很高古,至少是魏晋之前的古,是那样的气质和风度,以及精神境界。
>
> ——徐婷评价高祖沈曾植

沈曾植后人:
历史地看,沈曾植是一个爱国学者

■ 沈秀红 陈 苏

回 家

2018年10月23日,霜降。

嘉兴市秀洲区王店镇太平桥村,闻着空气里扑鼻的泥土芬芳,沿着蜿蜒的乡间小道,走过金灿灿的稻田,整饬一新的沈氏墓园,青松翠竹紧相依,新植的小草随风舞动,沈曾植次孙沈乙孙夫人孙昌淑,长孙沈培孙之女沈铨带着女儿徐婷,长孙女沈宜孙幼子胡增奇、黄月英夫妇,分别从加拿大、美国和深圳飞回家乡,祭扫先祖。

此次回乡,孙昌淑还有一项重要任务,将先生沈乙孙的部分骨灰安葬在祖坟中，以偿他的夙愿。"他在世时，就曾经问我，百年之后，是否愿意和他一起回到家乡。所以，他去世时，我就留下他的部分骨灰，一直带在身边。15年了，他终于叶落归根，这里有他的高祖、曾祖、祖父、父母、哥哥，一家团聚了。"

如沈乙孙一般，沈氏后人对家乡有深厚的牵绊，他们经常回家看看。沈铨女儿徐婷是第五代，与沈曾植隔着悠长的岁月，每年也会回到这个地方。

沈曾植一生经历戊戌变法、洋务运动、张勋复辟、辛亥革命、新文化运动等一系列历史事件。王国维尊老师沈曾植为清道光咸丰以来学界之魁斗。

沈曾植生于清末一个书香世家。祖父沈维鐈，官至工部左侍郎，居官清廉，善于发现和培育人才，曾发掘林则徐、曾国藩等人。父亲沈宗涵，仕途不顺，在沈曾植8岁时去世。沈曾植由母亲韩太夫人亲授唐诗并启蒙音韵学，后又得俞功懋、高伟曾等良师教诲，很早就确立了一条以学术为本位的经世济民之道。

光绪六年（1880），沈曾植考取进士，供职刑部，精研古今律法，著有《汉律辑存》《晋书刑法志补》等书，被推为"律家第一"。

1900年的"东南互保"运动，沈曾植是最早的筹划人之一。因义和团起义，盛宣怀与沈曾植、张之洞、刘坤一、李鸿章等人密商保护长江中下游地区（东南），这就是"东南互保"。1901年9月，沈曾植代替劳乃宣出任上海南洋公学（今上海交通大学）第四任总理（相当于校长），大力兴办教育。虽任职不到半年，但他建言识才，做了很多事。其间，他慧眼识珠，力主重用当时不太有名望的蔡元培。

他的内心，装着以"复兴儒术"救国和复兴亚洲的梦想。但大厦将倾的清王朝，终究无法承载沈曾植的理想。

促使沈曾植辞官回乡的导火索是，他不肯拿国库的银子招待贝子载振，得罪了权贵。沈曾植由此开启了人生的后半场——潜心研究佛学和书学。

这一隐退，中国历史上少了一位温良革新的政治家，但从此多了一位勇猛精进的大书家。

霜降已过，秋意已浓，天气渐凉，回到家乡的游子，心里却是暖洋洋的。

2015年6月，当地村民发现沈氏墓园被盗，报案后，公安机关成立了专案组。"嘉兴出了很大力气追查，后来破了案，文物也被追回了，现都移交嘉兴博物馆保管。"罪犯被抓获，先祖遗物得以寻回，并得到妥善安置，孙昌淑深感欣慰。他们原先一直牵挂着被盗的几处坟茔，"沈曾植墓虽然没被盗开，但其祖父沈维𫐄、父亲沈宗涵的墓都被盗挖，进了水"。听说墓园得到了整治和重新设计，他们就想着要回来看看。"墓园改造得非常好，比我们预期好得多。回填土都夯实了，砌了墙，还修了路，四面还装上了监控摄像机。政府花了大力气。"

回乡的这几天，沈氏后人回到桂花飘香的沈曾植故居，追溯着先人曾经生活过的痕迹；参观了已经修缮的文生修道院和被列入维修计划的嘉兴天主堂，追寻家乡多元的文化；参观了"冷仙亭"，亭外有沈曾植祖父沈维𫐄撰的《重建冷仙亭碑记》……

2018年10月25日,沈曾植后人扫墓后合影(从左到右:黄月英、胡增奇、童德淦、孙昌淑、沈铨、徐婷) 摄影 张青

捐 赠

2018年10月25日下午,沈曾植后人出现在嘉兴博物馆,参观了即将开展的"吾心吾怀"嘉兴博物馆60周年捐赠展。这个展上列有沈曾植之子沈慈护捐赠的沈曾植作品及其收藏文物。

从1957年到1960年,沈慈护和夫人劳善文将沈曾植收藏的书画、瓷器、文献、印章、杂件等捐给了浙江省博物馆和嘉兴博物馆。其中,1955年、1957年,沈慈护、劳善文夫妇先后两次向浙江省博物馆捐赠书画碑帖、图籍手稿等文物,共计1100余种,其中碑帖370余件；捐给嘉兴博物馆的有173件。这些藏品十分珍贵，其中不乏国家级文物。沈慈护、劳善文夫妇还将部分沈曾植信件、笔记等札件捐给了嘉兴市图书馆。

说起捐赠的原因，孙昌淑说："（捐赠）具体的经过，我们两家（沈曾植的两个儿子）都不知道，捐赠以后才知道。不住在一起嘛。我公公中风后，都是我婆婆协助他。她每年都整理，她爱惜这些东西。我以前不知道寐叟有这么多作品。我跟婆婆通信时，几乎每年她都提，又该到晾晒的季节了，要不然要长霉了。很多东西都很珍贵，但我不知道到底有什么东西。后来从捐赠目录里才知道，数量惊人的大。她不舍得让它们毁掉，最好的保存办法呢，就是捐给图书馆、博物馆，可以长期保存。再说他们两人都老了，两个儿子都是学工的。"

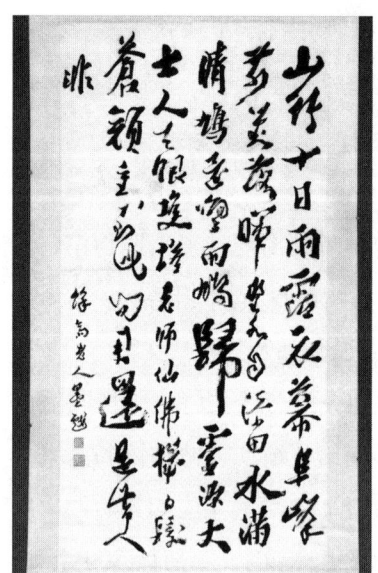

沈曾植行书中堂（国家二级文物）
沈慈护捐赠

嘉兴博物馆供图

看到我们携带的嘉兴博物馆出版的《海日流光》，92岁高龄的孙昌淑眼力敏锐："嘉兴博物馆出的书，我特别喜欢《海日流光》。我特别感谢我公婆把这些东西留下来，而且捐出来了。故居捐得更早，一解放（1950年）就捐了。"

孙昌淑介绍说，沈慈护，1898年生，在上海经商，曾任上海税务局局长。1920年上海发生流感，原配李氏夫人因病去世，他续娶劳乃宣（中国近代音韵学家、桐乡人）之女劳善文为妻。长子沈培孙时年两岁。

抗战前，沈慈护和人合办了光华火油公司，抗战时停业。日本人希望他做商会会长，被他拒绝。当时，家里人很多，他还帮着抚养侄子侄女，没有收入来源，不得不将部分海日楼藏书卖了。

抗战胜利后，光华火油公司恢复经营，1950年公私合营，沈慈护一直在这个公司工作，1963年去世。

对沈慈护，徐婷有自己的独特看法："沈慈护虽然没有做学问、学书法，但他做了一个很大的贡献，我们今天能够看到沈曾植的一些东西，全都靠他当时的整理和收集。（记者：还有捐赠。）捐赠是一方面。寐叟去世后，他召集了一些人来整理。寐叟的东西大家都知道，很零散的，比如拿一个信封拆开了，在背后写几个字，或者是在随便一本书的边边角角，就把他学问上的一些想法写下来。都是很零散的，没有成系统。包括后来的钱仲联，都是沈慈护找来的。他自己的字也写得非常好。如果没有他做这些事，沈曾植的东西可能就流失掉了。"

报 恩

沈慈护与两任夫人育有两子一女。长女沈宜孙，上海沪江大学化学专业毕业，后随丈夫到香港谋生，"她虽是标准的名门闺秀，却对新中国新社会心向往之"。不久，她独自带着幼子胡增奇返回内地，后响应号召，支边到内蒙古科尔沁，做中学教师。后被错划为"右派"，生活艰难，平平淡淡过了一生。

长子沈培孙，同济大学造船系毕业。抗战时去了重庆，在第十兵工厂任厂长，懂德语、英语、俄语、法语等多国外语。20世纪70年代学习计算机，学习编程，曾发表过多篇相关论文。

中华人民共和国成立后，沈培孙在上海第二纺织机械厂工作，曾参与设计湖南邵阳纺织机械厂和常德纺织机械厂。后来，他在常德纺织机械厂工作，直到退休。退休时他的职称是高级工程师。

次子沈乙孙，上海交通大学电机系毕业后，随地下党北上天津，1948年随军代表去唐山接收电厂，后在天津电业管理局工作。曾任华北电力设计院总工程师、院长。他是高级工程师，享受国务院政府特殊津贴，正局级离休干部。

"寐叟的两个孙子跟嘉兴的感情极特殊，特别深。"孙昌淑记得那时两人一直想为家乡做点事情。20世纪80年代中期，他们和嘉兴远亲沈如镜、吴文华夫妇商量，建议九联村（现为太平桥村）成立羊毛衫厂，让村民富裕起来。

徐婷记得曾听外公沈培孙说起过，"之所以选中九联村，因九联村村民在'文化大革命'中保护了沈家祖坟。另外，中华人民共和国成立前，沈乙孙听说反动派想抓他，也躲藏在附近区域"。

沈培孙在纺织机械研究所工作，帮着联系日本进口的横机。当时，沈乙孙任华北电力设计院院长，"他通过党委会讨论，支援家乡的三产建设，贷款进了机器，厂就建起来了"。孙昌淑记得，这个厂能建起来，除了当地村干部和沈如镜夫妇，沈培孙、沈乙孙两兄弟出了大力气。当时，沈培孙夫人是上海羊毛衫厂的高级技工，技术培训都是她在做，"那时，居住条件很艰苦，两个女工住在她家里学习"。羊毛衫厂的衣服孙昌淑穿过，她还记得1990年，她第一次去嘉兴，坐着船，还参观了羊毛衫厂。"九联羊毛衫厂对当地影响很大，至今当地村民还有生产羊毛衫的习惯。"

兄弟俩同时关注着沈曾植故居的恢复。

"房子是寐叟祖父沈维鐈建的，寐叟不做官回乡后，又重建，当时是三进，后面有花园，几经变迁，形成现在的两进半。"孙昌淑记得，1990年去位于嘉兴姚家埭的沈家老宅，楼梯摇摇晃晃，住了一二十户人家，晾晒着衣服，还搭建了很多简易建筑。

"20世纪80年代政策宽松后，我外公就为恢复沈曾植故居奔波。"直到1998年，沈培孙去世时故居都没有开放，徐婷记得他非常遗憾。

沈培孙去世后，弟弟沈乙孙接手了故居的事情。"他做了一些事情，见证了故居的开放（2001年12月30日对外开放）。但沈培孙做得更多，很遗憾，他没看到。"孙昌淑至今想起，仍唏嘘不已。

沈曾植故居　摄影　孟多多

传　承

　　徐婷是"75后",隔着遥远的时空,却受高祖寐叟影响颇深。深圳大学中文系毕业的她,如今在深圳做演员、影视宣传策划和编剧。对高祖,她真正开始去了解之时已经成年,虽然很多方面都已经定型,但这并不妨碍她对寐叟的崇敬。"越了解他,越是仰慕和喜爱,越想了解,无法自拔,不知不觉我就开始不断看各种书,学各种东西,包括练书法。不能达到他的高度,也不能深入研究,就是沿着一点点的轨迹慢慢靠近也好。他对我最大的影响就是提高了我的眼界,看过他的作品以后,一般东西都看不上了。"

　　"你必须自己开始/用你的全部存在/去同世界相会吧。"马丁·布伯的这几句话,徐婷觉得就像是寐叟的写照:"我不知道这是影响还是家族性格,全力地去感知这个世界,付出热情在喜爱的事物上,不求名利和回报,只是满足自己的内心,单纯地去学和做。"

　　徐婷正在学章草,在孙昌淑印象中,沈家后人没有学书法的,"(从文的)也就她一个。沈家,儿子一辈没有(从文的)"。

　　不过,孙昌淑记得寐叟大哥沈子承的外孙女刘先,对沈曾植很有研究,她旅居美国,2018年已近百岁。"她的母亲沈芙是由寐叟抚养长大,也是在寐叟家出嫁的,我们都叫她五姑姑。她的长女正是刘先,国立西南联合大学毕业,对寐叟的东西爱不释手,会到拍卖会上去拍东西。"寐叟六弟沈子林的外孙童德淦也很喜欢寐叟的东西,"他是十三姑的儿子,也在美国,今年80岁了,一直在收集、研究寐叟的东西"。10月25日上午,童德淦也到嘉兴,祭扫祖坟。谈到为什么对沈曾植感兴趣，童德淦说："我不研究文史，对沈子培先生，（人们）多半从他的艺术方面讲他是个书法家，当然他是书法家，同时也是做学问的，王国维向他请教过音韵学什么的。但他在政治上也有很多想法，也是有影响的，一般人对他这方面着笔不多，比如很少讲到他在北京组织强学会。"童德淦希望人们能更全面地了解沈曾植。

【对话】

"他超越了他的时代"

记　者：沈曾植先生是一代硕学通儒，他精博的学问、雄伟的识见，让人高山仰止。有人评价他尤长于史学，深于地学，邃于律学，精于佛学，湛于诗学，卓于书学。很多人喜欢援引陈寅恪、王国维、钱仲联，甚至俄国哲学家盖沙令伯爵的话来评价沈曾植先生。如陈寅恪称他为"近世通儒"；钱仲联则称他为"博大真人，通天教主"；盖沙令伯爵说他"盎然道貌足为中国悠久文明之代表"；而王国维更是尊他为清道光咸丰以来学界之魁斗。作为沈曾植先生的后人，你们应该都没见过他。很想知道，在你们眼里，沈曾植先生是怎样一个人？

孙昌淑：我个人对寐叟的了解，从无知到知道一些。

我公婆住在上海，我们在北京，很少说寐叟的事情，我婆婆劳善文比较清楚他的事情，但也很少说。

我最早了解他是通过王蘧常编的《沈寐叟年谱》。后来（沈曾植）故居开放，我们都来了。钱仲联做了学术报告，我们和他交流，了解了一些。直到许全胜著《沈曾植年谱长编》2007年出版，这本书做得非常好，从寐叟出生，往前追溯了好几代，都列出来了，寐叟的事情记录得非常丰富翔实。附录有两篇文章，一篇是寐叟的学生谢凤孙写的墓志铭，包括他（寐叟）的生活、家人，写得很翔实；另一篇是辜鸿铭写的缅怀文章，非常感人。从这里我知道了寐叟的一生。

《沈曾植年谱长编》还收录了孙德谦的一篇祭文。他在编《浙江通志》时，得到过寐叟的帮助。文中对寐叟的学术、做人，都有品评。

另外，《沈曾植年谱长编》所记录的寐叟的活动，许多都有名人日记做印证。

我通过这本书，对寐叟一生的主要活动、接触的人，包括清末的学界是怎样的情况，有所了解。很多人很佩服他，如王国维、吴昌硕等。我从学者著作中知道寐叟，我很崇敬他，作为后人，我觉得我称不上，我是外姓人，接触得很晚。故居开放以后，才接触了一些资料，知道一些事情，我只是"小学生"。

怎样去评价一个清末学者？历史地看，沈曾植是一个爱国学者。

这里有一个巧合。寐叟在做京官时，住在宣武区（今西城区），常与文人交流、互动的场所也多在这个区域。我先生工作的单位、我们住宿也都在这个区域，我儿子上学的地方也是寐叟原来活动较多的场所。我仿佛能看到寐叟在这里活动。这也是一种缘分吧。

徐　婷： 从学术上来说，（高祖沈曾植）是无法企及的高峰，高得匪夷所思。我无法理解为什么一个人可以在这么多不同领域的学问都达到这样的高度。已经有很多学者对他做出了各种评价，他们各有各的研究方向，我并没他们的那种深度，我只能说，从我个人来看，他应该是一个很有好奇心、喜欢感知这个世界和寻求各种知识的人。唯有喜欢才能够享受这种学习和研究的过程，唯有热爱才能去往更多的领域。其实，在我外祖父（沈培孙）身上，也能够看到类似的性格：喜欢接触各种新事物，把很多事情做到极致。沈寐叟有很大的学问，所以他有他的骄傲，他晚年应该是一个很寂寞的人，像独孤求败那样的寂寞。他超越了他的时代，但他同时又是一个古人，很高古，至少是魏晋之前的古，是那样的气质和风度，以及精神境界。

孙昌淑：沈曾植的学问，一个是渊博，另一个是高深。

记　者：他的学问跨界很厉害，你们认为是什么造就的？

徐　婷：他很多学问是家族传承下来的。他出生在北京，很小的时候（8岁）父亲就去世了，他跟着母亲韩太夫人住在舅舅家。他的舅舅韩泰华（号小亭），听许全胜老师讲，是一个金石学家。他家里的藏书非常丰富。在这种熏陶之下，所有这些后来成为他骨子里的气质。韩太夫人也是很有学问的，她是寐叟的启蒙老师。

记　者：现在说到沈曾植的成就，大家说得最多的可能是他的书法。他主张兼通各种书体，碑帖融合，兼学古今，开启了一代新书风，并使草法在清末民初复明，也启迪影响了一大批书家。李叔同、马一浮、黄宾虹、谢无量、陆维钊、沙孟海、胡小石、王蘧常，等等，都或多或少受到他书风的影响。有人说，沈曾植开启了书法的一个新时期。

孙昌淑：其实书法只占他成就的一小部分。因为他60岁才开始（钻研书法）。（王蘧常说老师沈曾植的书风演变,60岁之后"真积力久,一旦顿悟,遂一空依傍,变化不可方物"。）

徐　婷：清朝灭亡后,他的政治理想没办法实现,这时候就开始专心研究书法。只要他一开始专心研究什么,便立刻就能（在这个领域）取得很高成就,所以金蓉镜说他的草书,三百年来第一人。

记　者：2017年11月,嘉兴设立了以沈曾植命名的书法最高奖"沈曾植奖"。

孙昌淑：我们事先不知道。（嘉兴市文物保护所）张青所长给我发了一条微信消息,我才看到。挺好的事情。

（2018年10月26日首发,2023年7月修订）

张元济
（1867.10.25—1959.08.14）

　　浙江海盐人，中国现代出版业奠基人之一，教育家。主持商务印书馆期间，把一个印书作坊办成了中国近代史上最具影响力的出版企业。

　　与夫人许子宜生有一子一女：女儿张树敏、儿子张树年。

　　张树年有一子张人凤、一女张珑。

"数百年旧家无非积德,第一件好事还是读书。"祖父把我们这些人搞到成天和书打交道。他有个《新治家格言》,是他82岁时手书的,包含他对个人修养、修身育人、治家执业等各方面的观念。

——张人凤

张元济后人:
第一件好事还是读书

■ 陈 苏

2011年12月,海盐张元济图书馆新馆建成,新老馆总占地1.1万平方米,藏书40万册。

2012年,适逢商务印书馆成立115周年,张元济诞生145周年,4月25日至27日,《张元济全集》出版座谈暨第四届张元济学术思想研讨会在张元济的故乡海盐举行;张元济纪念馆经过扩建,正式对外开放。120余位来自全国各地的学者、专家集聚海盐,共同纪念这位中国现代出版巨子。张元济之孙张人凤应邀参加此次活动。

自1987年至今,海盐已举办六届张元济学术思想研讨会,出版四部论文集。

名门家风

张元济之孙张人凤接受《嘉兴日报》记者采访

摄影　袁培德

2012年3月7日下午，在上海市淮海中路（旧称霞飞路）上方花园24号张元济故居，张人凤接受《嘉兴日报》记者专访。多年来，他致力于收集整理祖父文集，《张元济全集》是他多年的心血凝聚。

督责严格但又爱护备至

有人称他为出版家、教育家，也有人认为可称为思想家、改革家。仁者智者各抒高见。然而，对家庭来说，他永远是一位督责严格但又爱护备至的好父亲。

——张树年《我的父亲张元济》

直到张元济去世,张人凤与祖父生活了近20年。他印象中,祖父对小辈很严厉。

张元济之子张树年在父亲身边生活52年,他在《我的父亲张元济》中回忆:"父亲最厌恶睡懒觉。在父亲的教导下,我确实养成早起的习惯。至今我6时起床,决不拖沓。"

张元济孙女张珑在《水流云在》中,回忆全家人一起吃饭:长辈没有坐下来,晚辈不可以动筷子,这是对长辈的尊敬。张人凤记得:"一次他颇严肃地对我说,餐桌上不可以用刀叉或筷子指着别人,那样不礼貌。虽是简单的一句话,却使我终身受用。"

张元济对家人关心备至。张人凤记得日伪时期,常实行"防空""戒严",家家熄灯,戒严令过去才能亮灯吃饭,"小孩子则又

1953年暑假期间,张元济先生的全家合影(后排中间张树年夫妇,左边孙女张珑,右边孙子张人凤) 被访者供图

饿又恐惧。祖父摸黑来到三楼我的房间里……让我躲进壁橱,开亮壁橱里的电灯,半掩着门,再拉上厚窗帘。祖父看到我独自在壁橱里安心吃晚饭,他才放心地走下楼去"。三四岁时,张人凤到邻居家吃蛋糕,回来闹着吃,"当时正是抗战最艰难之时,祖父在朋友的启发下,卖字,刚有第一笔收入,就买了这种蛋糕给我吃"。

张珑记得幼时,芒果稀有,祖父每食一个,必将芒果剖成两半,与她分享。1947年张珑考入上海圣约翰大学英文系,祖父托人买了一架"雷明顿"牌打字机奖励她。她在北京大学教书时,写信提到石刻三希堂法帖,想刻拓,没想到不久就收到祖父回信,说已替她买了一部。

  父亲对祖先最崇敬者,似有四位,他们的著作、言行在塑造父亲的品格中,有着很大的影响……父亲对始祖"不受权贵之饵""以挽弱宋而奋中兴""清明刚正,国家是急"的高尚品行,景仰备至。第二位是十一世祖张奇龄……他立下家训,世代相传:"吾家张氏,世业耕读;愿我子孙,善守勿替;匪学何立,匪书何习;继之以勤,圣贤可及。"……父亲对大白公家训极为推崇,1914年极司菲尔路新居建成时,用隶书亲笔缮写,命人镌刻在柚木板上,镶嵌于大客厅拉门上……

——张树年《我的父亲张元济》

勤奋,是张元济给后辈的最深印象。

张树年书中记述:"父亲天不亮就起身……盥洗完毕,父亲就开始工作。开了电灯,伏在书桌上批阅公文,写信,查资料,总之写个不停。等到天亮开了百叶窗,熄了灯,继续写。"

张珑《水流云在》自述幼时印象:"从幼小的时候起,我就有一种怕时光流逝而自己什么也没有做的恐惧。这种深深植于我心灵之中的思想就是来源于祖父潜移默化的影响,因为自我有记忆起,总是看见祖父在辛勤地、忙碌地工作,或伏案写作,或看书,或会见客人,或出门办事,从未见他闲着。"

"他给我留下的印象之一是严格,印象之二是非常勤奋。"张人凤有记忆时,祖父已快80岁,是商务印书馆董事长。"每天早晨,商务印书馆派汪师傅送文件和信过来,紧要的,祖父当时就批示。一天两次,早晨8时,下午4时,天天如此。整个上午他写回信,起草文件。吃过中饭,沙发上靠一靠,进行古籍点校。吃过晚饭,看商务印书馆的股票。父亲陪他说说话。"直到张元济1949年中风,"他能坐起来时,床上放小桌子,继续工作"。

1932年,《百衲本二十四史》编校就绪。日军轰炸商务印书馆,焚烧涵芬楼,商务印书馆百分之八十的资产,46万册藏书,包括善本古籍3700多种,悉数被毁。伤心过后,张元济从头开始校勘《百衲本二十四史》,到1937年出齐,耗时十八载,三千卷字字心血。

张元济主持商务印书馆期间,组织编译出版的部分著作

摄影 袁培德

说到《涵芬楼烬余书录》定稿,张人凤对祖父的付出感受尤深:"被烧之后不久,他着手搞这个工作,当时不敢出版。抗战胜利后,他继续编撰。1948年,基本定稿。1949年中风后,他身体稍好,就开始最后审定。他用放大镜,一个字一个字地完成他最后的典籍著作,1951年正式出版。

"他是个读书人,对国、对家、对事业、对自己怎么考虑,上对祖宗,下对小辈,都有规范,他严于律己、清廉,非常严格。究其根源,当然有来自祖训,更高的是来自儒家的哲学。"

1936年,蔡元培、胡适、王云五发起,征集论文,刊行纪念册,献给这位学者与学术界功臣,作为他70岁生日的寿礼。《张菊生先生七十生日纪念论文集》收录22位名人、学者论文,他们尊称张元济为"富于新思想的旧学家,能实践新道德的老绅士",赞誉他"兼有学者和事业家的特长"。

无书不成其为家

书更是无所不在。在大客厅、小客厅、小书房、楼梯间,楼上祖父的工作室、卧室里,以及后来在上方花园住宅的上上下下,无处不是书。似乎无书就不成其为家了。文化的熏陶需要一种气氛,祖父以他渊博的学识,自然而然地在家里营造起一种文化氛围,使晚辈们得以自幼沐浴其中。

——张珑《忆祖父》

"父亲从欧洲带回不少玩具,其中一盒积木我特别喜欢……我和姊姊都不会搭……这盒积木,我的儿女珑儿、长儿都玩过,外孙女清清与孙女玮玮、璟璟也玩过。可说是我们家传代的玩具了。"张树年曾详细描述这套父亲赴欧洲考察时带回来的传家玩具。

张元济一女一子,继室许夫人所生。1889年张元济中举,娶同乡吾乃昌之女为妻。三年后,张元济中进士,吾氏夫人病故。1895年,娶已故军机大臣、兵部尚书许庚身之女许子宜为妻。两人相濡以沫,直到1934年夫人病故。

女儿张树敏,1903年生,自幼延聘家庭教师。抗战胜利后,随夫去香港地区,后旅居法国,20世纪80年代病逝。有三个女儿,长女孙以恒和三女孙以茂是老师。

张树年是张元济唯一的儿子,1907年生,上海圣约翰大学经济系毕业。"我父亲大学毕业后想进商务(印书馆),但祖父不同意:'你不能进商务(印书馆),对你不利,对我不利,对公司也不利。'"张树年1931年留美入纽约大学,学工商管理,回国后,进了银行。"父亲一生算不上坎坷,但他留美时,商务(印书馆)被炸,家境困难;留学回来,赶上日本侵华;中华人民共和国成立后,他学的那套资本主义经济不能用,只能在储蓄所工作。他一生很单调,虽没戴'帽子',但也很压抑。不过,总算平稳度过。"家被抄过,资料尽毁,包括张元济1926年到1949年的20多本日记和一些书、信。张树年晚年编撰《张元济年谱》。1997年,他90岁时写作《我的父亲张元济》。

张树年有一子一女。女儿张珑1929年生,1950年上海圣约翰大学英文系毕业。1951年夏,接马寅初亲自签署的聘书,到北京大学西语系教英文，直到1969年与爱人李瑞骅（我国金属结构设计研究工作的先行者和带头人），被"下放"到湘西"干校"。后来，回建设部做翻译，同时担任《中国建筑》英文版主编。退休后，她写了自述体回忆录《水流云在》。张珑之女李清，毕业于北京大学英文系，20世纪90年代初旅美，后在纽约做电脑软件。

儿子张人凤，1940年生，1958年高中毕业，受姑母在国外影响，只能勉强入读上海师范大学数学专科。毕业后，从事职工业余教育，杨浦区业余大学任教，后任校长，曾任杨浦区政协副主席、杨浦区人大常委会副主任、上海市人大代表。

退休后，张人凤集中整理编撰祖父资料。早在张树年编《张元济年谱》时，他已开始帮忙。"《张元济全集》现已出版10卷，2007年到2010年出完。出版后又发现约十万字新资料：一部分是上海图书馆开放了盛宣怀档案，有张元济写给盛宣怀的书信和工作报告；另一部分是上图新开放的张元济商务印书馆工作日记，夹有很多纸条，有信稿、批示、文稿等。"（张人凤不断收集整理张元济的遗文佚札40余万字，目前《张元济全集补编》已完稿，商务印书馆编辑工作正在进展中。）

2007年，出版社向张人凤约稿，他与柳和城合作编撰《张元济年谱长编》。2011年1月，《张元济年谱长编》（上、下册）正式出版。

张人凤学数学，编撰资料，难度很大。"都是文言文，没有标点，毛笔字的信稿非常（潦）草，资料散失，很难找。"但长达20年的研究，他逐步积累、掌握了一些考证方法。

张人凤有两个女儿。张玮1969年生，同济大学环境监测专业毕业，现在新加坡国家公用事业局从事自来水质分析。张璟1978年生，纽约圣约翰大学读硕，学税务，后任职于纽约一家保险公司。

谈及祖父对家族影响，张人凤说："把我们这些人搞到成天和书打交道。"张元济晚年曾撰对联，"数百年旧家无非积德，第一件好事还是读书"。张元济爱书、藏书，终身与书打交道，深深影响后人。同时，他对昆曲的喜好，也代代传递。

更多的是潜移默化，"他有个《新治家格言》，是他82岁时手书的，包含他对个人修养、修身育人、治家执业等各方面的观念"。2011年12月，《新治家格言》上了海盐县张元济图书馆新馆的墙。

【对话】

"为中华文化长流加一块砖"

记　者：您写《智民之师张元济》，是否认为祖父在启迪民智上贡献最大？

张人凤：祖父成就很多。首先，中国近现代出版业，他是奠基人之一，商务（印书馆）培养大批出版人才，商务（印书馆）出版样式、管理模式是当时出版业楷模。其次，对教育贡献很大，主持编写中小学教科书，影响很大。最后，古籍研究、出版有突出贡献，他用商务（印书馆）的力量，雄厚的资金，加之他学术的专业，编辑《四部丛刊》和《百衲本二十四史》等，这在民国时期中国古籍整理出版方面有代表性，对中国传统文化保存、流传、普及的作用不可小看。(《智民之师张元济》经张人凤修改后，改为《我的祖父张元济》，2020年已由南开大学出版社出版。)

记　者：20年来，您跨学科、花精力做有关祖父的资料收集、出版，主要是为什么？

张人凤：祖父的东西难能可贵，能流传下来，也是为中华文化长流加一块砖。很多资料分散在各地，不去整理，也就散了。别的研究者收集资料可能会更困难，我花点时间，对别人的研究也很有用。

当然也有客观条件：父亲曾指导过我，有些关系可以联络，方便收集资料；因为商务（印书馆）的关系，全集这样的大部头，也能出版。我也感兴趣，虽然跨学科，但学理也有好处，逻辑思维和考证的严密性对研究有帮助。

记　者：您大概有多少研究成果？

张人凤：大概编撰700万字，写作50万字。《张元济全集》550万字，《张元济年谱长编》180万字，还有台湾版《张菊生先生年谱》。我写了《智民之师张元济》，16万字。2007年，收集了此前发表过的张元济研究文章，大约30万字，出版了《张元济研究文集》。

现在，我每天去图书馆，不断发现新东西，希望全集再继续补遗。

补记：2012年至今的十余年，张人凤的研究成果硕果累累。他把2007年至2018年张元济研究文章收集起来，2019年由上海辞书出版社出版。

与上海古籍出版社合作,整理张元济重要的版本目录学著作《涵芬楼烬余书录》,2022年精装繁体字排印本出版,增加手迹图片、后辈学者的研究文章和索引等。这本书于1951年由商务印书馆出版线装本,以后收入《张元济全集》,此外再没出版过单行本。

2022年,为了纪念祖父张元济的155周年诞辰,82岁的张人凤和93岁的姐姐张珑,与张元济图书馆、张元济研究会合作编辑的《海盐张氏涉园丛刻全编》由上海古籍出版社出版。1911年和1928年,张元济收集海盐张氏历代祖先遗著编成《涉园丛刻》和《涉园丛刻续编》,此次合编再版,制作十分精良。

与上海交通大学档案文博管理中心合作完成16万字的《张元济与交通大学档案史料汇编》编辑工作,今年(2012)可望出版。此书收集张元济1899年至1902年这四年间在南洋公学工作期间的文牍、书札,以及此后数十年间与交大有关人士的交往资料。

眼下,张人凤正在做《张元济年谱长编》的增订工作,此书在2011年由上海交通大学出版社出版后,他又发现不少史料,同时发现几处错误,张人凤打算与商务印书馆合作,再出版一部增订本。

记　者:您的子女了解曾祖父吗?

张人凤:都知道,但他们对整理材料不感兴趣。我整理出来的东西,他们都有。至少让他们知道,曾祖父曾经做过什么。

记　者:张氏后人从事教育的特别多,这与祖父重视教育有关吗?

张人凤：并不完全受祖父影响。

记　者：您多年从事教育，怎么看祖父的教育思想？

张人凤：祖父的教育思想、观念很了不起。他到商务（印书馆）的出发点，在于普及教育，启发民智，提高国民素质，强国富民。他很看重普及教育，觉得文化教育停留在少数人身上不行。民众没有文化，这个民族肯定会被人家抛下。

记　者：是什么成就了您祖父？

张人凤：他是大学问家，又是实干家。他勤奋肯干，与一批志同道合的人，从基础抓起。他适应时代发展，也抓住时代机遇，利用自己与知识文化的接触，成就事业，使得教育观、指导思想得以实现，同时也为教育做了贡献。

记　者：您的祖父致力于中小学教科书编写。老课本一度很热，《读库》张立宪曾力推老课本，第一套就是商务（印书馆）《共和国教科书》，您如何看？

张人凤：老课本很有意义，对现代教材编写有启发。我做《张元济全集》时，也曾想把祖父编写的或参与编写的教科书放进去。一是反映祖父的思想观点；二是反映他在教育方面做的事情；三是尽可能把他的文字留下来。但出版社没同意，那是2005年。

我编全集，不考虑重不重要，也不考虑观点对错，只要是他的文字，全放进去，不修改，后人要批评也可以，我想还历史真实面貌，包括对教科书也是如此。

（2012年4月27日首发，2023年7月修订）

褚辅成
（1873.05.27—1948.03.29）

　　浙江嘉兴人。中国民主革命的先驱、教育家、社会活动家、九三学社的主要创始人。

　　褚辅成有七个子女：长子褚凤章、次子褚凤仪、长女褚明生、次女褚明光、三子褚凤华、三女褚明馨和四子褚凤翔。

在怎么做人上,祖父对我们影响很大。我们家族不可能出现贪官,不可能出现坏人,不可能做坏事。我们的性格都和祖父差不多,老老实实凭本事吃饭,在每个岗位上都很努力。还有就是祖父艰苦朴素的作风,我们都不大讲究吃穿。

——褚律元

褚辅成后人:
老老实实凭本事吃饭

■ 陈 苏

他因救助韩国国父金九闻名于世,自身传奇却长期湮没。

嘉兴南门外,是他出生的地方,也是他埋骨所在。

他监生出身,却留学日本,追随孙中山加入同盟会。

他是民主革命的先驱者、民主宪政的先行者,也是谋国忠公的爱国者、联省自治运动的推动者。

他是关心民众疾苦的慈善家、教育报国的实践者,又是造诣颇深的经济学者、九三学社的主要创始人。

2012年5月27日,嘉兴。嘉兴民间学者王天松编撰的《褚辅成年谱长编》首发。这天是褚辅成139周年诞辰。

褚辅成之孙、82岁的褚律元专程从北京赶来,孙子褚政元从上海赶来。褚辅成嘉兴的孙子褚震贞带着人称"褚五代"的褚嘉

1946年6月，褚辅成由重庆回上海，11日与部分家属合影，前排右六为褚辅成　照片来自《褚辅成年谱长编》

豪也赶来了。

在以褚辅成命名的嘉兴辅成小学,褚律元接受记者专访,回溯祖父的传奇往事,追忆褚氏家族往昔风云。长达180分钟的访问,他兴致高昂。

七子褚凤翔的夫人赵镜如是褚辅成唯一健在的儿媳,已经94岁(2017年,101岁的赵镜如去世),在嘉兴家中,她和女儿褚离贞回忆"老太爷"(子孙们对褚辅成的敬称)的家居生活。

褚辅成有四子三女,孙辈13人,已有第五代。第二代大都走实业救国、教育救国、科技救国的道路,第三代出了八个离休干部(包括孙媳),第四代除在教育界服务,很多走上经商之路。

"他不适合当政治家"

褚律元出生于1930年,祖父褚辅成去世时,他还未满18岁。他曾和祖父一起生活过几年。"我和他1942年到1945年的三四年间接触比较多。当时,他有时昆明住住,有时重庆住住。而我在西南联大附中读书,住在昆明。"当时,一起住在昆明的还有褚律元的父亲,他的二姐、五姐、七弟,以及七叔褚凤翔和七婶赵镜如。

在褚律元印象中,祖父看起来非常平凡,既严肃也很随便,穿着非常随意,不考究。"我记得1945年,他从外地回来,车门一开,出来一只脚,脚趾(鞋头)却是破的。""祖父的衣服简单极了,常年穿青布长衫。他稳重沉稳,平易近人,从来没听说过他发火。他很有礼貌,讲究礼仪。"

赵镜如曾给"老太爷"补过袜子。"他袜子破了,儿女们送的新袜子,他不用,拿破袜子让我补,他愿意穿旧袜子。在浙江省做支部长时,老奶奶去看他,毛巾给他换了新的,下次去看他,新毛巾被收起来了,用的还是旧的。"

2009年5月25日,褚辅成的四位孙辈褚启元、褚巽元、褚律元、褚政元在接受记者采访时,也曾说到祖父的随意、平易近人让他们印象深刻。褚律元二姐褚巽元回忆:"我和祖父的相处主要在抗战时期,在昆明时与祖父共同生活过几年,当时我在西南联大读书。祖父生活十分简朴,衣服一补再补,换新的就不高兴,总是把新的收起来用旧的。"

赵镜如印象中,"老太爷"虽忙,却很关心孙辈们。"我不大会带小孩,大女儿每周都要去看医生,他都会让自己的黄包车先把我们送去医院。大女儿满周岁抓周,怎么准备,也是他亲自安排。他每天早餐都吃油条,会特意留下一寸长,给我大女儿吃。他从延安回来,我们去机场接他,他拿了个橘子,给我大女儿。"赵镜如感觉"老太爷"思想很开明:"他办女学,争取男女平等。"

"孙辈的名字都是祖父精心考虑的。"褚律元说祖父对孙辈很重视,"我们这辈的名字都是他按照《易经》取的。他在1913年到1916年,被关在安庆监狱,钻研阳明心学,四个儿子的孩子分别按照元、亨、利、贞来取,比如我的父亲是长子,所以我们兄弟姐妹最后一个字都是元,孙女第二个字则是长女为巽、次女为离、三女为兑"。

在褚律元心中,褚辅成既是祖父又是师长,"在我心目中,从大处讲,祖父是一个民主宪政的斗士;从小处讲,他在不少方面都堪称子孙楷模"。

褚离贞觉得:"依法治国,是祖父奋斗一生的目标。他为官讲话都以事情正确与否表达意见,发现对方有问题,会立刻说出来,不管交情怎样,不会做人,不够圆滑,很吃亏。他不适合当政治家。"

褚政元记得他在上海法学院附中读书时,有一年法学院纪念"五四运动"游行,警察干预,打了学生,学生罢课,在市政府前抗议,很多上海的大学生都来声援。"我们附中学生也在队伍中。当时,祖父是上海法学院院长,他赶到市政府,支持学生要求。"

褚律元接受《嘉兴日报》记者采访　摄影　袁培德

褚辅成力主抗日，1936年他曾亲手写下墓志铭《鸳湖营塘记》："备下最后牺牲之日，去赴汤蹈火……"以表抗日决心。褚律元记得祖父在抗战期间，是不过生日的。褚巽元印象最深的也是祖父对抗日的坚定。那时，褚家在家乡还有地，只要在日本人那里登记，就可以继续收租。祖父让父亲转告家人，谁如果在日本人那里登记，就不是褚辅成后代。祖父不准家人为日本人工作。赵镜如也记得，日本人投降那天，老太爷特别高兴，"褚凤章他们开汽车满昆明跑，去庆祝了，老爷子高兴得脑溢血发作，还流了很多鼻血，我们都吓坏了，将他的双脚泡在凉水里，用墨来止鼻血，还是有一点危险的"。

嘱子女"忠心为国"

> 余既以身许国，不事生计，尔辈深体余志，忠心为国，余目瞑矣。
>
> ——褚辅成遗嘱

说起祖父的影响，褚律元觉得首先影响了父辈。"祖父不是盯着你、看着你的学业。但我们上一辈，都学有专长。"

褚启元觉得祖父对待子女很开明："他希望子孙能够独立思考，选择自己的路。"但褚辅成有个规定，出国读书可以，必须回国。

长子褚凤章（汉雏）留美，麻省理工学院电机系硕士，民丰和华丰（杭州）造纸厂总工程师。抗战爆发后，褚凤章在云南昆明创办云丰造纸厂,任总经理。中华人民共和国成立后任民丰纸厂副总经理。褚凤章还曾在1924年与陆初觉一起创办《嘉兴商报》。其时,南方革命浪潮汹涌,褚、陆办报旨在响应革命。褚凤章一生致力于造纸工业,曾去日本、西欧考察,采办国外先进机械设备,对造纸工业贡献颇多,育有八个子女。

长孙褚启元1939年参加共产党外围组织——上海市学生协会搞抗日运动,1940年考上大同大学电机系后加入共产党。那时,他们在上海复兴中路的家,常成为学生地下党开会的秘密地点。1941年12月,日军占领上海租界,中共地下党组织决定撤退所有已暴露党员,褚启元来到新四军。"我参加抗日学生运动,参加新四军,祖父是知道的。1945年,他去延安会谈时,曾高兴地说:'我有个孙子也是新四军。'"褚律元觉得祖父爱国:"他一辈子只想为国做事,为社会服务,他虽是同盟会元老,但他不是为国民党一党做事。他觉得国共两党是兄弟党派。"

1946年,日军投降后,褚启元被调到军事执行部延安中央外事组工作,之后一直从事外事工作。他曾任上海市外事处科长,驻挪威大使馆一等秘书,外交部西欧司副司长,驻法国大使馆、英国大使馆参赞。褚律元介绍:"中国与津巴布韦建交后,大哥是首任大使,大嫂当过驻美大使馆公使和政务参赞,两人都是离休干部。"

长孙女褚巽元,离休干部,任职于北京航空学院(现北京航空航天大学)。她从清华大学毕业后从事财会工作,中华人民共和国成立前就曾参加地下活动,丈夫赵震炎也是离休干部,国立西南联合大学毕业,后任北京航空航天大学教授。褚巽元有三个子女:女儿赵燕星,大学毕业后成为中学数学老师,其子刘羽,做

褚辅成三个孙子（从左到右）褚政元、褚律元、褚震贞和"褚五代"褚嘉豪在《褚辅成年谱长编》首发仪式上合影　摄影 沈秀红

服装生意；儿子赵宪立大学学橡胶工业，其女英国大学任教，是信息工程师；儿子赵宪达定居美国，大学副教授，建筑环保专业，有三个女儿。

孙子褚善元，离休干部，1946年加入中共地下党。褚律元记得："我三哥从大通大学电机系毕业，大学时成为地下党员。"褚离贞回忆，褚善元也在民丰待过。当时，他由上海地下党派到民丰做技术员，任务是了解嘉兴情况，不要活动。但他在学生运动时就已暴露。"国民党嘉兴县党支部书记王梓良收到国民党黑名单，我大伯褚凤章是他的好友，他跟大伯说，三官要注意了。褚善元向组织报告，和一批已经暴露的同志被派到苏北解放区。"褚善元1948年夏随组织撤退，他先在华中工委干部大队学习，之后被保送到苏联学习，回国后任原西安高压电器研究所副所长，1988年7月调任国家技术监督局国家标准局副总工程师，教授级高级工程师，曾主编过电工词典。褚善元有一女褚思佳，内科医生，后改行到保险业，其子刘楚函，现在哈尔滨工业大学读信息工程。

孙子褚象元，1944年在昆明参加空军，褚律元回忆："四哥曾和祖父救助的韩国国父金九次子金信是同学，当时他们不仅在昆明空军共同训练，还在杭州笕桥航校等两个训练学校共同受训，又同去印度受训。两人都开战斗机。"1948年，褚象元跟着国民党空军编制撤到台湾地区。"三哥四哥在上海谈过，四哥当时说，绝对不能自己人打自己人。我们几年后才得知，四哥据传已因飞机失事逝世。"

孙女褚离元，离休干部。"五姐同济大学医科毕业，大连医科大学教授。五姐夫夏经是她同济大学同学，也是儿科专家。两人都参加地下党领导的学生运动,都是离休干部。"褚离元有两女,夏畅在央企做水电援外工作,夏葵定居美国。

孙子褚律元,离休干部。褚律元1947年考入清华大学外文系,当时,已是地下团员。北平和平解放后,他从清华大学被抽调到北京市公安局做文秘,只在清华大学读了一年半。到"文化大革命"时,他已是北京市公安局办公室副主任。"文化大革命"时,他受到冲击,"从36岁到48岁,我12年没做本职工作。劳动、检讨没完没了,接受批判"。

1978年,褚律元进入中国社会科学院,在调研处做文秘,后任西欧研究所副所长,直到1990年离休。离休后,他开始翻译外文书籍,有政治、经济、历史、文学和医学等20多本译著。"'文化大革命'中我失去12年,特别想补回来。再说,我不能砸了清华外文系的招牌。真没想到,70岁以后,还出了不少书。更没想到,2002年,中国翻译家协会给我发了荣誉证书,称我'资深翻译家'。我常想,如果一辈子就搞翻译,我能翻译多少书啊。"

2006年,王天松编年谱,褚律元停止翻译工作,帮助收集史料、校对,还多次到嘉兴,提出不少建设性意见。

褚律元夫人也是离休干部。两人育有三个子女:长子褚斯鸣,国际政治学院(后与其他高校合并组成现中国人民公安大学)英语专业,先在国家安全部工作,曾留学美国,攻读旅游休闲硕士,回来后做生意。次子褚斯进,清华分校汽车专业毕业,现在做医疗器械生意。女儿褚思芳,清华大学计算机工程研究生,后赴佛罗里达大学留学,定居美国,电脑工程师。

孙子褚政元,其母朱佳蕊是褚凤章继室,也就是金九《白凡逸志》所记载的，陪他同往海盐朱家的女士。褚政元毕业于交通大学（为上海交通大学、北京交通大学等前身）电机系，曾参加抗美援朝，后来在空军某部任教员，"文化大革命"后，在上海第十钢铁厂教育科任教。他有两女，长女定居美国，医药工程师；次女，大学任教信息工程专业。

二子褚凤仪留德，柏林大学数学系，专攻财经、商业，曾是上海法学院代院长，当时院长是褚辅成，后接任上海法学院院长，1949年后，曾任上海财经学院副院长，上海经济研究所教授。同时，他又是著名的统计学家，著有《商业算术》《投资算术》《投资数学》《速算》《统计会计应用计算表》。曾当选上海人大代表、政协委员、九三学社中央委员。褚凤仪之妻为德籍犹太人，两人没有子女。

三子褚凤华后改名褚一飞，留学德国。回国后，曾任中央政治学院大学教授。中华人民共和国成立后，任北京钢铁学院（后改为北京科技大学）教授，直到退休。他有两子：褚雪元在北京一家工厂工作，其女褚思楠，大学学金融专业，现在北京做会计；褚雪飞是中国五矿嘉兴分公司工程师，因病去世。

四子褚凤翔留英回国后，一直留在嘉兴，中华人民共和国成立后任民丰造纸厂电气工程师。褚凤翔有三个子女：女儿褚巽贞是北京育才学校英语高级教师，其子张冕学建筑工程；儿子褚震贞是民丰造纸厂电气技师；女儿褚离贞是民丰造纸厂工程师，曾任九三学社嘉兴市委委员，嘉兴市政协委员。

褚辅成三个女儿也受过良好教育，都与教育脱不了干系。褚律元回忆："三姑妈褚明生是家庭主妇，三姑父和大哥是美国同学,也是大学教授,姑父姑妈两人没有子女;四姑妈褚明光曾任民丰小学校长;六姑妈褚明馨在新加坡任教,六姑父是美籍华人,经济学教授。"

据褚离贞介绍,褚辅成第四代共九位,尚有两位留在嘉兴,褚震贞之子褚思彤在民丰集团工作,褚雪飞女儿褚燕翎就读于浙江财经学院。第五代中唯一在嘉兴的褚嘉豪,恰巧就读于辅成小学。师生们亲昵地称他为"褚五代"。

2023年,"褚五代"参加高考。褚氏后人中,褚离贞的小孙女尹莉文正在辅成小学读书。

【对话】

"祖父一直想实业救国、教育救国"

记　者:在您心目中,祖父有哪些主要成就?

褚律元:祖父有句话——"我以议员为荣耀,我以制宪为职志。"他的成就首先是在宪政,他是中国国会、议会发展过程中具有代表性的人物。他在国共两党关系、国共合作中,也是相当突出的人物。1945年7月,六位参政员去延安,力图挽回国共冲突危机,他就是其中一个。祖父不管顺境逆境,都是尽自己的力量来为老百姓做事,与政府沟通,反映民意,反映灾情,发挥非政府组织的作用。他热心教育,创办或者与他有关的学校就有十二所,其中九所是他创办的或担任董事长、校长、院长的,三所以他的名字命名。

记　者: 嘉兴辅成小学前身是您祖父创办的南湖学堂,除此,他还创办了哪些学校?

褚律元: 他在嘉兴创办南湖学堂,参与创办开明女校;1934年与沈钧儒一起创办上海正行女中,担任慧灵中学董事长;1927年创办上海法科大学,1930年改为上海法学院;1937年抗日逃难法学院搬迁,途经浙江兰溪时创办辅成中学;1942年倡导创办云阳辅成中学,现还存在,三峡大坝截流后,改成云阳外国语学院;1940年至1942年上海法学院搬迁后,创办万州分院。嘉兴新塍中学以他的名字命名为辅成职业学校。

记　者: 家族似乎从事教育的人特别多,这是受祖父影响吗?

褚律元: 是的,受祖父、父辈影响,从教的特别多,老实本分地凭本事吃饭。

褚离贞: 祖父一直想实业救国、教育救国,他不管孩子读什么。但后人多少都受到他的影响。四个儿子出国读书,他有个规定,出国读书,必须回来。父辈们基本上都读电机、数学、统计等,必须有技术、有本事,才能实业救国。

记　者: 除此,您觉得家族还受祖父什么影响?

褚律元: 在怎么做人上,祖父对我们影响很大。我们家族不可能出现贪官,不可能出现坏人,不可能做坏事。我们的性格都和祖父差不多,老老实实凭本事吃饭,在每个岗位上都很努力。还有就是祖父艰苦朴素的作风,我们都不大讲究吃穿。

褚离贞: 祖父对我影响很大,我从小学五年级开始,就背着一个包袱——"资本家后代",那时我一直很奇怪。小学时,我到上海姑母家，在楼上看到祖父去延安时和毛泽东、周恩来的合影，觉得祖父应该是好人。祖父到底是好人还是坏人？当然要问清楚。妈妈告诉我，爷爷是九三学社主要创始人，民丰造纸厂创始者。当时也不知道九三学社是什么，这个问题在我的成长中一直困扰着我。"文化大革命"时期，我家被抄了三次。我甚至连祖父的面都没见过。直到1978年，史念老师编地方志，找到我家，让我们帮助回忆祖父，我也写信询问亲属，才逐步了解祖父的一些情况。受他影响，我觉得做人首先要正直。

记　者：您的祖父是怎样教育你们的呢？

褚律元：他不是一个老是想教育人的人，该怎么做，他说得很少，言传身教吧。

补记：匆匆十余年，学有专长的褚氏第三代才俊，褚启元、褚巽元、褚善元、褚象元、褚离元、褚政元、褚巽贞等相继离世。

2023年5月27日，褚辅成150周年诞辰当日，"纪念褚辅成诞辰150周年全国学术研讨会"在嘉兴举行。褚律元、褚离贞都撰写了论文，褚律元却未及参加，在研讨会召开前夕去世。

专家学者主要围绕褚辅成与九三学社、国共合作、国民参政会等关系，关注抗日救亡、民主法治的实践及实业救国、教育救国的践行，论述他以身许国的爱国精神，特别提出从统一战线的历史中，从中华民族复兴的进程中来认识褚辅成。长期以来，参加"伪国大"成为褚辅成为人诟病的阴霾。此次研讨会重点被提到的是九三学社中央社史研究中心研究员王世铎的新发现。王世铎在南京第二档案馆仔细查阅《国大代表报到签名册》，并未发现褚辅成签字报到。"由此亦可证明，褚辅成的南京之行并非出席'国大'，而是为了阻止国民党当局一意孤行，不计毁誉，做出的最后一搏。""褚辅成赴南京与各方面交换意见，试图挽回僵局，无奈失望而归。"对此，褚离贞认为是洗去长期以来压在祖父身上的灰尘。

（2012年7月6日首发，2023年7月修订）

沈钧儒
(1875.01.02—1963.06.11)

字秉甫,号衡山,浙江嘉兴人,生于江苏苏州。法学家,新中国第一任最高人民法院院长,民盟创始人之一。

沈钧儒和夫人张象徵共育五个子女:儿子沈谦、沈诚、沈议(叔羊)、沈谅和女儿沈谱。

名门家风

　　主张坚决，态度和平（我祖父做人的座右铭）；做事儿尽职尽责，不讲回报（个人利益）；与时俱进，不断学习进取，应该都是良好家风的组成部分。

———沈宪

沈钧儒后人：
沈家的后代，最看重学问和气节

■ 许金艳

女儿称他为"爱的化身"

浙江古越国，勾践人中杰。
尝胆卧则薪，我是浙江籍。
苏州有胥门，炯炯悬双睛。
怒视敌人入，我是苏州生。
哀哉韬奋作，壮哉戈先生。
死犹断续说，我是中国人。
我是中国人！我是中国人！

> 我是中国人！我是中国人！
>
> ——沈钧儒《我是中国人》

清同治十三年腊月（1875年1月），沈钧儒出生在苏州盘门城内新桥巷通关坊一个士大夫家庭。

沈家祖上世代读书做官。沈氏家族在明末为躲避倭寇之乱，迁居嘉兴。降至沈钧儒曾祖沈濂时，已累七世。因其祖父沈玮宝任苏州府知府，故举家迁至苏州。

甲辰年（1904），沈钧儒"赐进士出身"，这个江南的读书郎，成为清末最后一代进士。

1905年，他以进士身份赴日本留学，学习政法。和他那一代中国知识分子比，沈钧儒并没有仅停留在爱国和民族的层次上，他参加的民主和民权斗争，不少于他参加的抗战活动。沈钧儒曾自述，他一生的政治生活是从参加清末宪政运动开始的。法律史专业博士生导师郭世佑在《沈钧儒与中国宪政民主》的序中说："他的一生，可以说是呼法、立法和护法的一生。"

沈钧儒的堂弟沈苏儒之子、美籍华裔作家沈宁在其《百世门风》里回忆20世纪60年代和祖母去北京东总布胡同看望伯父时的场景：

> 衡山公迎出来，他个子很矮，光头发亮，前额高大，长脸美髯，一身四个大口袋的干部服。衡山公双手扶住祖母，满口嘉兴话。

沈宁记得祖母回家路上的一句话："衡山到底是我们嘉兴沈家门里的。"沈宁说自己长大一些后才明白三千年书香传世的沈氏家族，是用一套什么标准来评价子孙后代的。

沈钧儒幼女沈谱的长子范苏苏在回忆姥爷时，也提及《百世门风》。他说："沈家的后代基本都是书香门第（出身），当大官的也有，最重要的是比较有学问，都比较有气节，这在我姥爷身上比较有体现。他做律师，绝对不会为自己谋利益，他经常帮助一些穷苦的青年人，为没钱的老百姓打官司。他对人非常真诚，所以他的威信也非常高。"

和爷爷共同生活过一段时间的沈宽（沈钧儒三子沈叔羊之子）在回忆爷爷时，感慨地说："爷爷那代人的思想非常单纯，没有一丝个人名利的东西。"

沈钧儒在故乡嘉兴停留的时间很短。他于1887年、1889年、1890年回嘉兴应童子试和考秀才。14岁应秀才试，未中。第二年回嘉兴考秀才，以第16名得中。

他在《嘉兴》一诗中是这样描绘故乡的：

> 绕城官柳拂长街，桥外晴漪净似揩。
> 寄语里人须早起，南湖烟景晓来佳。
> 桐乡李子满篮兜，王店荷花贴水浮。
> 行过双山一凝望，蒋侯第宅最宜秋。

28岁那年，沈钧儒中了举人，29岁又中了进士。按照传统中国士大夫家庭的习惯，他本来应该成为一个乡绅或政客。然而，沈钧儒没有走这条路。

1997年，上海衡山公园竖起沈钧儒铜像时，沈谱写了一篇《爱的化身》。她这样说自己的父亲：一部近代史，他的祖国及人民经历了多少欺凌苦难及蹂躏啊！自他出生至刚涉世就对此有了切身的感受，他是个特别重感情的人，对孕育他生长的这块广阔土地上的一切，都寄予深厚的情感。他热爱祖国每一寸大好河山，同时，他的爱国和爱人民也是密不可分的。祖国不是虚称。如何才能摆脱祖国和人民的深重苦难并获得永远的解放呢？他曾不顾一切地去寻求这个真理。

沈钧儒一生几次出生入死。他被北洋政府监禁过；上海"四一二"政变又遭蒋介石逮捕；抗日战争期间，他同邹韬奋、李公朴、史良、沙千里、章乃器、王造时被国民党政府逮捕，史称爱国"七君子"事件。研究者称沈钧儒是吴越文化之子。他的身上，既有吴文化的亲厚、友善、忠义、爱家等风范，又流淌着刚毅、坚贞、顽强的越文化血液。他一生爱国忧民，追求国富民强，这也是几千年来，世世代代优秀的中国读书人的思想传统。

"爷爷还被称为'老少年'。他爱和青年交朋友，因为他认为青年是国家的未来。"沈宽回忆说，"我听长辈说，相当多的革命进步青年去延安或者去国外勤工俭学，他们来找我爷爷，他就把身上的钱给他们，或者把手表、衣服给他们。这样的事情他做了很多。"

在沈钧儒后人眼里，沈钧儒虽一生从事革命，却是个感情细腻的人。在那血雨腥风的岁月里，他仍旧保持着中国传统的浓厚亲情。他被女儿沈谱称为"爱的化身"。

2008年出版的《沈钧儒家书》,汇集了他从1901年到中华人民共和国成立后写给亲人的200多封信。在为信仰的事业奔波忙碌时,他还不间断给孩子们写抵万金的家书。

沈钧儒一生重情,他在1922年写下了三万字的《家庭新论》,其中写道:"儿童是人类爱的维系物,社会制度无论变迁到如何程度,爱就一个字,必终为社会建设的基础……"

在北京,《嘉兴日报》记者还采访了沈钧儒的孙女、沈叔羊的女儿沈松。在她的印象中,"奶奶肺炎去世后,爷爷把自己的照片放到奶奶的衣服里,一起埋在嘉兴的老坟,奶奶的照片他天天放在自己兜里。他屋子里一直挂着一张很大的我奶奶的照片,一直到他去世"。

鼓励子女:人会老,知识是不会老的

君影我怀在,君身我影随。
重泉虽暂隔,片夕未相离。
俯仰同襟抱,形骸任弃遗。
百年真哭笑,只许两心知。
——《影》(沈钧儒悼念夫人的其中一首诗)

沈钧儒和夫人张象徵一生情感甚笃,他们共育五个子女,儿子沈谦、沈诚、沈议(叔羊)、沈谅和女儿沈谱。

从1949年10月到1963年6月11日沈钧儒去世,三子沈叔

1920年11月,长子沈谦赴德留学前全家合影　被访者供图

羊一家一直和沈钧儒住在北京东总布胡同的寓所里。

沈叔羊年轻时候得过脑膜炎，沈钧儒建议儿子学画。沈叔羊后来做了中国美术学院的教授。他的画曾在日本和中国重庆、上海、北京多次展出，获得徐悲鸿、傅抱石、赵叔孺的赞誉。毛泽东在延安时的会客厅曾挂过沈叔羊的画。沈松说："因我父亲耳聋的关系，我祖父对他的关心超过其他子女。他一生的成长，无论是学术上的成长，还是政治上的成长，都是和我祖父对他的关心、爱护、教育分不开的。"

1949年2月，沈钧儒到了北京，当时沈叔羊一家还在上海。沈松记得祖父连续写了六七封信催促他们全家离沪赴京与他团聚。"1949年9月30日，我们全家到了北京，到了祖父身边，祖父见到我们全家非常兴奋，近似孩童。"

沈叔羊在1938年将父亲40年来写成的诗编成小册子交由生活书店出版，取名《寥寥集》，且一版再版。

在沈钧儒去世的前一年，女儿沈谱作为父亲的政治秘书，一直陪在身边。

沈谱在"七君子"事件发生时，还是个幼稚的青年学生。沈谱后来回忆："'七君子'事件是我走出校门，进入社会的第一课。"

范苏苏说，母亲常和他说起，姥爷是对她一生影响最大的人。"'七君子'事件时，我妈在上大学三年级，当时听说自己的父亲被关到监狱里面，她非常吃惊。她入党和'七君子'事件有很大关系。她1939年5月入党的。"

沈谱和沈人骅（沈谦之子）共同编辑《沈钧儒年谱》。"当时年谱出版的时候,我母亲已经75岁了,这是关于我姥爷一生脉络最权威的一本书。"

沈钧儒也重视子女的教育,对子女的教育"贫而不废",四个儿子均留学海外。

"爷爷是学法律的,他讲科学救国,当时国内的教育不如西方,不如日本。我父亲是老三,去日本留学,老大、老二和老四都到了德国,其中老大学医,老二学建筑,老四学电力。"沈宽回忆。

长子沈谦10岁时,沈钧儒即带他东渡日本,送入当时日本最好的课堂——东京庆应大学附属小学学习。沈议和沈谅到了入学年龄时,沈钧儒没有把他们送入小学学习孔孟之书,而是为他们聘请了家庭教师,教授语文、算术、物理、化学和英语。

沈钧儒鼓励自己的子女:人会老,知识是不会老的。

沈谱虽没出国,但沈钧儒一直看重对女儿的教育。沈谱8岁时,每天早晨,他都带女儿到家边上的中山公园小亭内练习书法,并亲自在练习本上写字,让女儿临摹。范苏苏说:"'七君子'事件中,他被关起来的时候,我妈去看他,他和我妈说'不要耽误学业'。我妈17岁的时候,我外婆就去世了,我姥爷生活上有一段时间靠我妈照顾,但我姥爷考虑到女孩子也要受教育,坚决要送她去大学念书。她去上大学的日子是1934年9月2日,离我外婆去世只有半年。"

沈谱考入当时闻名全国的南京金陵女子大学,入化学系。

在沈钧儒的后代中,有一些熟悉的名字。比如沈谦的儿子沈人骅娶了周恩来的侄女周秉德,女儿沈谱嫁给了杰出新闻记者范长江。范苏苏说,父母是自由恋爱。"我姥爷当时是救国会的,我父亲也是救国会的。他经常到我姥爷家去,也常见到我母亲。我姥爷知道他们的恋爱关系后,很支持。"

沈钧儒一生不吸烟、不嗜酒、不赌博。沈钧儒的这些行为,给他的后辈留下了深刻的印象,并效法实践。

沈宪是沈钧儒之孙,沈钧儒第四个儿子沈谅的儿子。在他印象里,祖父曾写给他父亲一幅字:"今我何功德,曾不事农桑。吏禄三百石,岁晏有余粮。念此私自愧,尽日不能忘。"

这是白居易的诗《观刈麦》,沈钧儒觉得这几句很有意思,同样这幅字,他还写给了他的四个儿子和一个女儿。

"我理解,这是勉励他们(包括我们后人),要经常不断地反思自己,国家给予了优厚的待遇,现实中,在各自的工作岗位上,是不是对国家做出了应有的贡献?尽到了应尽的职责?想到这些,对工作中做得不到位的,主观努力不够的事情,自己应该很愧疚和不能容忍。"

沈钧儒还酷爱石头,几乎每到一地都要拾石以为纪念,自命居室为"与石居"。在沈钧儒的影响下,沈宽也痴迷上了石头。"吾生尤好石,谓是取其坚,'与石居'是爷爷最真挚的自我写照。我从小耳濡目染,跟着爷爷捡石头,研究石头。在我们第三代里面,我和沈宪、沈松、沈峥也都喜欢石头。我和一些石友一起创办了北京赏石艺术研究会。我的女儿沈萌、儿子沈挚也都喜欢石头。"

1963年,沈钧儒在北京去世,享年88岁。沈松说:"爷爷这辈子,老老实实做人,不拍马屁,不搞人前一套背后一套。这种态度和人生观对全家都有影响。"

家中的孙辈,没有再出过律师。除了范长江的四子范小建从

沈钧儒孙子沈宽(上图)和孙女沈松接受《嘉兴日报》记者采访
摄影 许颜 陈苏

政,曾任原国务院扶贫办主任、党组书记,其余子女都过着平凡的生活。外孙范苏苏在中国文联工作过20年。

至今,在嘉兴还有沈氏一族的后脉。嘉兴人沈玲的父亲沈衍煌称沈钧儒为堂哥。她说:"沈钧儒亲弟弟的后代在嘉兴。"

【对话】

"写一千遍'我爱沈钧儒'是没用的,还是要做实事"

记　者:我看过你写的一些关于你爷爷的文章,记忆中的爷爷是什么样子的?

沈　松:他非常喜爱孩子,很慈祥,经常嘱咐我们好好学习,要关心国家的事,要看报纸。我们对他也没有对长辈的顾忌。

我父亲写过一本书《爱国老人沈钧儒》,那是很多年前了。我也写过一些文章。我觉得一代不如一代,再出像我爷爷这样的人,我觉得基本不可能了。时代不同了,像我父亲那一代,基本是搞技术的,搞文艺的也有,祖父不支持他们从政。到我们这一代,做什么的都有,五花八门,都靠自己的努力去做一些事情,不靠我爷爷的影响去做事情。我们这一代没有太出色的专家。

我写爷爷,是出于对爷爷的热爱,他是一个非常值得尊重、值得热爱的人。很多很多人愿意跟着他,他是一个有人格魅力的人。

记　者:你觉得沈家人有什么品质是从祖父这里传下来的?

沈　松：老实，做人本分，做事比较认真，爱整洁，东西放得很整齐。

我们吃饭时候大声说话是要挨批评的。我那时去北戴河看我爷爷，吃饭的时候，桌子很长，爷爷在这边，我在那边，我就在那和我哥、堂姐说笑，他就说我："吃饭不要大声说笑，不好，影响健康。"他每天早上都要做他自创的那套操。他不吸烟不喝酒，也不许家人玩牌，我们家没有人吸烟。他要我们老老实实做人，从一切生活细节做起，（这些）我们父辈那一代很好地继承了。

记　者：你和爷爷都喜欢石头，按你的理解，爷爷为什么那么喜欢石头？

沈　宽：一个原因是祖上传下来的，我爷爷的父亲，我爷爷的爷爷，他们都喜欢石头。我们家七代人喜欢石头，家谱上写过。有这个环境：中国书香门第很多都喜欢石头，文人赏石嘛，观赏石是文房四宝重要的一种。现在这个风气没有了。

记　者：作为沈钧儒的后代，你从小是不是感觉别人也许会高看你们一眼？

沈　宽：不同的人会有不同的反应。一般的老百姓，我不希望他们知道我的身份。有些人会嫉妒，有些人会高看你。我们享受过那种生活，我们不当那种恶少。我爷爷从来不说违心的话，不做违心的事。我不想去掺和一些我不想掺和的事情，这样才能做好我想做的事情。写一千遍"我爱沈钧儒"是没用的，还是要做实事。

记　者：你什么时候开始意识到自己的姥爷不是一般人？

范苏苏：我在育才小学上学的时候，有两件事情印象很深，那时候我7岁。育才小学大部分都是高干子弟，有的孩子有个不良习惯——经常吹嘘自己的家长是什么干部。有一次，我们同学聚会告诉我一件事，说我有一次吹的牛把所有人都镇住了。当时，大家在一起瞎吹，我就冒出一句话：我姥爷入党都70年了。实际上，我姥爷那时候才74岁，不是共产党员，他是民主人士。

第二个小故事，是上学时听到同学们互相传说，说我姥爷可厉害了，他是最高人民法院院长，经常有上访的人截他汽车，他的形象就是青天大老爷。我姥爷不但要下车，还要问问情况，解决问题，口碑特别好——截车告状，有冤申冤，就找沈院长。我心里也觉得我姥爷特别了不起。他长着大胡子，形象也特别突出。

记　者： 你姥爷是进士出身，又到日本留过学，可以说是中西文化的综合，你个人钦佩姥爷哪一点？

范苏苏： 传统的东西和西方的东西，我觉得我姥爷融会贯通。首先他爱祖国，爱人民，追求进步，追求真理，这是他一辈子的方向。辛亥革命后，他不断用实践在探索中国向什么方向发展，怎么发展，他没有停止过探索，没有停止过追求。这是很了不起的。一个人对事物的认识，他需要一个过程。他认为正确的事情，他可以冒着生命危险去做。

他有这么高的威望和他的思想有关系。一个更包容的人更能得到大家的尊重。他在了解事物后，总是以比较客观的态度去吸取各种正确的意见。对社会的进步和发展，他这种思想特别重要。我觉得我姥爷这样的性格是今天这个时代应该褒扬的。

记　者： 作为沈家第三代代表，您怎么看沈家家风？

沈　宪： 祖父一生为人谦恭，平易近人，助人为乐。他为祖国的独立、自由、民主、富强奋斗了一生，虽备受挫折，但不改初衷。他有句名言:"主张坚决,态度和平。"这是他进行斗争的信条。这一切,和他青少年时期所受到的家庭熏陶和教育显然是分不开的。

我觉得,主张坚决,态度和平(我祖父做人的座右铭);做事尽职尽责,不讲回报(个人利益);与时俱进,不断学习进取,应该都是良好家风的组成部分。

(2013年1月11日首发,2023年7月修订)

王国维

(1877.12.03—1927.06.02)

浙江海宁人,国学大师,集史学、文学、美学、考古学、词学、金石学和翻译理论为一身的学术巨子,中国甲骨学、简牍学、敦煌学的开拓者、奠基者。

王国维有八个子女:长子王潜明、次子王高明、三子王贞明、四子王纪明、长女王东明、五子王慈明、次女王松明、六子王登明。

> 王家人受祖父的影响，都十分好学，都安于坐"冷板凳"。父亲那一辈都学有所成，我们受影响，都是凭本事吃饭，都爱看书……王家人有读书人的傲气，无论处于多么恶劣的环境中，都鼓励自己不要沉沦，不做小人之事。
>
> ——王庆山

王国维后人：
我们的家风是讲勤奋、讲奉献、淡名利

■ 陈苏

2012年4月29日，台湾"清华大学"校庆，"忆清华名师"演讲会，王国维长女、百岁高龄的王东明，专程由台北赶往新竹，王国维曾孙王亮也从上海前往。

王东明是王国维唯一尚在人世的子女，演讲会上她说自己只跟父亲学了半部《论语》，当时年齿尚幼，父亲亲授她"四书"，《孟子》有故事还好，《论语》"子曰""子曰"的，实在不懂，"人家说半部《论语》治天下，我一点用也没有"，花一年读完《孟子》及半部《论语》，父亲就不在了，她才懊悔当初没好好学。

2012年6月2日是王国维忌辰，昆明湖依然水波荡漾，海宁潮澎湃如初，蓦然回首，斯人却已离去85载。

1925年,清华国学院,前排左起:李济、王国维、梁启超、赵元任,后排左起:章昭煌、赵万里、梁廷灿

"他并不是古板的老夫子"

> 弟妹们在家,总爱到前院去玩,有时声音太大了,母亲怕他们吵扰了父亲,就拿了一把尺装模作样地要把他们赶回后院去。他们却是躲在父亲背后,父亲一手拿书继续阅读,一手护着他们满屋子转,真使母亲啼笑皆非。
>
> ——王东明

这是王东明百岁之时的回忆。多年来,王东明写了不少回忆父亲的文章。

2012年12月,《百年追忆:王国维之女王东明回忆录》由中国台湾商务出版社出版。2013年,安徽人民出版社也出版了《王国维家事:王国维长女王东明百年追忆》,书中的关于家庭情况、家庭成员的介绍、王国维在清华园的经历、王东明对王国维师友交往的回忆及她的接触或印象，都是十分珍贵的第一手资料。

2012年，百岁高龄的王东明依然思路清楚、精神矍铄。她在日本出生，父亲去世后，她随母亲回到海宁老家，在那里读完小学、初中。12年前的中秋，阔别故土53年的王东明由弟弟王登明相陪，再次回到海宁老宅。盐官镇西南隅，海宁市政府已重新修复王国维故居，老屋南面便是一线潮汇合处。

王国维离乡后曾写下"海门空阔月皑皑，依旧素车白马夜潮来"追忆钱江潮。当年，正是在这老屋里，他酝酿和起草了《人间词话》。

在王东明的印象中，父亲王国维对仪表并不重视，天冷时一袭长袍，外罩灰色或深蓝色罩衫，系黑色汗巾式腰带，上穿黑色马褂。夏天总是一件熟罗或夏布长衫。平时只穿布鞋，头上一顶瓜皮小帽。总有人对王国维的辫子争论不休，但对王东明来说，每天早晨母亲给父亲梳头的温暖场景，深深刻印进她少女的心怀。

王贞明是王国维的三子，王国维自沉昆明湖前夜写的遗书便是嘱付给他的。1983年王贞明在台湾地区发表《父亲之死及其他》，忆及当日情景："父亲去世的那天上午，我去打网球，中午回家吃饭，不见父亲从学校回来，家人正觉奇怪，清华大学派人来报讯：先生在颐和园跳湖了！事出意外，家人莫不惊惶。当时家里就我一个男人，立刻跟着学校里派的人直奔颐和园，父亲的遗体已被放在一个亭子里，用芦席盖起来……父亲的遗容十分安详，穿着一贯的马褂、长袍、汗巾和布鞋，从口袋中寻出四块多钱和一纸遗书，纸已湿透，唯字迹完好，信封上是我的名字……读之，潸然泪下,原来自己是父亲最近之亲人……"年岁渐大,时间越久,他越是体会自己对父亲的情感及愧疚:他一直在上海读书,父亲去世那一年,才回到北平,与父亲的相处很少。回到北平,虽共同生活,他却从未踏进父亲的书房。定居台湾地区的他,养成了一个习惯,搜集剪存与父亲有关的资料和文章,并细细阅读,直到去世。

王国维之孙王庆山并未见过祖父,他在王国维去世十多年以后才出生。"故人回忆或者文章记述都说祖父少言。但我父王高明说祖父其实还是很活跃的,姑姑王东明也说他并不是古板的老夫子。"

王国维五子王慈明从小爱绘画,他生前受访时曾回忆,常常缠着父亲要他画人,父亲不会画,就拿一幅策杖老人给他,他马上给添上一副眼镜和一根长长的辫子,说"画了一个爸爸"。

上海复旦大学副研究员(从事古籍文献研究)的王亮,对曾祖的印象更多地来自他对曾祖著作的研读,他似乎从精神上更亲近曾祖。"他的人生理想还是想做纯粹的学者。他对学术的热爱是持续终身的,对政治的关注,是受具体时局的影响。如果他生活在一个平和的环境中,可能不会有这么多政治方面的言论。他因为早期的哲学训练,哲学的思辨对他的影响很大:一是他对学科分类的认识;二是他这种性格,使他会经常反思人生的意义和价值,包括所从事学术的价值和意义。他特别重视学术研究的方法和精密,现在有些学者研究的条件比他好,受到的学术训练比他多,现有的研究材料更丰富,做出学术成果方面却达不到他这样的成就,其实还是在方法上没有能够超越他。"

祖孙两代,承继衣钵

我们这一代中,二哥天赋最高,也最爱古籍与诗词。如以他的资质与兴趣,能追随父亲继续专研国学,日久必有成就。而父亲无视他的爱好与禀赋,竟让他进入邮局,以获得较佳的独立生活工作。

——王东明

王国维有两任夫人,原配莫氏夫人生有三子,王潜明、王高明及王贞明,继室潘丽正为王国维生有三子两女,王纪明、王东明(女)、王慈明、王松明(女)、王登明。中华人民共和国成立后,除王高明、王慈明、王登明以外,其余子女与潘丽正定居台湾地区。

2012年4月29日,王国维女儿王东明在祖国台湾忆父亲　岳南供图

王国维长子王潜明，被认为天分极高，有深厚的文学功底，但因王国维不希望子女从文，他遵父命，考入海关，娶罗振玉之女为妻，1926年突然因病去世，对王国维打击甚大。无嗣。

三子王贞明，父亲去世后曾在清华大学任职员，后考入海关任职，后迁居台湾地区，任职于高雄海关。生有一女一男，均在美国：儿子王庆襄毕业于台湾大学，赴美深造，在美国任职。

四子王纪明，遵父命入北京税务专科学校毕业，在海关任职，抗战胜利后，被派往高雄海关。生有两男，均在美国：长子王庆颐在美获硕士学位；次子王庆和美国任职，工程师。

长女王东明，中学教师，在台北退休。利用业余时间，整理王国维遗物和作品，曾先后代表王氏后人将遗物、作品20多件，捐给台北图书馆，撰有纪念父亲的文章多篇。王东明育有两子：长子陈镇宇，会计师、硕士，曾在埃及经商，现任职于深圳，一双儿女均为硕士；次子陈镇乾，现居美国，电脑程序设计师。

五子王慈明，成都量具刃具厂总工程师，曾任四川省人大代表、成都政协副主席、成都市科协主席，1982年被评为教授级总工程师。王慈明育有两子一女。长子王庆元，成都外国语学校附中高级教师，生有一女王星，任职于四川省质量技术监督局。次子王五一，工程师、注册会计师，任职于欧德曼投资有限公司，生有一女王敏，北大历史学学士，法学硕士，现任职于中粮地产股份有限公司。长女王令尔，会计师，生有一女丁若汀，北京大学法语语言与文学硕士。

次女王松明，小学教师，定居台湾地区，生育三女。

六子王登明，上海医科大学药剂学教研室主任、教授，上海医科大学药学院放射性实验室的主要设计和筹建者之一。生有三女，长女王令之曾任教大学，幼女王令宏上海交通大学硕士，从事计算机软件研发。

王高明，即王仲闻，是王国维的次子，也是八个子女中，唯一子承父业的。在王庆山印象中，父亲王高明喜欢古诗，喜欢看书，他填词，结诗社。"但祖父认为他顽皮，要他考邮政局。"

早在20世纪30年代，唐圭璋的词学集子就屡次引用他的见解。中华人民共和国成立后，王高明选择留在大陆，任邮电部秘书处副处长。20世纪50年代初，应北京图书馆（现为中国国家图书馆）善本部主任赵万里之邀，将家中父亲的手稿（包括遗书）和信札，共两大木箱遗物捐赠给北京图书馆。

1951年，王高明因曾在中统办的邮件审查培训班见过戴笠，被认定为"不可靠分子"，后被定为"特嫌"，撤职，被安排在地安门邮局卖邮票。

王高明很快投入古典文学研究中。"父亲在北京很快就有了名气，考据学、诗词研究显露才能。那时，《光明日报》文学遗产栏目时常有他的文字。"王庆山回忆，1957年6月，《南唐二主词校订》出版后，广受好评，他欲调往兰州大学，《唐宋词人年谱》作者夏承焘也推荐他入科学院文学研究所，但邮局不放人。

1959年6月，唐圭璋《全宋词》初步修订，交稿中华书局，建议由王仲闻做责任编辑，此后，"六载辛勤，全力以赴（唐圭璋语）"。中华书局曾就新版《全宋词》的署名，提出"唐圭璋编、王仲闻补订"的办法，征求唐圭璋的意见，唐圭璋欣然同意，王仲闻却未通过政审。《全宋词》不署我父亲的名字，唐圭璋先生一直很内疚。他曾多次打听我父亲的境遇。最近出版的《全宋词》已署了我父亲的名字。"中华书局邀请王仲闻为《全唐诗》断句和审稿,此后,中华书局冒险延揽王仲闻为临时编辑。"我父亲无论凭哪本书都可以成为词学专家。结果他一直在中华书局当临时工,直到'文化大革命'中被清退。唐圭璋也曾想把他调到南京师范大学,一去就是副教授。但邮局不放。"

1961年,《李清照集校注》完稿,已排成纸型,却未出版。也是在这一年,王仲闻利用业余时间,将补订《全宋词》的宋词考据笔记整理出20余万字的《读词识小》。中华书局沈玉成曾是《读词识小》的责任编辑,他记得:"内容全部是有关作家生平、作品真伪、作品归属、词牌、版本的考订……钱锺书先生很快读完了全稿,说:'这是一部奇书,一定要快出版。'"但因与《全宋词》署名同样的原因而未能出版。除此,最能代表王高明学术水平的还有一部《唐五代词》,可惜,两部文稿都在"文化大革命"中遗失。中华书局为弥补《读词识小》的文稿遗失,希望能借由《全宋词》的审稿记录,复原《读词识小》的部分内容,《全宋词审稿笔记》已由中华书局出版双色影印本。

1969年,王仲闻因牵连进"朱(学范)、谷(春帆)特务集团"案,于11月12日服毒自杀。1979年王高明平反,10月,《李清照集校注》出版,学者称之"博大精深""古籍整理之典范"。

王高明有三男二女。除长女王令年定居台湾地区外,其余子女在历次运动中均受到冲击。长子王庆新,1950年由上海交大入中国人民解放军化学兵学校,毕业后任解放军防化研究所研究实习员、防化学院讲师,育有一双儿女。次子王庆同,1949年8月入海军南海舰队鱼雷快艇大队,1957年被打成"右派",后迁回原籍海宁,育有一双儿女:女儿王友洁,日本国立滨松医科大学博士毕业,现为华中科技大学同济医学院少儿卫生与妇幼保健学系主任,副教授,中青年科技带头人。次女王令三,工程师,1951年参军入解放军通信工程学院,1958年,受冲击转业,后从771研究所退休,生有三女:长女李春北京大学数学博士,定居美国;次女李冬辉,西安医科大学(现为西安交通大学医学部)硕士,美国执教;三女李夏虹,西安电子科技大学毕业,任职于深圳中兴通信公司。三子王庆山毕业于武汉测绘学院,成"右派"后,居新疆40余年,曾任新疆测绘局副处长、新疆测绘学会秘书长、中国测绘学会理事,有一子一女:女儿王晴,上海财经大学硕士,现任职于美国银行上海分行;儿子王亮,上海复旦大学古籍文献学博士,现在复旦大学图书馆任副研究员,从事古籍版本目录研究。

王亮1971年出生,做过一些曾祖的相关文献调查研究,参与《传书堂藏书志》和祖父著作的整理,应华东师范大学方面的邀约,参加了《王国维全集》的增补工作。

近年来,王亮做了一些曾祖的相关研究,如对曾祖的书信等进行整理。对一些手迹与未发表文章进行考定,并陆续发表了相关文章;整理出版《王国维手钞海日楼诗》并撰写序言,这是王国维为同乡前辈沈曾植抄录的,有多条跋语交代原委始末,并经沈曾植、朱祖谋先后校订;并为《王国维先生遗墨二种》撰写序言,这是中华书局纪念王国维140周年诞辰特制的纪念线装书,影印《王忠悫公遗墨》《古史新证》两种珍贵而稀见的手稿。

王亮希望整理、注释的《王国维往来书信集》虽尚未完成,但2017年国家图书馆古籍馆编辑出版了《国家图书馆藏王国维往还书信集》影印本共六册，收录1500余封书信，对他也算是一种安慰了。

王亮觉得目前研究者对其曾祖的研究较为集中，偏重于他对《红楼梦》研究和《人间词话》。"同题论文几百篇，一方面证明他的这些著作确实重要，但不应该限制在这里。还有不少空白的地方。"

王亮发现，他曾祖一些散佚的文字没有被注意、被利用，"比如他的书信、阅读古籍的批注、题跋等各类零星文字"；他曾祖的思想倾向，有些很重要的方面，揭示也不多。"比如，曾祖的学科理念在当时相当领先，他在一篇《国学重刊》的发刊词中提出，学术可以分成科学、史学和文学，虽然现在都称他是国学大师，他在清华进的也是国学院，但他并不提倡国学概念，他早年认为不应划分西学和国学。很多现在通用的术语，包括'科学'这个词最早也是他自日文引入中国。"

王亮还发现，几种关于他曾祖生平、思想比较重要的材料没有被充分挖掘。

谈及王国维对王氏家族的影响，王慈明在王氏自编的《海宁安化王氏家史》中说："我们的家风是讲勤奋、讲奉献、淡名利。"王东明也说："我们王家人有个特性，就是耿直勤奋。父亲生前教育我们后代，要勤奋读书，认真做事，要做个好人，不贪财，不争利，要以身教言传，教育后代。"

王庆山对此感受颇深："王家人受祖父的影响，都十分好学，都安于坐'冷板凳'。父亲那一辈都学有所成，我们受影响，都是凭本事吃饭，都爱看书。我的两个孩子都是从新疆考入上海的名牌大学。王家人有读书人的傲气,无论处于多么恶劣的环境中,都鼓励自己不要沉沦,不做小人之事。"

不过,王亮则觉得他曾祖对自己的影响其实并不重要。"我父亲这方面的感触可能更多一些。若一直纠结于祖先多么伟大,也没有什么意义。"

2012年4月,王国维孙子王庆山、曾孙王亮在上海接受《嘉兴日报》记者采访 摄影 袁培德

【对话】

"学术不能太功利"

记　者：您如何得知您的曾祖王国维先生？您研究文献古籍与曾祖有关吗？

王　亮：读初中时，上海书店重印王国维遗书，我父亲（王庆山）也收到一套。父亲对曾祖说得不是很多，其实他的父亲（王高明）也很少跟他提起，估计与当时的政治氛围有关。况且父亲离家比较早，又学理科。

高中时，我看了他的著作。我选择中文专业，与曾祖没有必然联系，当时对他的认识还比较肤浅。不过，学习古籍文献，确是受曾祖的影响。曾祖的目录版本学的成就比较高，世人了解不多，有学者如黄永年先生评价他为20世纪第一人。

记　者：您从何时开始研究您的曾祖？您的研究主要有哪些？

王　亮：十多年了。当初也不是刻意研究，读得多就有认识，有疑惑，很想解决，就开始了。比如，最近我在研究他对印的研究和他的自用印章，是因为辨识他的墨迹和藏书的实际需要。我的研究都是一些比较琐碎的内容，虽然选题比较小，但力求深入全面。

记　者：补缺，希望大家看到您曾祖的方方面面吗？

王　亮：对。王国维有个理念："学术不能太功利，要出于求知，出于兴趣。"这个身份对我有激励，我也没有感到特别大的压力。现在研究环境跟他那个时代截然不同，我的很多研究，并不是一开始设定宏大命题，而是在研读他的著作中生发出来问题，然后再去研究。我也没有就此申请大的学术课题，因为研究自己的先人要经外人的审查，感觉很古怪。

记　者：您的研究主要是解惑？

王　亮：对，回答一些读他作品的困惑。

记　者：这是否就是您曾祖所说的，研究出于求知、出于兴趣？所以没有太多压力？

王　亮：是这样的。

记　者：作为专业研究者，您如何看待曾祖的成就？

王　亮：不太好表述，曾祖的成就是多方面的。他在多个领域都有研究成果。他治学的方法对后世影响非常大，而且是非常持久的影响，他的基本治学方法，二重证据法，取地下之实物，地上之文献，作参照研究。

他早期的文学、哲学研究和诗词创作，都很有成就，但他一生经过多次转型，他对自己早年的成就并不是很看重。有人想重新出版《人间词话》，他的兴趣并不大。不过，他对早年诗词创作，《人间词》是很喜欢的。

他认为学科可以互通，这是比较辩证的思想。他虽然研究方法非常科学，但他对西方学术比较警惕，他重视道德，特别是传统道德。

他对西方文明前途比较悲观，他的研究方法兼取中西，最后的理念却回归传统。这在子女教育方面也有体现，他很重视他们的英语，去投考海关、邮局实业，但对基本文化素养的培养还是以传统为主。

去年（2011），我到海宁做了《王国维先生与海宁地方文献》的学术报告，曾祖对乡邦文化很关心，我们家族在海宁的历史他也相当重视。我参与过乡邦学人《张宗祥文集》整理，也是效仿曾祖的前例。

记　者： 王国维先生不让孩子子承父业？为什么？

王　亮： 姑婆（王东明）曾说过，他学术成就虽高，但对子女要求经济和人格上独立，对学术上并没有特别的期望。子女天资不错的有好几位，但是都没有刻意去学文史，有好几位后来都投考了海关、邮政。姑婆估计曾祖"是以自己亲身经历到的宝贵经验为鉴"。当时的学者如陈垣也是如此。

王庆山： 父亲（王高明）没有提过原因，我的分析，一是寄人篱下之苦，二是当文人太苦太累。

记　者： 在清华大学有您曾祖的纪念碑，您看过那座碑吗？有何感触？您如何理解陈寅恪对您曾祖的评价——"独立之精神，自由之思想"？

王　亮： 碑我见到过，确实有很敬畏的感觉。碑文是陈寅恪先生对他的归纳，这缘于他对曾祖生平和学术研究的归纳和升华。

记　者： 您的曾祖在遗书中说，"五十之年，只欠一死，经此世变，义无再辱"，有人说，他这个"辱"，为死殉清廷，效忠逊帝；也有人说，他这个"辱"，与他亲家罗振玉有些纠葛。您怎么看这个"辱"？

王　亮： 我觉得他遗嘱的内涵是，中国传统的士大夫、传统的文人，有一套自我约束的观念，这种观念有它相应的文化基础，这种社会文化的基础已经丧失了，这种理念本身必然没有办法存在下去了。

记　者：所以，才有了殉文化的说法？

王　亮：是。另外，他的道德观念中又有一些现代的因素，譬如我们熟悉的传统文人李白、杜甫，都将向权贵或发迹的友人"打秋风"视为当然之事，在他就觉得不可接受，一定要履行一些职事作为补偿。"独立之意志"，这也是一个方面。

记　者：王家人怎么看待王国维先生之死？对家族有何影响？

王庆山：有很多说法。王家没有人谈过这个事情，我问过姑姑她是否清楚祖父之死，但她一开始也不太清楚。我也问过父亲：殉清？我父亲说不可能，说为了罗振玉的钱，更是胡说八道。殉文化？是拔高了。最主要的原因，我觉得一方面是祖父有病，脚底痛（说轻了是脚气、骨刺；说重了，可能是骨癌什么的）；另一方面，王、罗失和让他非常痛苦。我祖父的长子，过早离世。总之，原因很多。受祖父之死的影响，我父亲自杀了，二哥也好几次想自杀，我自己也好几次想自杀。

补记：2019 年，王国维最后一个子女王东明，离开这个世界，享年 107 岁。

（2012 年 6 月 1 日首发，2023 年 7 月修订）

朱希祖

（1879.02.01—1944.07.05）

　　浙江海盐人，史学大师，建构中国史学教育体系。

　　朱希祖与夫人张维有六个子女：长子朱偰、长女朱倩、次女炎、次子朱侃、三子朱侨、四子朱㤚。

　　朱偰，经济学家、历史学家。

> 先君更于课余灯下，亲为讲解《史记》，至《伯夷传》，尝问余姊弟曰："贾子谓贪夫殉财，烈士殉名，夸者死权，众庶冯生。太史公则云君子疾殁世而名不称焉。尔等试各言其志。"余侃侃陈词："殉财殉名，皆非所好，争权夺利，更所鄙弃；窃慕君子疾殁世而名不称，愿以德行学问自勉。"
>
> ——朱偰

朱希祖后人：
我的精神家园是整理他们的手稿

■ 陈　苏

他是章太炎的得意门生，是鲁迅的师兄。

他是史学家，尤专南明史，他制定中国最早的现代大学史学课程体系，使史学成为独立学科；他参与制定的历史档案整理三步法成为其他学术机构整理档案的准绳；他参与规划史馆制度，撰文论述国史体例问题。

他是新文化运动倡导者，参与制定中国最早的注音符号，积极撰文力推白话文、倡导新文化。他是《新青年》重要撰稿人，也是中国现代文学史上第一个进步文学社团——文学研究会的发起者之一。

其子朱偰既是经济学家，也是历史学家，北有梁思成，南有

1928年12月16日,朱希祖与夫人、子女全家福。坐者为朱希祖夫人张维与朱希祖,站者左起:朱倞、朱侃、朱倓、朱偰、朱侨　被访者供图

朱偰,为保南京城墙,登高一呼,终换得中华门不倒。

2012年8月,《朱希祖文集》出版,已出版6册,包括《朱希祖日记》《朱希祖书信集郦亭诗稿》(包含诗歌和年谱)、《明季史料题跋》(外二种)和《中国史学通论史馆论议》,约180万字。

《朱希祖文集》的出版有着朱氏后人的努力与汗水,他们从2005年准备,2008年与中华书局签订协议。

2012年9月19日上午,朱希祖孙女、朱偰女儿、北京工商大学机械自动化学院副教授朱元春,讲述了父子两代的史学传奇,以及这个家族与文史的不解之缘。

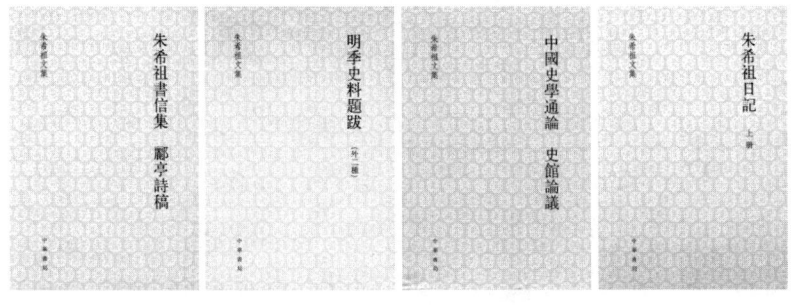

2012年8月出版的《朱希祖文集》

天地一书囚

不与人物接，不为山海游。终生伏几案，天地一书囚。

——朱希祖《自嘲》

"我没有见过祖父，对他的了解，都是长辈讲述，或者从他的文字里。"朱元春对祖父印象最深的是他的两首诗。《自嘲》：'不与人物接，不为山海游。终生伏几案，天地一书囚。'《咏松》：'不与栋梁争效用，宁同桃李斗芳菲？深山自有千秋意，肯学虬龙孟浪飞。'祖父不热衷政治，也不热衷社交，只做学问，他就是个读书人。"

朱希祖做学问功夫下得深，爱书成痴，节衣缩食，不买田不买地，只买书。他的日记上有他的书账，有时，他竟花一半收入买书。"有篇日记恰巧记了年三十下午，家里来了一批要书账的，他一一付清。大年初一下午，他又带着全家去逛书店。"

朱希祖藏书丰富，最盛时达25万册，主要是南明史料和地方志，还有手稿。"张元济编辑史料曾求助于祖父。祖父很开明，'子孙能继起则遗子孙，否则，可送存图书馆，犹得贻令名于不朽也'。"后来，这批书由朱偰捐给了北京图书馆和南京图书馆。

"祖父有民族气节，这是受老师章太炎的影响。"九一八事变之前，朱希祖觉得要研究日本人的历史，要研究明代倭寇侵华的历史，他认为日本人一直有侵华野心。他在北京大学研究所国学门开这个课，别人不理解，没多久，九一八事变爆发了。"我听堂兄提及，抗战前，日本人曾想花重金买祖父的地方志，祖父拒绝了，地方志上常标有矿产、道路、水系，卖给你不是给你们侵略中国提供便利？这件事我没找到先人的文字记载。"

朱元春说祖父曾做了很多事情，但都很低调。他曾在北京大学极力主张通过公派留学生到国外学习外国历史。北伐前，北京大学经费得不到保证，公派留学生姚从吾和毛准经常断炊。"祖父让姚从吾写文章，他帮助修改发表，以稿费当生活费。有时他更是出钱贴补。姑母朱倓的日记上有记录。"

朱希祖是孝子。他自幼家贫，其父在他十四五岁时就去世了，当时正教他《左传》。"祖父从此不翻《左传》。"朱偰曾经回忆，当年"'四书''五经'皆将读毕，独未及《春秋左传》，余尝窃怪之。中年入蜀，见先君《重庆日记》，谓'忆余十四岁上半年，先君授余《左传》，详细讲解，甚有兴味。其年先君得病，至七月末竟弃养，以致余不克卒业《左传》，抱恨终天，常不忍温读《左传》。今录《左传》襄公十年幼时所读，如旧相识……'方知先君之不授余《左传》，盖有其隐恨在焉"。

"祖父有很强的包容力。他的研究面很宽广。小学文字应用学、考古、姓氏、断代史、地方志都有涉猎。他的一生对现代史学教育体系建立、新文化运动、国语注音、标点符号，都有贡献。他用力最深，也最为世人称道的是南明史研究，包括南明史料的搜集和辨析，其成果主要体现在史料题跋中。"

文史薪火传

叔皮有子述先人，又产曹昭笔有神。得月楼高钟秀甚，九原应喜看传薪。

——顾颉刚所撰朱希祖挽诗

"叔皮指史学家班彪，写《后传》，其子班固修《汉书》，女儿班昭完成哥哥未竟遗稿。顾颉刚以叔皮暗指祖父，班固暗指父亲朱偰，曹昭即班昭，暗指姑妈朱倓。"

朱偰是朱希祖长子，著名历史学家。今天，在南京，中华门依然矗立，这可说是朱偰以一顶"右派"帽子换来的。1956年，时任江苏省文化局副局长的他，面对南京拆城墙风波，挺身而出，四处奔走呼吁，联合社会各界，保护南京明城墙。次年，他因此事被撤销职务，戴上"右派"帽子，更在"文化大革命"中因受迫害而自杀。

"南京城墙，父亲付出的代价太大了，不仅政治前途，甚至身家性命。父亲太过耿直，他觉得应该有正义感，该坚持的要坚持。

中华人民共和国成立前,他写文章骂国民政府,骂黄金买卖,因此被蒋介石召见。他觉得作为文人,'这是我的良心,我应该这么说'。这可能也是我们家人共同的性格,做事认真,一是一,二是二。"

朱元春觉得这与父亲受的教育有关。朱偰曾专门撰文回忆父亲如何教育他。"余幼受庭训,未入小学,先君于课馆之暇,常躬自授读,谆谆教诲,期望良殷……余年十一,始受读《楚辞》《文选》;先君更于课余灯下,亲为讲解《史记》,至《伯夷传》,尝问余姊弟曰:'贾子谓贪夫徇财,烈士殉名,夸者死权,众庶冯生。太史公则云君子疾殁世而名不称焉。尔等试各言其志。'余侃侃陈词:'殉财殉名,皆非所好,争权夺利,更所鄙弃;窃慕君子疾殁世而名不称,愿以德行学问自勉。'"朱偰的回答得到父亲的赞赏,他也颇受鼓励。"自此更立志自奋,《史记》读毕,即遵先君之命自修《资治通鉴》《续通鉴长编》《明通鉴》,下及《东华录》《东华续录》……"朱元春记得父亲晚年曾回忆:"那时我佩服鲁仲连,功成不居;我爱好乐毅,君子交绝不出恶声;我喜欢荆轲、聂政,支持正义,剪除强暴。那时我立志要做一个大丈夫,干一番伟大的事业。"

父亲受祖父影响非常大,热爱民族国家、热爱中国传统文化、治学严谨、热爱家乡。"最重要的当然是对文史的热爱,父亲专业是经济,但史学是家传。父亲和两位姑妈都没上小学,祖父亲自教授。父亲中国传统文化功底很扎实。常常走着路诗就作出来了。"

朱希祖六子女,除朱偰继承衣钵,次女朱倓也对南明史颇有研究,曾写过《班昭》。她毕业于北京大学研究所国学门,曾任广州市中山图书馆馆长,是当时颇有名气的"女中英杰",建立广州首个妇女联合会,也是著名史学家罗香林的夫人。

一起听朱希祖讲课的还有大女儿朱倩。"大姑妈学问非常好,可惜15岁夭折。祖父一心想把她培养成李清照、班昭般的人物,她10岁属文,已清新可诵。"

朱希祖另外三子女朱侃、朱侨和朱偰虽未继承父亲衣钵,但在各自领域学有所长。次男朱侃就读于北京大学农学院,后为贵州省农林厅高级工程师,曾是全国第三届人大代表;三男朱侨毕业于北京大学经济系;四男朱偰1944年中央大学地理系毕业,曾在远征军中当翻译。

朱元春这一代,也有人从事文史研究。"二姑妈长子罗文,哈佛大学毕业,佛罗里达大学历史系退休教授,从事蒙古史研究。"

除此,朱氏后人虽无继承家学者,但大多各擅其能。

朱偰两位夫人,10个子女。"大姐朱元晔20世纪50年代初参

朱希祖孙女朱元春接受《嘉兴日报》记者采访　摄影 许金艳

军,做空军地勤;二姐朱元昱是田径教练,曾破过全国800米纪录。"朱元春曾获国家科技进步奖二等奖。"'文化大革命'前我已上大学,弟妹都赶上'文化大革命'。恢复高考后,妹妹朱元智考入包头师院数学系,是江苏省戏剧学校老师,小弟朱元曙考入南师大中文系,是南京梅园中学副校长。"朱元春兄妹受家学熏陶,喜欢文史。"父亲不望子成龙,只是启发我们独立思考。他给我们讲诗歌,说他的父亲告诉他读诗要探本求源,直追汉魏,切不可与齐梁作后尘,他也经常和我们说文史。"

"朱偘、朱侨、朱偀的孩子所学都与文史无关。朱偀有四子一女,除三子罗成夭折外,次子罗武是美国医学科学院院士,四子罗康是香港一中学校长,女儿罗渝是神学博士。"

朱家第四代所学五花八门。"朱元曙儿子朱乐川毕业于南京师范大学中文系,古代汉语博士在读,研究同源词,导师是黄侃的再传弟子,与文史沾点边。"

近十余年,朱元春这辈人都已退休,有些后人还在自己的领域继续发光发热,有些后人则在关注朱希祖、朱偰父子文献整理及研究。

朱乐川博士毕业后在北京师范大学做博士后研究,现为南京师范大学国际文化教育学院副教授,主要从事词源学、域外汉籍研究和对外汉语教学研究等。

近年,朱氏后人最大的事就是整理《朱希祖文集》。主要参与者是朱元春、朱元曙父子和朱元智。"其实,我父亲在'文化大革命'前就开始整理《朱希祖文集》,已整理好的有四本,中华书局出了两本,另两本搁浅。"现在文集中的书信、诗歌、日记、年谱多为朱氏后人整理,"主要是朱元曙父子在整理"。朱元春也参与了一些资料的整理,"《明季史料题跋》,82篇跋文,这次出版增加的49篇,都是我们提供资料,承担校订工作,附录在《朱希祖日记》后出版的《朱偰日记》由我和朱元智整理,《朱倩日记》是我在整理"。

近几年,《朱希祖文集》原定500万字,包括朱希祖文学史论丛、史学论丛等,但受疫情和出版社人事变更影响,暂时搁置。但朱希祖、朱偰各类著作重版再版的有不少。商务印书馆的"中华现代学术名著丛书"选入了朱希祖的《中国史学通论》和朱偰的《所得税发达史》。另外,朱偰曾出版的旧作《越南受降日记》《大运河的变迁》《中国运河史料选辑》《北京宫苑图考》等再版,同时在旧版中增加了《辽金燕京城郭宫苑图考》《金中都宫殿图考》等专著,特别是未刊手稿《林邑国考》等。

【对话】

"祖父与父亲的命运是20世纪知识分子的命运"

记　者:整理《朱希祖文集》遇到过哪些困难?

朱元春:文集出版十分不易。祖父在北京大学之前资料太少,日记只剩十一二年,特别是在北京20年的日记,只剩几个月,我们常要在别人的回忆、日记、年谱、书信、报纸、北大校史、清华校史、辅仁校史中去找。国家图书馆存有父亲捐赠的祖父手稿，36个大纸口袋，2003年为搜集资料，我花了整整10天抄写。现在，文集是在姑父、父亲和朱季海整理的基础上，包括新发现的一两百篇。中华人民共和国成立后，学界对朱氏父子重视不够，近几年对祖父的研究多了起来。我和妹妹都不是文史专业，祖父的文章动不动就是《史记》《后汉书》，时代名、地名、人名、书名我们都不清楚，还有繁体字、异体字、断句，这对我们来说都是难点。

记　者：整理过程中，有何感悟？

朱元春：祖父与父亲的命运是20世纪知识分子的命运，他们的遭遇和苦难，也是这个国家的遭遇和国难。我的精神家园就是整理他们的手稿，这是先人留给我们的任务。就像《诗经·小雅·小宛》说："夙兴夜寐，无忝尔所生。"不要辜负生你养你的父母。我希望把他们的文字整理出来，为社会做贡献。这是我的愿望。

记　者：未来还有什么出版计划？

朱元春：《朱希祖年谱长编》，朱元曙父子已编好，并和中华书局签了出版合同（该书于2013年11月出版）。我还想做《朱偰文集》，包括日记、游记、文学论著、考古论著、经济学论著。

我想编《朱氏父子与故乡海盐》（2013年9月，朱元春、朱元智、朱元曙等朱氏后人编《朱希祖、朱偰父子与故乡海盐》由西泠印社出版社出版）。用他们的语言、文章、日记、诗作来表明他们对故乡"虽九死而犹未悔"的深情。他们口中的海盐钟灵毓秀、人杰地灵，他们对故乡文献和历史十分热衷，想方设法搜集，从不吝啬，每次回海盐都买一大包。我专门整理了祖父搜集的海盐文献，有好几百种。祖父曾写过《海盐文献源流》《明海盐小瀛洲诗社考》。祖父说过最动情的话是"吾魂魄犹思故乡",父亲的《美丽的故乡》《故乡散记》,写得十分动情。我是在他们对家乡爱的氛围中长大的。

补记:除了《朱希祖、朱偰父子与故乡海盐》,近几年朱氏后人更加注重朱氏父子与家乡关联的文献整理。2015年,朱元曙、朱学范合编出版《朱希祖及海盐朱氏人文》,中国文联出版社2015年9月出版;2019年,由朱元曙、朱乐川整理,与海盐县史志办公室合作的《尺素留真:朱希祖旧藏明清海盐人书札》也已出版。

记　者:您父亲曾与祖父一起查勘南京附近的陵墓,除此,他们还有其他共同的学术行为吗?

朱元春:这是父子俩唯一的共同行动。1934年,祖父任南京中央大学史学系主任,父亲是经济系主任,两人对南京及其周边地区的古迹,尤其是六朝陵墓,进行调查,举凡史乘记载所及,野老传闻所到,无不按图索骥,遍加访问,并按照西方考察方法,所到之处均拍照测量。实地调查14次,历时三年,骑马、露宿,很辛苦。父亲在朝天宫拍照还被军警抓过。

考察后,祖父主编《六朝陵墓调查报告》,父亲编撰《金陵古迹图考》《建康兰陵六朝陵墓图考》《金陵古迹名胜影集》。

记　者:您觉得您父亲有哪些成就?

朱元春:他写了40本书,写作是他的生存方式,涵盖文学、史学、财政金融诸多领域。改革开放以来,父亲的13册著作出版,包括再版和纪念文集。他写的有关南京、北京的图考很有价值,人物传记《杜少陵评传》《玄奘西游记》中华书局曾再版，他的散文诗歌有独到之处，金融财政也有建树，所著《所得税发达史》，黄仁宇写《万历十五年》时曾借鉴。

记　者： 您父亲还是经济学家，有不少专著。他喜欢文史，为何却学经济？

朱元春： 父亲喜欢文史，最好文艺，他受西方教育，喜欢摄影、旅行、写游记和散文，最佩服徐霞客。在北京大学他学政治经济学，在柏林大学修经济，他曾撰文："所以未改学文学者，因一向认为艺术方面，以天才为第一，非强学所可几……惟于课余之暇，从事文艺素养……"他在北京大学常去听历史系的课，在德国也修过经济史。

记　者： 您祖父与同乡张元济相交颇深，据说张元济编辑"四库丛刊"和《槜李文系》，两人交流颇多？

朱元春： 祖父和张元济私交颇深。我们整理的祖父来往书信中，以"与张元济论学尺牍"最多，共156通（包括张元济来函），其中数封是交流"四库丛刊"和《槜李文系》的。

（2012年10月12日首发，2023年7月修订）

李叔同
（1880.10.23—1942.10.13）

  祖籍浙江平湖，出生于天津。前半生是浊世公子、艺术家李叔同，后半生为律宗高僧弘一法师。

  与原配俞夫人育有三子：长子早夭；次子李准育有一子一女：儿子李曾慈（弘一赐名）、女儿李然平；小儿子李端育有三女：李汶娟、李莉娟、李淑娟。

> 祖父对我们的影响太大了。他的才华、能力,他的思想、品德,我们纪念、学习、追随他,也争取像他一样,学弘祖做弘祖。但他太博大精深了,我们只能学一鳞半爪。比如他的认真,比如他做人的德行,我们受用终身。
>
> ——李莉娟

李叔同后人:
弘祖的嘉言懿行是我们行为的准则

■ 陈 苏

他是"二十文章惊海内"的大师,公认的通才和奇才。

他最早将西方油画、钢琴、话剧等引入国内,集诗、词、书画、篆刻、音乐、戏剧、文学于一身。他是第一个向中国传播西方音乐的先驱者,第一个正式把西洋绘画思想引介入国的人,也是中国第一个开创裸体写生的教师,第一个用五线谱作曲的词曲大家。

从浊世公子、才华横溢的艺术家,到律宗高僧,从李叔同到弘一法师,李叔同有没有后人?后人如今在哪里?这曾经是许多人心中的疑问。

2012年弘一法师圆寂70周年之际,《嘉兴日报》记者专程赶往天津，采访李叔同的孙女李莉娟。

　　在天津大悲禅寺，记者见到了这位1986年就皈依佛门的居士，当时她任天津市佛教协会副秘书长（现任天津市佛教协会副会长兼秘书长）。她的眉眼之间，依稀能够看到李叔同的影子。她办公室门后，是她亲笔所写的"惜福"二字，与弘一法师"朴拙圆满，浑若天成"的字体，有几分神似。

丰子恺所画尊师
《弘一大师遗象》

在俗，举世奇才；在僧，律宗高僧

李莉娟出生于1957年，在她出生之时，她的祖父早已圆寂。很小的时候，家里还有些祖父的照片，有时看到父亲在翻照片，出于好奇，她会问东问西。她父亲也时常跟他们讲起她祖父自幼天资聪明，勤奋好学，以及曾留学，回国从事教育的一些事情。"听了以后，我对祖父顿生崇敬之情，他伟大而庄重的形象，展现在我面前，在我幼小的心灵中留下深刻印象。"

但是有一天，这些照片，还有一些其他的东西，忽然都不见了，她父亲也不再说她祖父的事情。"后来才听我父亲说，那些东西不能再留了。被人翻着了，就惹祸，可能他就给毁了。我们后来也没看到了。"李莉娟还记得，那是她小学就要升二年级的时候。长大后她才知道，那场大浩劫叫"文化大革命"。

直到1980年，李莉娟还记得，那是她祖父的百年诞辰，各地报纸、杂志开始登载纪念文章，她才渐渐地全面地了解她祖父的事迹。那时候，她已经20多岁了。

"我祖父这么多的奉献，徐星平（弘一法师研究者）提出来，有10个第一，后来又整理成12个第一。"

李叔同可以说是中国话剧的奠基人。他留日期间，是中国第一个话剧团体"春柳社"的主要成员。"1907年，他在日本演《茶花女》，那是中国人演的第一部话剧，祖父反串女主角玛格丽特，可说是中国话剧反串第一人。那场话剧是为了赈灾。"后来，李叔同还主演过多部话剧，反响极大，布景设计、化妆、服装、道具、灯光等许多方面，李叔同都起到了启蒙作用。

前排从左到右：李莉娟（李叔同孙女）、李端（李叔同小儿子）、广洽法师、李莉娟母亲（摄于20世纪80年代） 李莉娟供图

"祖父在日本时曾寄了一张自己画的水彩画做明信片,可能是目前找到的中国水彩画的第一张。"

"祖父集诗、词、书画、篆刻、音乐、戏剧、文学于一身,可说是少有的奇才,他的'弘体'书法'朴拙圆满,浑若天成',鲁迅、郭沫若等都以得到他的一幅字为无上荣耀。"

李莉娟至今还记得,1980年,中国佛教协会搞了一个纪念弘一大师诞生100周年书画金石篆刻展,从此,有关弘一大师的资料介绍,报纸上渐渐多了起来。此时,李莉娟才将那些幼年时的印象与这位律宗高僧联系起来。

"弘祖1918年出家为僧,1942年圆寂,这24年间,他对佛教做出了很大的贡献。当时鉴于佛门戒律松弛故而致力研究律宗,弘祖学律持律,以自己严格的持戒行动为佛教界树立模范,并振兴湮没700年的'南山律宗'。"弘一法师履践他弘律的誓愿,精研律藏,编著了许多律学典籍,其中《南山律苑丛书》《四分律比丘戒相表记》最为精辟。尤其是《四分律比丘戒相表记》,是弘一法师呕心沥血,历时多年,精心构思之作,他将原有戒条,制为表解,化繁为简。"(这本书)被称为宋朝元照(灵芝)律师以后第一巨著,(弘祖)在中国佛教史上被尊为'南山律宗第十一代祖师'。"

"弘祖持戒严谨,做事小心谨慎,他曾写一幅字:'十目所视,十手所指,战战兢兢,如临深渊,如履薄冰。'"李莉娟听过一个故事,弘一法师悲天悯人,他每次去学生丰子恺家,坐藤椅之前,都要提起椅子来轻轻摇动,再慢慢坐下。子恺先生觉得奇怪,弘一法师说椅子缝隙很大,也许里面有小虫伏着,摇一下可让它避走。师徒也因此萌生编印《护生画集》之意,以宣传怜悯一切生物的慈悲心。丰子恺作画，弘一法师配诗，规劝人们戒杀护生，慈悲为怀。两人约定，逢十生日时出一集，共六集。丰子恺为坚守承诺，哪怕是在"文化大革命"遭批斗期间，依然坚持。他白天到"牛棚"，晚上冒风险作画，终于在1973年将第六集画完，历时46年。

嘱全家吃斋信佛，两个儿子用功读书

  我自己年岁见长，先父给我们来过两封信，都是在给二伯父信中的另纸附书，没有称谓也没有名。第一封信是先父出家后寄来的，当时我正在中学上学。信中说他已出家当了和尚，让我们一家人也吃斋信佛，还嘱咐我们弟兄要用功读书，长大后在教育界做事。

——李端《家事琐记》

  李端在20世纪80年代所述《家事琐记》中回忆："俞氏是我的生母，先后生了我们兄弟三人。我的长兄乳名葫芦，行八，早年夭亡。次兄李准，行九，长我4岁，已故。我是我们亲兄弟中的老三，在大家庭中行十。"

  李端生于1904年。李叔同1918年出家之时，李端还是个14岁的顽童，但对当年的情形记忆犹新："先父出家为僧，给我母亲的刺激很大。她为了打发无聊的日月，就到北马路龙亭后孙姓办的刺绣学校里学绣花解闷儿……"

名门家风

哥哥李准1900年出生。1905年，李叔同母亲王氏在上海病故，李叔同携家眷扶灵返回天津。李准因在轮船上受了海风，得了终生不治的哮喘病，每到冬天就犯。

李准的第二个孩子出生时，家里曾经写信给弘一法师，李端在回忆中提道："我见到的第二封信，是我的九嫂王氏第二胎生了一个男孩以后（第一胎生的是女孩），我们向先父报告家中添丁的事，并求这位出家当了和尚的老人给孙子起个名字，以为吉祥长命。以后得到先父的回信，给他的孙子赐名'曾慈'，有纪念我祖母王氏的深意。"

李准在20世纪50年代去世，他有一子一女，儿子即为弘一法师亲赐名的李曾慈，女儿叫李然平。李曾慈生于1930年，大家

2012年2月，李莉娟在天津接受《嘉兴日报》记者采访

摄影 沈秀红

庭分家以后，就各奔东西了。李准一家投亲去了北京。李曾慈现居北京平谷果各庄，是农村户口。李然平如今在河北省石家庄市，是随军家属。2012年，李莉娟在接受采访时介绍，两人已七八十岁了。

"虽然祖父出家之时写信告诉家里，希望两个孩子从事教育工作，但伯父有病，没参加工作，我父亲未受高等教育，也未从事教育，最初经人推荐到南开大学图书馆，但我出生时，他已经在一商局的一个化工站工作了。"李端生有三女，李莉娟是老二，老大李汶娟、老三李淑娟，现在都住在天津。

李莉娟记得，"文化大革命"时，因为大家都不清楚他们家的情况，他们家也就没受到什么批斗。但毕竟出身不好，所以全家都下了乡。1970年6月6日全家迁到天津西郊区。当时，李汶娟只有16岁，却不得不参加劳动。比她小三岁的李莉娟和妹妹得以在农村继续上学。

1974年，过完春节，全家总算回到天津市。

从农村回来半年后，按照政策规定，李莉娟又得下乡。"我父亲单位与学校协调，我勉强留城，但不给我分配工作。最后，我在天津河东区副食品公司做了营业员。"工作刚两个月，赶上大盘点，李莉娟算盘打得不错，成了核算员。后来，她考上了会计，脱产上了三年中专，又读了一些书，"感觉还不错"。

李汶娟回城以后进了一家针织厂，现在早已退休。

小妹李淑娟，回到父亲的单位，在行政科工作，2011年满50岁，也退休了。

李汶娟和李莉娟，都没有结婚。李淑娟有个儿子，20多岁，如今在银行工作。

他们的父亲李端在1991年病故。

李端在《家事琐记》中还有另一段叙述:"我还见过先父画的一张油画,是一位日本女人的头像,梳着高髻的大阪头,画面署名'L',四周有木框……现在推断,'L'的署名当是'李'字的拼音字头。画中的日本女人,也可能就是我父亲从日本带回上海的那位日籍夫人。"

近来,有研究者称,李叔同的日籍夫人育有一子一女,但二人至今没有现身。

"弘祖"是李莉娟对祖父的称呼,从法脉传承来说,她也算是弘一法师的徒孙。她在1986年皈依佛门,成为居士,法名契真。她的师父是新加坡的广洽法师,曾经跟她的祖父学习律宗。

1996年,天津市宗教局建议李莉娟调到佛教协会工作。当时,国内外对弘一法师的研究越来越重视,她常常要去参加一些会议。"我考虑,还是调过来比较方便。后来,我又上了中国人民大学的研究生班,一点点地增进知识。"

李莉娟忙碌于佛教事务,往返于弘一法师生活过的地方,收集整理弘祖的资料,参加各种研究、纪念活动。现在,她还是天津市李叔同——弘一大师研究会副会长,也是天津市文史馆馆员。她希望更多的年轻人了解、研究她的祖父,她负责李叔同——弘一大师研究会读书会的读书活动。不仅研究会成员筹资捐书,李莉娟也将自己的藏书捐赠出来。"我们已经给30多所学校捐过祖父的相关书籍,当然,我们捐的不是佛教类书籍,诸如书信集等,都是正规出版,传承祖父精神境界的书。"

她学习弘祖的佛书、遗著、书法，她觉得"勤临弘一大师的书作，一者修身养性，二者更能从中感念体会大师的德行"。她发愿以书法来发扬光大弘一大师的嘉言懿行与道德风范。1996年，李莉娟参加新加坡书法展览，得到专家的好评。2007年7月，她在中国台湾举办个人书法展，台湾文化界有识之士评价其书法得到弘一大师真髓。

"祖父对我们的影响太大了。他的才华、能力，他的思想、品德，我们纪念、学习、追随他，也争取像他一样，学弘祖做弘祖。但他太博大精深了，我们只能学一鳞半爪。比如他的认真，比如他做人的德行，我们受用终身。"

"长亭外，古道边，芳草碧连天；晚风拂柳笛声残，夕阳山外山；天之涯，地之角，知交半零落；一壶浊酒尽余欢，今宵别梦寒……"每次听到这首《送别》，李莉娟就会想起那位从未谋面却时刻陪伴自己的祖父。

1918年，李叔同书"勇猛精进"赠夏丏尊　平湖李叔同纪念馆供图

【对话】

"了解越深,越无止境,越觉得祖父了不起"

记　者:您最佩服祖父李叔同的是什么?

李莉娟:是他的认真,无论做什么事情,他都很认真,做什么像什么。

记　者:您从何时开始收集、整理、研究您的祖父?

李莉娟:(20世纪)80年代初,刚刚知道祖父就开始做了。当时是无意识的,是好奇,想了解祖父。后来,开始有意识地收集。收集越多,了解越深,越无止境,越觉得祖父了不起,僧俗两界他都了不起。他很广很深,我就想,我的祖父怎么这么伟大。他确实是一个奇才。有这样一个祖父,我也很荣耀。

记　者:您在研究方面有哪些发现、心得和作品?

李莉娟:这两年不少研究专家发表了一些研究论文,有不少发现,不只是艺术上和佛学贡献上的,包括对他的思想境界都有所研究,都挖掘出不少新资料,有些是从日本挖掘到的。我只是大量收集素材和资料,做一些基础性工作。

补记:2022年,为了纪念弘一大师圆寂80周年,李莉娟参与整理的《慧光照十方:追忆弘一大师》由线装书局出版。弘一大师圆寂一周年时,很多人写了纪念文章,曾出版《弘一大师永怀录》,但之后又有很多与他接触过的人也写过纪念文章,也增补进来。

近年来，李叔同出现很多新的研究成果，杭州师范大学的弘一大师·丰子恺研究中心每两年举办一次学术研讨会，特别是2022年，各地都举办纪念活动，12月17—18日，第一届"海河之子李叔同"高峰论坛——"李叔同艺术与文化思想"学术研讨会因疫情在线上召开，反响很大，有很多新的研究成果。李莉娟记得研讨会最大的亮点是"桐达号"捐资碑刻的"新发现"，是在当地大运河田野调查中发现，经查证是1890年李家银号为当地捐款的凭证，李叔同时年10岁。这一新发现将"粮店后街李善人"的善行义举由天津延伸至河南，为李叔同家一路经商、一路善行的好口碑又添新佐证。

记　者：您祖父盛年出家，家有娇妻爱子，感觉他很决绝。有没有怨过他？

李莉娟：他做什么事情都很干脆，不拖泥带水。我能理解。出家乃大丈夫之事嘛。（记者：您的父亲呢？）我想，当时我奶奶在家里哭哭啼啼，很寂寞，她开始肯定会有些不理解，这是可以想象的。我父亲可能会受奶奶情绪的影响，但他没细谈过。后来，他年纪大了，我觉得他是理解了。（记者：包括让您去皈依？）是。

记　者：关于李叔同出家的原因众说纷纭，您如何看他的出家？

李莉娟：我们都是凡夫，他的境界非常高。丰子恺先生理解弘祖出家，提到三层楼："当时人都诧异，以为李先生受了什么刺激，忽然'遁入空门'了。我却能理解他的心，我认为他的出家是当然的。我以为人的生活，可以分作三层：一是物质生活；二是精神生活；三是灵魂生活。物质生活就是衣食，精神生活就是学术文艺，灵魂生活就是宗教……我们的弘一法师，是一层一层走上去的……他的做人，一定要做得彻底。他早年对母尽孝，对妻子尽爱，安住在第一层楼中。中年专心研究艺术，发挥多方面的天才，便是迁居在二层楼了……爬上三层楼，做和尚，修净土，研戒律，这是当然的事，毫不足怪的……"我赞同他的解释。弘祖的思想境界非常高，他的很多决定，都是经过深思熟虑的。

弘祖的出家没有牵涉任何世俗因素，而放下一切身外之物，完全是为了住持佛法，续佛慧命，弘法利生，将佛法发扬光大，利益众生。

当今，有些"研究者""专家"发表文章，用种种猜测"揭秘"弘祖出家的原因。劝君千万不要在此浪费时间，还是先了解弘祖出家后24年间的成就及对佛教的贡献，顺便再学一学佛教的教理教义，待思想境界有了提高，一切便明了。

记　者：您祖父出家后写信回来让家人吃斋念佛，你们家族是不是受此影响很深？

李莉娟：很明显，我们是佛化家庭。在我父亲小时候，我家有一副对联"惜衣惜食非为惜财缘惜福，求名求利须知求己胜求人"，这是我的曾祖父写的。曾祖父是有名的李善人，办备济社，救济穷人。我们家有多少财产，都不浪费。传到我们这一代，也不会过多浪费。而弘祖的嘉言懿行更是我们行为的准则。弘祖圆寂到今年（2012）已满70年，由于年龄关系，我没有亲近过弘祖，无缘聆听弘祖教导，但弘祖留下了宝贵的文化遗产、丰厚的佛学著作，就好像弘祖在面对面教导我们，倍感亲切。弘祖在《青年佛教徒应注意的四项》中讲："我们即使有十分福气，也只好享受三分，所余的可以留到以后去享受。"我自幼受家庭影响，深知惜福之必要，习劳、自尊、持戒是我们成长过程中的准则。

记　者：你们的下一代，知道、了解曾祖父吗？

李莉娟：了解，但都不是专业的研究。

（2012年3月23日首发，2023年7月修订）

张宗祥
（1882.04.03—1965.08.16）

浙江海宁人。现代学者、书法家。一生抄校古籍9000余卷，曾任浙江图书馆馆长、西泠印社第三任社长。

张宗祥一共育有12个子女。其中和第一任妻子王氏所生的三个孩子同午、慧玉、慧寺都早夭。和第二任妻子王淑英所生的九个孩子中，二女、六女张璪和七子张济也夭折。最终长大成人的有大女张珏、三儿张重、四女张璇、五子张同、八子张兆和九女张玖。

> 父亲为人低调，对朋友热情，对待名利，就像他的号"冷僧"一样，也是很冷的。
>
> ——张玖

张宗祥后人：
他希望我们内外兼修，做有用的人

■ 朱梁峰　高云玲

2013年，作为张宗祥先生九个子女中唯一健在的幼女，张玖85岁。与其他姐姐、哥哥散落天涯不同，张玖自出生后，几乎都陪伴在父亲的身边，从上海、北京、武汉、重庆、南京到杭州一路走来，经历了各种惊险困顿，最终在西子湖畔安享晚年。

轻名利，重国家和民族荣誉

父亲大半辈子是无党派的。最早高啸桐要他加入保皇党，他用"君子群而不党"婉拒，后来沈钧儒邀请他加入同盟会，

> 父亲回答:"予意,惟以正义是从,不愿身有党籍也。"一直到 20 世纪 60 年代,要去北京参加全国政协会议,他才加入中国国民党革命委员会。父亲为人低调,对朋友热情,对待名利,就像他的号"冷僧"一样,也是很冷的。
>
> ——张玖

1949 年年底,应沙孟海的邀请,张宗祥从上海来到杭州,任浙江图书馆馆长。

刚到杭州的张宗祥不想麻烦组织,就住在四女儿张璇婆婆家的宅院——龙兴路 6 号。21 岁的张玖跟随父母来到杭州,一住就是 60 余年。

这是张宗祥一生中难得的休闲时光。除了每天早晨起来雷打不动地练字,他有了更多的时间来莳花弄草,听戏拍曲。周末的早上,周传瑛、张传芳等杭州昆曲的传字辈们会早早地来敲门:"先生先生,侬看今朝唱《桃花扇》好伐?"张宗祥惬意地靠在椅背上,笑着点头:"好咯好咯。"

于是,张玖看到他们撩起长衫,从腰间拿出笛子、埙,咿咿呀呀的昆曲声就流淌开来。院子里兰花正艳,此时张宗祥半眯着眼睛,右手手指在扶手上轻轻打着拍子。

"当时的昆曲社很苦,没有经济来源。父亲星期天上午都会去看望他们,买些水果带去。后来为了帮他们走出经营困境,改编了《十五贯》,一炮而红。"在张玖的印象中,类似这样的事情还有很多。

张宗祥一生抄校古籍,长于书画,精于鉴赏,尤其对古玩文

1965年8月张宗祥去世，办完丧事后张家人在杭州飞来峰前合影。后排左二为五子张同之子张柱，左三为八子张兆之子张耕，左四为张兆，左五为张兆之女张群，左六为张玖之女张佐；前排左一为九女张玖，左二为长女张珏，左三为四女张璇　张耕供图

物,他一看便知真假,被称为"识宝大师"。

好几次,张耕看到有一位老人家兴冲冲地拿着古董来找张宗祥,张宗祥看过后,就给他一些钱留下古董。有时老人转身刚走,张宗祥就把古董给他当玩具了。"直到后来我才明白,就算老人拿来的是赝品,爷爷也不会戳穿他,因为这是老人的生活来源,他不忍心。爷爷去世之后,追悼会上来了各行各业的人。有位男子一到就哭,他告诉我,在他困难时,一直是爷爷在资助他。"

张宗祥喜欢喝酒,烟瘾也大。浙江图书馆每月供给他两条中华烟,他自己从来不抽,都留给客人。他有12个烟斗,都是三儿子张重从国外寄来的,烟丝都是张宗祥和女儿张玖自己晒制的,他还制作了一只皮袋子来装烟斗。每天早上,他就把这12个烟斗全部装满,可以抽一天。张玖说,西泠印社的韩登安等人每个星期都会结伴来家里一趟,称作"去张老家过烟瘾",因为那时香烟凭票供应。

"有一次,父亲下班回来,一进门就叫'小玖,小玖',我知道他肯定遇到什么开心或者难过的事情了。果然,他的烟袋在公交车上被小偷当钱包给偷了。"

有一年冬天,张玖又听到父亲在门外叫:"小玖,小玖,知道我为什么开心吗?"看到女儿疑惑的神情,张宗祥大声告诉她:"我打败了两个日本书法家。"

原来,当时浙江省政府来了两位日本外宾,招待他们在多益处吃饭,张宗祥也去了。席间,外宾不无挑衅地说:"你们中国现在没有人会写字了。"听完这句话,张宗祥三碗白酒下肚,摊开宣纸就要与日本人比个高低。

"父亲先写。一幅字写完,两个日本人目瞪口呆,再也不敢接着写,连连鞠躬,口里直说'对不起,请原谅'。父亲走出多益处大门,他们还特地从轿车上下来,再次鞠躬致歉。"张玖回忆起这段故事,仿佛还是发生在昨天一般清晰。"虽然父亲对自己的名利看得很淡,但他对国家和民族的荣誉,却看得非常重。"

内外兼修,不要虚有其表

祖父去世前两年,他写了一幅字、画了一幅画给我。那幅字的内容是:"我们有一些同志总是自以为是,从不自以为非,总是喜欢听符合自己意见的话,而不喜欢听反对自己意见的话。这不是马克思主义的辩证法,而是形而上学。为什么老是喜欢听顺耳的话,而不耐心听逆耳的话呢?别人说得对,听了就可以改进工作,别人说得不对,那又有什么可怕呢?为什么不让人家把话都说出来呢?形势越好,成绩越大,越要谦虚谨慎、实事求是,越要防止骄傲自满,自以为是。好话、坏话、正确的话、错误的话都要听,特别是对于那些反对的话要耐心听,要让人把自己的话说完,这是毛泽东同志经常提倡的优良的民主作风。"那幅画画的是白梅,旁有字:"白梅不仅能观赏,还能入药。"他是希望我内外兼修,做一个有用的人,不要虚有其表。他还经常说:"工作上要向比你强的人学习,生活上要向比你差的人学习。"

这幅字可以说是爷爷最后的遗言,它伴着我去贵州、回家乡。在这 50 年中，我遵照爷爷的教导去学习、工作、生活，在今后的人生旅途上，它也将继续作为我的座右铭。

——张耕

张耕曾听大姑妈张珏讲过这样一件事：20 世纪 60 年代，纪念中国福利会成立 25 周年大会在京举行。周恩来、康克清等参会。在活动舞会上，时任宋庆龄秘书的张珏与周恩来跳舞时，周恩来无意间问起张珏是哪里人。在得知她是海宁人后，周恩来又说："海宁有一个张宗祥，你知道吗？"张珏听后颇为惊讶，她告诉总理："张宗祥正是我的父亲。"周总理听了很高兴，接着又对张珏说："张宗祥先生在杭州灵隐寺的那副对子写得好，它把灵隐寺的来龙去脉及它的历史全都概括了，很有学问。"宋庆龄此时才知道张宗祥是张珏的父亲，她多次对张珏说："你父亲张宗祥先生学问博大精深，各方面都很精。"

张珏 1936 年毕业于上海沪江大学工商管理系。1949 年 7 月，经同学郑安娜介绍到中国福利会工作，此后与宋庆龄相识。1964 年至 1967 年，由于父亲年迈，经宋庆龄同意，张珏调到杭州大学外语系从事英语教学工作。1965 年 8 月，张宗祥去世。张宗祥在遗嘱中明确说明由大女儿一手操持丧事。

1967 年 5 月，张珏再次担任宋庆龄的秘书。当张珏步入北京后海北河沿 46 号二楼的会客室时，宋庆龄迎了上来，紧紧握住张珏的双手，开口第一句便是："1963 年，如果不是你父亲提出调你，我是不会让你去浙江的。"从此，直到 1981 年 5 月 29 日宋庆龄逝世，张珏再也没有离开这个工作岗位。她前后在宋庆龄身边担任秘书长达15年。

1969年10月16日，在绝对保密的情况下，张珏与宋庆龄一行乘坐周恩来总理的专机，自北京返上海休假。在飞机上，宋庆龄十分亲切地对张珏说："你千万记住，无论什么时候，我都是你的朋友。"此后，宋庆龄不再叫张珏这个中文名字，而是称张珏的英文名字——"Irene"（和平之神）。

张珏早年与蒋百里侄子结婚，但三个孩子都早夭。后来两人离婚，张珏没有再婚，晚年独居上海。张宗祥病重时，曾嘱咐其他子女："你们以后要帮着照顾大姐。"

张重毕业于北方交通大学（现为北京交通大学）运输管理专业。大学毕业之后，他又报考了航空学院，渴望驾驶飞机痛击敌寇。可是，后来因为一件事情被学校除名。张玖说："三哥告诉我，因为有一次驾驶飞机时没有听指挥，一个跟斗翻了下来，差点儿坠机，所以被学校除了名。"但是，张重依然成了飞虎队的一员。在重庆陈纳德任飞虎队队长时，张重报名参军，因为他有飞机驾驶经验，又会汽车驾驶，成了运输队的一员，后来官至重庆至桂林的运输大队大队长。

1950年，张重到杭州看了父母和妹妹最后一眼，动身前往香港地区。张玖送哥哥去坐火车，全家拿不出旅费，她就买了一个大西瓜，让哥哥在路上吃。就这样，张重从香港又飞加拿大，后来在加拿大安家。20世纪90年代，梅葆玖去加拿大演出时，张重还作为票友与梅葆玖同台演出。张重的大女儿小梅在香港；小女儿小莉在加拿大，先生保罗是加拿大第一位华裔外交官，曾先后担任加拿大驻中国大使馆商务参赞、驻马来西亚大使、驻广州总领事、驻文莱大使。

张璇与孙珊奇结婚后,就成了家庭主妇,后来一直住在北京。孙珊奇毕业于上海圣约翰大学土木建筑系,是中建六局总工程师。张璇和孙珊奇育有三女一子,大女儿孙露华是北京一所中学的老师,二女儿孙健华是海宁电大的老师,三女儿孙棣华在中建六局工作,儿子孙明现在美国,都已退休了。

"父亲心里一直是记挂着我们的,就算我们都长大了也一样。他唯一放心的是五哥张同。"在张玖的记忆里,毕业于复旦大学的五哥张同最为神秘。1943年,张宗祥一家在重庆,一天张玖与八哥张兆去街上玩,远远地看到张同从对面走来,后面跟着两个人。她刚想喊,张兆拉了拉她的手臂,示意她别作声。原来张同被捕了,正在押解途中。三人擦肩而过时,张同说了一句英语,告诉弟弟妹妹自己将被押往土桥。后来,多亏张宗祥找朋友帮忙,张同才获释。张玖这才知道五哥是地下党。

后来,有关张同的消息越来越少。直到20世纪50年代的一天,省里有人到家中来,跟张宗祥说:"张老,张同组织上另派工作了,以后有什么消息就要通过我们转达。"1950年张同到香港美国新闻处任职,曾任新闻组总编辑,也曾主持编辑《今日世界》月刊科学栏目。张同不仅是声声入耳、事事关心、文思敏捷、多才多艺的新闻编辑,还投身教育,曾执教于香港浸会学院、香港树仁学院、香港大学校外进修部、香港中文大学校外进修部等大学。

张同的大儿子张炳现居住在北京,曾在七机部工作;小儿子张柱住在香港地区,曾任《时代》杂志中文主编。张柱的大儿子张勤在美国做律师［现在是欧华律师事务所(Partner,DLAPiper)

合伙人〕，小女儿张荃正在丹麦攻读硕士研究生（现为曼彻斯特大学首席科学家）。

张兆1922年生于北平，1940年考入浙江大学，1941年转入复旦大学，1943年考取中国远征军翻译官，被分配到远征军运输第一大队。乘飞机由印度入缅甸对日作战，曾两次受伤。抗战胜利后，先后进入邮政储金汇业局、中国农民银行南京总行工作。中华人民共和国成立后，张兆先服务于中国人民银行上海分行，后响应政府充实师资力量的号召，参加上海市中学教师师资培训班，结业后进入上海中学、遵义中学担任物理教师。"文化大革命"时，因张兆曾参加远征军，被打成"反动军官"，身心备受摧残。"文化大革命"后继续担任高中物理教师。20世纪80年代曾先后赴云南西双版纳和宁夏永宁教育支边。1991年在故乡海宁去世。

张兆育有一子一女。女儿张群定居澳大利亚。儿子张耕1968年高中毕业后前往贵州插队，1971年到六盘水煤矿当掘井工，后进贵州工学院学习。一直到1985年，张耕才回到祖籍海宁，从水利局一名科员做起，于1990年任海宁市副市长，分管城建、交通、土地、环保、重点工程和邮电等多个要害部门。当时有装修公司要帮忙给张耕装修房子，都被他拒绝了，他宁愿去找街头的小工，贴一块瓷砖三毛钱。妻子下岗了，张耕也没有再给她找工作。

张耕说，做了八年副市长后，他觉得仕途并不是他所追求的，于是提前退休。"嘉兴还从来没有副市长要辞职的，嘉兴市委开会讨论之后，希望我连任。但我坚持不做了。爷爷对钱财、名利的淡薄，从小就通过言传身教，附着在我们体内。"

张耕的儿子张翔毕业之后，选择了自己创业，目前在上海经

张宗祥之女张玖

摄影 朱梁峰

张宗祥之孙张耕

摄影 袁培德

营一家广告公司。

张玖的丈夫徐祖鹏,毕业于复旦大学,其父徐礼耕乃是民国时期的"丝绸大王",产业遍布杭州、上海、苏州等地,嘉兴绢纺厂的前身也是由他创办的。毕业之后,张玖一直在浙江商业系统内工作,直到1983年退休。

张玖有两个女儿,大女儿徐佐过继给张珏,改名张佐,已在上海退休。小女儿徐洁,继承了外公部分事业,2013年时任浙江图书馆副馆长(现为浙江图书馆党委副书记)。

【对话】

"未用公家一纸一墨,使江南有了一部完整的《四库全书》"

记　者:张宗祥先生的家庭教育有什么特别的地方吗?

张　玖:父亲并不会盯着我们的学习成绩。他总是把握大的方向,比如他对我们说:"做人一定要好。"在他看来,只要做人做好了,其他成就的高低并不重要。所以,他没有要求我们像他一样。大姐张珏高中毕业后,父亲认为女孩子读到高中就差不多了,想让她工作,母亲坚决不同意,一定要男女平等,所以父亲让她读了贵族学校沪江大学。可能这件事对父亲教育孩子的影响挺大的,后来他在教育上一视同仁。

张　耕:小时候,看到爷爷在写毛笔字,觉得很好奇,于是他就教我写字。可是我坐不住，写了几张就往外跑。后来，爷爷就给我父亲写信说了这个事情，并建议说，孙子似乎对文学方面不感兴趣，建议学理工科。还有一次，我玩的时候不小心弄断了爷爷的拐杖，当时很害怕，不敢承认，偷偷放在了门背后，就坐车回了上海。后来爷爷又写信给父亲，认为我应该诚实，不要因为害怕而不敢承担责任。

记　者：张宗祥先生似乎来海宁的机会并不多。

张　玖：从我懂事起，他似乎是没有回过海宁。我小时候就回过两次，一次是两岁时奶妈抱着回去的，另外一次是抗战胜利后，随妈妈和八哥去整理父亲的32只书箱。但是，他对家乡的人和事都很关心。徐志摩和他父亲（徐申如）的墓碑都是父亲写的。在写徐志摩墓碑时，他一时想不好怎么写，辗转许久，才写下"诗人徐志摩之墓"。

张　耕：至今，海宁当地还有不少爷爷留下的墨迹。仓基街56号的故居是1926年建成的三楹两层西式砖木结构，楼后有天井。抗战前，逢年过节，爷爷偶尔回这幢小楼住几天。每当这个时候，海宁当地的住户都会来向他求字。爷爷往往来者不拒，不收一分钱。他还是挺想为家乡做一些事情的。

记　者：他一生笔抄不辍，校补古籍9000余卷，特别是补抄文澜阁《四库全书》，可以说对中国传统文化的保存和流传有着巨大的贡献。

张　玖：文澜阁《四库全书》历经战乱，虽经过补抄完成了部分，但剩下的都是难啃的骨头。于是，父亲在任浙江教育厅厅长之后，决定利用自己在京师图书馆的人脉完成这项工作。他先奔走募捐，其中一个原则就是，非本省人的捐款不收。然后派学生前往北京抄写。历时两年，未用公家一纸一墨，使江南有了一部完整的《四库全书》。

张　耕：爷爷晚年，仍然夜以继日地抄书。每天，除了中午的一两个小时他会在躺椅上看会儿小说休息一下，其余时间几乎都在抄书，而且他抄书不是一行一行抄，有时从四个角上往中间抄，有时从中间往四个角上抄，同时还能与别人聊天下棋。

记　者：当年张宗祥先生坚持不去台湾地区，主要是出于什么考虑？

张　玖：解放战争期间，父亲的学生陈布雷劝他先去广州，再去台湾，父亲说"我不做白俄"，坚持不走。当时有人提出把他主持抄补的文澜阁《四库全书》运到台湾。他又说："这要浙江父老同意。"因为当时抄补文澜阁《四库全书》非政府出资，而是浙江各界人士捐款。上海解放后，陈毅找到父亲，聘他为上海文物管理委员会委员。

他一辈子没有住公家的房子，其中一个原因就是不想麻烦政府。空出来的公房也可以给更加需要的人。

张　耕：爷爷去世前，他珍藏的一些古籍善本和抄本就都捐献给了图书馆。还有他珍藏的玉器字画，除了有上款的，也全部给了博物馆。其中，仅30多幅黄宾虹书画，在今天看来就是天价。如今我们家中只有几件爷爷的作品，留作纪念。

补记：位于云南腾冲的滇西抗战纪念馆于2013年8月15日落成。在纪念馆西侧建有中国远征军名录墙，全长133米，镌刻着中国远征军将士、盟军将士、地方抗战游击队、地方参战伤亡民众、协同参战部队和单位人员姓名。张耕已将父亲张兆参加中国远征军的资料寄给滇西抗战纪念馆，张兆的名字将于2024年清明前刻入中国远征军名录墙。

2013年，《张宗祥文集》（全3册）由上海古籍出版社出版；2019年，《张宗祥先生纪念文集》由西泠印社出版社出版。

张宗祥最小的女儿张玖，于2021年去世。

（2013年8月23日首发，2023年7月修订）

蒋百里
（1882.10.13—1938.11.04）

浙江海宁人。兵学泰斗，军事教育家。

蒋百里和日籍夫人左梅生有五个女儿：蒋昭、蒋雍、蒋英、蒋华、蒋和。

> 父亲常常告诉我们,到了国外一定要学外国人的长处,对自己的文化,也一定要保持优良的长处。他说外国人的长处是科学文明、守法、守规矩,我们不要太重外国的物质文明;中国人的长处是忠孝、仁爱、信义、和平的传统文化。
>
> ——蒋华

蒋百里后人:
父亲对我们的教育,是采取中西合璧的方式

■ 陈 苏 沈秀红 朱梁峰

她的一生中,有两个重要男人,声名赫赫:父亲蒋百里,军事理论家,兵学泰斗;丈夫钱学森,中国航天之父。她被誉为我国欧洲古典歌曲艺术权威、杰出的声乐教育家。

2012年2月5日上午11时,蒋英因病逝世于北京。

她的去世引发人们对蒋百里及其后人的关注。

蒋百里与妻子左梅育有五个女儿:蒋昭、蒋雍、蒋英、蒋华、蒋和。蒋英是蒋家三女。

蒋英一生传奇,她的姐妹人生轨迹如何?她们及其后代眼中的蒋百里,又是怎样一个人?

2012年2月8日,蒋和的女儿周瑾在北京家中,深情回忆蒋

蒋百里全家福。中为蒋百里,右一为小女蒋和,右二为夫人左梅,右三为长女蒋昭,左一为四女蒋华,左二为三女蒋英,左三为次女蒋雍　吴德健供图

家五姐妹。她和在嘉兴工作的弟弟周崇峻，讲述了蒋氏长达一个多世纪的家族传奇。

"他是一个中国文艺复兴式的人"

"他什么都懂。他懂文，他懂武；他懂西洋的东西，也懂中国的（东西）；中国的古书他懂，拉丁文他也懂，日文他很好，德文他也很好；他爱文学，他会写诗；他也会打枪，他会骑马，他骑马骑得像个军人一样。我觉得他是一个中国文艺复兴式的人。"

蒋英生前接受凤凰卫视采访时如此评价她的父亲蒋百里。

1912年12月17日，蒋百里任保定军校校长。"这正合他的心愿，他一心要报国，一心要建设国防，建设新的军队。"蒋英生前在凤凰卫视《中国记忆》节目中回忆，蒋百里一进学校，就抓改革，把西方军队的做法引进军校。"但是事情不是那么顺利，他也有他的苦恼，第一，旧军人跟新军人相斗……第二，上边的经费一直不下来……教育部归段祺瑞管。他去找段祺瑞，段祺瑞答应给他，但是实际上一直没有落实。"接任校长半年后，蒋百里召集全校师生，齐集广场，在数千师生面前，意欲举枪自杀，"求治不得，以求己死"的义举一时震惊全国。

"由张学良去机场送父亲去上海，这是第一架从西安来的飞机，当时在上海很轰动，我父亲不便多说，只说不会打内战了。"五女蒋和在蒋百里110周年诞辰时撰文回忆，1936年，蒋百里赴欧美考察军事，归国后，到西安向蒋介石汇报考察情况，却意外撞上"西安事变"。张学良曾请蒋百里担任说客,说服蒋介石,也曾问计于蒋百里,问他应派何人去南京接洽谈判。

蒋百里曾多次考察欧洲。1918年到1919年,他受邀考察巴黎和会,游历欧洲,回国后不久,著《欧洲文艺复兴史》,这是我国人士所撰有关文艺复兴的第一本著作。请梁启超作序,梁启超竟一发不可收拾,写了五万字,只好另作短序,将长序改写、充实,以《清代学术概论》为名出版,反过来请蒋百里为此书写序。

蒋百里写得最多的是军事论著,尤其是对日军事论著。他是把近代西方先进军事理论系统地介绍到中国的第一人,1937年年初出版的《国防论》,是蒋百里最著名、最重要的军事论著。

蒋英回忆:"写《国防论》,他不是一本书一本书地写,他走到哪儿,《大公报》的记者就跟到哪儿。有什么他就写什么,新闻记者就拿走了,也不留稿,都是这些零碎的东西,事后收集起来,形成一本书。"《国防论》提出了抗日持久战的军事理论,认为抗日必须以国民为本,打持久战。

他曾断言,中国对日本,打不了,亦要打,打败了,就退,退了还是打,五年、八年、十年总坚持打下去,不论打到什么天地,穷尽输光不要紧,千千万万就是不要向日寇妥协,最后胜利定是我们的。

然而,他却没看到自己断言的未来。1938年11月,蒋百里在广西宜山因病逝世。章士钊、黄炎培、邵力子为他撰写挽联。几年后,他被国民政府以国哀之礼风光大葬。纵观民国历史,能获此殊荣的,只他一人。

蒋百里的离去,令女儿们伤心欲绝。

父亲引导蒋英走进音乐王国

"我的父亲蒋百里,他是学军事的,他喜欢音乐。他看见我小时候喜欢蹦喜欢跳,喜欢唱歌,他就觉得这个孩子注定将来学音乐。是他引导我走上音乐之道的。有一天,我放学回来,家里来了一架钢琴,当时我才上高小,五六年级的时候,父亲给我买了一架钢琴。那时候我就与音乐分不开了。"

2009年,90岁的蒋英应邀做客央视《音乐人生》。她说,是父亲将她带进音乐王国。同年,蒋英在凤凰卫视《中国记忆》中也回忆了这段往事。

"他喜欢音乐……我父亲最喜欢贝多芬,贝多芬曲子的主题他都能哼哼出来。他也教我,他看见我小时候喜欢蹦喜欢跳,也喜欢唱歌,就说,小孩将来学音乐吧!叫我学音乐的第二个原因是我们的中学是教会学校,有一个音乐组,有四个老师教钢琴。学校里有很多钢琴,我就报名学钢琴了。"

1936年,蒋百里赴欧洲考察,16岁的蒋英和12岁的蒋和随行。在欧洲,蒋百里为蒋英找了位专家,专家觉得蒋英嗓子很好,建议她学唱。之后,蒋英就学了声乐。

蒋英在德国待了10年。她没想到,欧洲一别,竟是和父亲的永诀。1938年,蒋百里病逝消息传来,她如遭晴天霹雳。

1939年,第二次世界大战全面爆发,即便在战火中,蒋英依然没有放弃音乐。后来,她去瑞士师从著名歌剧专家艾米·克鲁格学习古典歌剧艺术表演。

1943年,瑞士举办了"鲁辰"万国音乐年会。蒋英参加了匈牙利高音名师依隆娜·德瑞高主办的各国女高音比赛，夺得第一名，在整个亚洲音乐史上创造纪录。

1947年5月，蒋英在上海举办首场个人演唱会。当时还是学生的金庸前往上海听表姐的演唱。1957年，他在香港《大公报》专栏《三剑楼随笔》中写道："表姐蒋英……唱了很多歌，记得有《卡门》《曼侬·郎摄戈》等歌剧中的曲子。不是捧自己亲戚的场，我觉得她的歌声实在精彩至极。一发音声震屋瓦，完全是在歌剧院中唱大歌剧的派头，这在我国女高音中确是极为少有的。"

蒋英与钱学森，相携一生，科学与艺术比翼双飞的爱情，更是传奇。

"她在艺术，我在科技。但我在这里特别要向同志们说明：蒋英对我的工作有很大的帮助和启示，这实际上是文艺对科学思维的启示和开拓！在我对一件工作遇到困难而百思不得其解的时候，往往是蒋英的歌声使我豁然开朗，得到启示。这就是艺术对科技的促进作用。"1999年7月，钱学森在中央音乐学院"纪念蒋英教授执教40周年教学研讨会"的书面发言中如此评价妻子蒋英。

1955年，蒋英与钱学森从美国归国。

一开始，她在中央歌剧院当演员。因长期在国外，她说中文带外国腔，开口唱中文歌被人笑话。她找京韵大鼓老师和说书的老师，还学唱京剧和昆曲。一年后，她终于可以上台了。

意外的是，中央歌剧院领导提出让她去中央音乐学院当老师。"我刚刚得到我自己的艺术自由，怎么又派我到学校？我不去。"后来听说这是周总理的意思，她就接受了。在中央音乐学院，她一教就是40年。"这是我再一次的决心。现在看来，这个选择是对的。"

1955年钱学森、蒋英一家在回国途中

周瑾供图

    蒋英不倚仗丈夫的威望，不喜欢别人称她"钱学森夫人"，她一直说，"我自己就是艺术家、声乐教授"。

    "文化大革命"后，蒋英在欧洲苦苦追寻的音乐之路，终于有了用武之地。她桃李满天下，学生们在国际上取得骄人成绩。2004年，"庆贺蒋英教授教育生涯45周年音乐会"在保利剧院举行，蜚声国际乐坛的歌唱家祝爱兰、傅海静、杨光、多吉次仁齐聚北京。他们的老师是蒋英。

四个女儿，各有各的人生精彩

"她们都喜欢听欧洲古典乐，至少懂两门外语，喜欢看外文原版书，她们受西方文明的灌输，包括礼仪、文化、历史，包括文明的思想，包括独立思考的能力。她们都非常独立，个性极强。这些明显是受外公的影响。"

周瑾接受《嘉兴日报》记者采访时如此描述外祖父蒋百里对几个女儿的影响。

蒋百里的爱情充满传奇。

他在保定军校自杀而未死，由此结识日籍妻子左藤屋登（后改名左梅）。

一个研究对日战略的著名中国将领，却娶了日本妻子，这本身就充满戏剧性。

几个女儿的人生，深受父亲影响。

"他对家人影响非常大，我至今仍然不知外公为什么有那么强大的气场，在家里如神一样，有至高无上的威信。"在周瑾的印象中，母亲和她的几个姐姐对父亲崇拜得五体投地。在她们心中，无人能超越她们的父亲。

"外公博学多才，给她们讲了很多知识，灌输了很多思想：女孩子要读书，要学外语，要开放。"周瑾听母亲蒋和说过，1936年，蒋英与蒋和随蒋百里坐船经苏伊士运河去欧洲，一路上外公给她们讲历史，走到哪儿，讲到哪儿。"外公从来不要求女儿做什么，但她们都很有主意。你看我三姨那么小，一个人在欧洲居然能熬过第二次世界大战。"

蒋百里的五个女儿，除长女蒋昭16岁因肺病夭折外，四个女儿各有各的人生传奇。

二女蒋雍，曾是美国国会图书馆馆员，丈夫是工程师。"中美建交后，二姨回国探亲，说起台儿庄战役（1938年）时，她以护士的身份，跟外公坐吉普车在战场上驰骋。说的时候，骄傲无比，神气无比。"

蒋雍女儿黄里爱是台湾文化大学英语系教授，有三个孩子；黄里爱的弟弟迈克在美国做小儿科医生，有两个儿子。

三女蒋英与钱学森，生有一子一女。儿子钱永刚从事计算机应用软件系统的研制，是高级工程师，现任上海交通大学钱学森图书馆馆长，生一子钱磊，学通信工程专业。女儿钱永真毕业于上海第二军医大学，旅美前是小儿科医生，现在美国做研究。

钱永刚曾在接受《嘉兴日报》记者采访时，说起外公蒋百里："外公对女儿的影响是身教，这从母亲对我的教育可以看出来。小时候，母亲希望我好好读书，不直接说功课做好没有，会拿外公的事激励我。"

四女蒋华在台北各界人士纪念蒋百里100周年诞辰座谈会上，谈起父亲对自己的影响：

"父亲对我们的教育，是采取中西合璧的方式。放假时，他让我们游泳骑马；他注重我们的功课，却不看重我们的分数。""父亲常常告诉我们，到了国外一定要学外国人的长处，对自己的文化，也一定要保持优良的长处。他说外国人的长处是科学文明、守法、守规矩，我们不要太重外国的物质文明；中国人的长处是忠孝、仁爱、信义、和平的传统文化。""他曾经说过：'中、西的

2007年春节，蒋百里四女蒋华和后辈在一起。前排中为蒋华，左一、左二为蒋百里外孙女周瑾的双胞胎女儿团团、圆圆，右一为蒋百里外孙周崇峻的夫人舒磊；后排中为钱学森、蒋英之子钱永刚的夫人傅亚莉，左二、左一分别为钱永刚之子钱磊和妻子，右二为周瑾，右一为周崇峻　周瑾供图

长处予以合并,我们的国家就强了。'""他规定我们姐妹,每人都得学习一门外国语,这样才能吸收他国的文化,我们的知识领域也才能扩大。"

蒋百里去世后,蒋华在父亲朋友的帮助下,只身赴美留学。1946年,获哈佛大学营养学硕士学位,回国后任震旦大学教授和生物系主任。在回国的船上,认识了后来的丈夫魏儒仆。魏儒仆是名工程师,父亲是同盟会创建者之一,曾任驻比利时大使。1951年,蒋华随先生移居比利时。

在比利时,蒋华推广中国饮食文化,在布鲁塞尔开了当地第一家正规中国餐馆,经营40多年,是当地规模最大、名声最响的中餐馆。蒋华是把中国传统食品豆腐引进比利时的第一人,她专门从海宁找了一名祖传三代做豆腐的大师傅到比利时传授技艺。

也正是在比利时,蒋华收到三姐蒋英从美国寄来的求援信,并将信寄给钱学森父亲钱均甫,钱均甫把信转给陈叔通,这封信最后到了周恩来手里。钱学森和蒋英才得以于1955年顺利回国。

深受父亲影响,蒋华喜爱中国文化,注重文化延续。1965年,她开办比利时第一所中文学校——中山学校。

亲眼看见父亲为国忧心忡忡,蒋华深受影响,她曾是比利时自由党亚裔分部总召集人,为华人进入比利时主流社会牵线搭桥。她发起比利时中国和平统一促进会。她还是坚定的反"台独"人士。

"四姨的大儿子是比利时高级外交官,精通七国语言,曾任比利时驻韩国大使,他有三个孩子。四姨在2005年叶落归根,回国定居。"周瑾于20世纪80年代初,陪四姨去杭州给外公扫墓,还回过海宁,蒋家祖宅当时还在。

2012年2月，周瑾在北京家中接受《嘉兴日报》记者采访

摄影 沈秀红

蒋百里后人：父亲对我们的教育，是采取中西合璧的方式

　　五女蒋和，1923年生，曾就读国立西南联合大学，后转到国立中央大学（校址现为东南大学四牌楼校区），学英语。中华人民共和国成立后在冶金部当翻译，做过老师。"文化大革命"中受到冲击，留下病根，"文化大革命"后从北方工业大学退休。

　　《嘉兴日报》记者在北京采访她的时候，89岁的蒋和与丈夫住在北京，儿孙绕膝，安度晚年。

　　2015年，蒋和去世。

　　"'文化大革命'后，母亲受邀去德国访友，在那里工作了一段时间。我们和德国渊源深厚，这是家族历史，也是外公创造的。"周瑾说。1936年蒋百里再次出使德国，蒋英与蒋和跟着去了德国，蒋百里安排她们入德国贵族女校。

蒋和三子一女。三个儿子学工,女儿周瑾学文。"受'文化大革命'影响,我们几个都没上过大学,都是电大或者自学文凭。"

长子周崇森,在北京一家工厂做电子工程师。女儿周瑾,退休前是北京体育大学外事处翻译。她的双胞胎女儿学的是经济,如今一个在北京,一个在香港地区。周瑾退休后曾跟国家体育总局田径管理中心签约,给德国教练做了一段时间的翻译。

1980年蒋和去德国,先后将两个小儿子带到德国。1986年她回国,儿子留在德国。老三周崇杰学机械制造,在德国开中介服务公司,后受德国公司委托,在无锡一家汽车公司协助中德双方沟通,现已退休定居德国,他的两个孩子也都在国外。

四子周崇峻,曾任嘉兴敏实集团电动汽车事业部的制造总监。

1981年,周崇峻进入德国大众集团总部。恰逢中德即将合作,公司有意培养他,预备派驻中国上海大众。在那两三年间,大众集团公司所有的工厂、工序,他都一一熟悉,并有专人讲解。因为表现出色,公司将他留在了总部。他在德国大众工作了20多年,在质量管理部做数据分析和远景规划,相当于参谋部总监,负责给董事会出谋划策。

在周崇峻看来,各国人各有优缺点,但他受不了中国人粗制滥造、马马虎虎的态度。无独有偶,四姨蒋华曾说,父亲蒋百里说要丢弃中国人"马马虎虎、没有组织、没有效率、不团结的短处"。冥冥之中,祖孙两代血脉相通。

说起外公蒋百里,周崇峻说他出生后,母亲和几个姨妈很少对外、对小辈提起她们的父亲。"在她们眼中,外公就像神一样,跟你小孩子说是对牛弹琴。"但他觉得自己多少遗传了外公的基因。周崇峻自豪地透露，别人都以为自己是只懂汽车的老头儿，实际上自己也写写文章，正在写一部自传体长篇小说，已经写了30万字，不少亲友、出版社看过，都说是好东西。他还准备将他在嘉兴的经历也写进小说。

然而，天妒英才，2015年周崇峻突发脑出血去世。

【对话】

"他有一种英雄主义的爱国情怀"

记　者：您印象里，外公蒋百里是怎样的人？

周　瑾：我没见过外公。但从我懂事起，不停听长辈讲起外公。在我的印象里，外公是最最了不起的人物。

实际上，他并不魁梧高大，他是个文人。通过许多人的叙述，在我印象里，外公的气场极为强大。我至今仍然不知这是为什么。

我外公短暂的一生，留给我母亲她们的印象——爸爸是个英雄。我觉得他有一种英雄主义的爱国情怀，很壮烈。他虽是文弱书生，写的文章却非常有气魄，战也好，败也好，就是不跟它（日本）讲和。这非常英雄主义，是交响诗一样的爱国主义。我们这一代，尤其是我本人对此印象非常深。

记　者：外公对你们有什么影响？

周　瑾：我外公对家人影响非常大。尤其是我母亲那一代，更加直接。我们这些小辈没见过外公,他的影响是精神上的潜移默化。这是一脉相承的,外公对西方文明的理解和传播,通过上一代影响我们。

记　者: 您三姨在接受采访时说过,您外公是一个文艺复兴式的人物;写过《蒋百里评传》的曹聚仁,也说过这样的话。您怎么看?

周　瑾: 这话应该是曹先生说的,我三姨认可他的说法。当时我听了都吓一跳。全世界文艺复兴式的人物就那几个。但看看中国,帝制结束后,涌现出的这样一批在旧学中成长吸收了大量西学承前启后、启蒙式的人物,当然不止我外公一个人,我外公是其中之一,是佼佼者。他英年早逝,如果更长寿些,我相信他会为中国近代史做出更多贡献。

记　者: 你们这一代和下一代,有没有人对您外公这一套东西系统地了解研究过?

周　瑾: 我希望我们这一代能做点事,影响到下一代。下一代还太年轻,我们这一代最好能多留点资料。

海宁现在准备建梅园,物质上有个存在,有个归宿之地。梅园建成后,我会带我女儿去,我也会写点东西,告诉她们太外公太外婆是怎样的人。

补记:2021年6月23日,蒋百里夫妇与钱学森父母、文史学家钱均夫夫妇迁坟安葬仪式在浙江安贤园澹园举行。

2023年4月13日上午,纪念蒋百里先生140周年诞辰学术研讨会在海宁举行。周瑾和钱永刚都回到家乡,钱永刚向海宁捐赠了一批极其珍贵的蒋百里书法和信札，其中有书法作品17件、明信片38张、中文信札31张、外文信札78张。

另外，蒋百里纪念馆已全面竣工。该馆于2021年3月开工建设，集收藏、研究、科普、展示于一体，总面积约4000平方米，包括主楼和怀萱堂两部分。主楼除了展示蒋百里手迹、诗作、名言、塑像、影像、图片、著作、文稿、墨宝等实物，还有蒋英和钱学森、钱学森和中国航天等相关展陈。怀萱堂悬挂蒋百里亲题"怀萱堂"匾额，主要展示蒋氏家族渊源世系图、历史照片、历史文物等。

（综合2012年2月10日、17日报道，2023年7月修订）

陆费逵
（1886.09.17—1941.07.09）

浙江桐乡人。教育家、出版家，中华书局创始人。

他有三个子女：长子陆费铭中、长女陆费铭琪、幼女陆费铭瑢。

> 父亲虽然不怎么管我们的学习,但要求我们必须学好汉语,一定不能做亡国奴。如果说出版《新中华教科书》是为了巩固革命成果,那么他提倡书业"华商自办",更是为国家民族思虑长远。
>
> ——陆费铭琇

陆费逵后人:
父亲要求我们必须学好汉语

■ 朱梁峰

2014年3月的北京,气温开始回暖。对89岁高龄的陆费铭琇来说,北京寒冷的冬季显得有些漫长。几年前,陆费铭琇与丈夫搬到了位于三路居路儿子的新家。不久后,这里将成为北京第二大金融区。

每年清明节,陆费铭琇得以凭吊和思念父亲的,只剩下陆费逵生前留下的一张标准像。"虽然父亲从未回过桐乡,可是回乡一直是他的愿望。"谈起父亲,陆费铭琇对70多年前发生的事情仍历历在目。陆费逵生前还曾打电话给一位老乡沈谷身,约定时间相伴回家,可是这成了他的一个遗愿。"但桐乡一直是父亲魂牵梦萦的地方,正如父亲曾经说过的那句话:陆费逵的老家只有桐乡。"

1996年香港，为陆费逵墓立碑（碑左为陆费铭琪一家，碑右为陆费铭琇一家）被访者供图

关心书局，更关心国家大事

　　1925年，我出生前，爷爷陆费炆正好病危。按照老一辈人的迷信说法，爷爷过世之前我是不能出生的。于是，妈妈一直喝安胎药，拖了十几天才把我生下来。所以，我小时候身体就不好，直到3岁还站不住，也少不了需要父亲母亲加倍照看。直到1941年父亲去世的16年间，我们一家人大部分时间都生活在一起，亲眼看着他在乱世之中，为了书局呕心沥血。他像家长一样关心中华书局的人，关心政治又不愿

参与政治。他博览群书,有渊博的知识,高深的文化素养,在家中常谈古论今,出口成文。

——陆费铭琇

从卧室门口到客厅的沙发旁,短短五六米的距离,陆费铭琇整整用了一分钟。"很多事一直压在我心底,我要还原一段真实的历史。如果这些再不跟家乡的人说,我要跟谁说呢?"老人缓缓坐下,吸了一口气,微微沉吟着,似乎在从一个杂乱的线团中找一个线头,然后把历史从记忆深处拉回。

陆费铭琇出生那一年,中国的土地上风雨飘摇。孙中山逝世,"五卅"惨案爆发,军阀混战不断。中华书局却在经历了13年坎坷发展后,渐渐迎来了黄金期。等铭琇懂事后,书局已有"远东第一"的称号。

"书局事业蒸蒸日上,外人总以为陆费家发家了,但只有我们自己知道,父亲的工资比书局一些高级职工还要低一点。至于股票和分红,都投入了书局再生产。"陆费铭琇记得,父亲只在闸北买过一套小房子,后来再也没有住过。10多年内多次搬家,最后搬到法租界的巨泼来斯路(现在的安福路)。

出于安全考虑,陆费逵并不让三个孩子去学校上课,而是请了家庭教师,还定了一些家规,比如不许打扮、客人来了不许上桌吃饭、生活要自理,等等。那个年代随时笼罩着战争的阴云,陆费逵要求孩子必须学会吃苦。"有时我们一人一个小板凳,面前一碗米饭,配一碗菜,但菜必须等米饭吃完以后才能吃。父亲告诉我们,如果遇到打仗找不到菜吃时,吃米饭也能活得好。"

除了关心书局，陆费逵更关心国家大事。淞沪会战后，陆费逵让妻子杨敬勤买了不少布匹和棉花，由她组织妇女赶制棉衣裤，送到前线给战士们御寒。日寇进攻上海火烧闸北时，年幼的陆费铭琇和哥哥姐姐要到楼顶去看战火。父亲勃然大怒，训斥道："你们想看什么，难道你们忍心观看中国人的房屋和人民被日本人烧光杀死吗？"

1937年春，中华书局资本扩充至400万元，在全国各地、新加坡开设40余个分局，年营业额约1000万元，进入全盛时期。然而，不久后日军全面侵华，在上海沦陷前夕的一个夜晚，陆费逵一家带了几只手提箱，乘小船摆渡至停在黄浦江口的轮船，前往香港地区。

在那里，陆费逵度过了生命中的最后四年。

抗战爆发后，各地分局遭受战火波及，业务难以展开，加上中华书局企业庞大，让陆费逵渐感力不从心，他开始寻找自己的继承人。他并不准备让家人接班，将中华书局办成"家族企业"，在他眼里，继承人必须符合三个标准：正直，商业，有学问。这个继承人至死也没有找到。"现在的《舒新城日记》中提到的所谓'陆费逵遗嘱'简直就是瞎编乱造，父亲去世时我就在他身边，亲耳听到他对书局的未来做了这样的嘱咐：'中华书局有两位高级人士，舒新城、王瑾士不能继任总经理。'"

陆费铭琇用手拭去眼角的泪花，平复了一下情绪："父亲的死亡原因，此前有'心脏病''脑溢血'等多个说法，其实都不符合事实，是舒新城和王瑾士共同编造的。现在定下来的，是'突然死亡'。"

抗战开始，陆费逵被推举为国民参政会参政员。不过，陆费逵本人并不愿意接近政治，多次以病推脱，还将每个月的参政员津贴原封寄回。王瑾士就对陆费逵说,他在上海有一个做医生的堂弟,叫唐昆元,可以让他陪同去重庆,并买好了来回机票。眼看实在无法再推托,陆费逵只好前往。1940年,陆费逵在重庆收到了一张董必武写给他的条子,上面说延安缺教科书,希望中华书局能调拨一部分。"后来,父亲给下面分局写了个条子,解决了这个问题。据说董必武的条子现在还保存在北京中华书局档案中。"

1941年3月,陆费逵最后一次来到重庆参加参政会。这次他见到了周恩来。面谈中,周恩来又讲起延安缺钢笔、墨水等文具和教科书。陆费逵再次设法调拨了一批运到延安。

"显然这两次与中共高层的接触,引起了国民党高层的警觉。"陆费铭琇说,父亲回到香港后,心情就特别不好,在家中多次提

陆费铭琇在京接受《嘉兴日报》记者采访　摄影　朱梁峰

到陈立夫、陈果夫和他过不去。5月的一天,从来不喜照相的陆费逵,突然独自一人去了照相馆,拍下了晚年唯一标准像。此时距离他去世还有两个月的时间。

1941年7月7日11时左右,中华书局教育文具厂厂长胡庭梅上门谈事。其间,陆费逵抽了一根胡递过来的雪茄,到下午3时他全身疼痛,满身大汗,浸透了枕头和床单。7月8日,陆费逵感觉不好,半夜起来整理中华书局的账册,并给妻子留下了遗言。到7月9日早上,陆费逵的病症没有减轻的迹象,于是杨敬勤让女儿铭琇出去买只鸡,炖鸡汤给父亲补补。上午8时,杨敬勤怕丈夫在厕所出事,就让大女儿铭琪进去看看。"姐姐推门进去,听到父亲跟她说,'阳光太强'。姐姐关窗的时候,父亲起身往外走。刚走到厕所门口,母亲伸手去迎,父亲一下就摔倒在母亲身上。等姐姐将父亲拉起来时,他的手已经冰凉了。"陆费铭琇说,《舒新城日记》中,还编出了陆费逵去世前一个星期的病历,就更加离谱了。

陆费逵去世后,适逢太平洋战争即将爆发,遗体无法运回上海安葬,只能临时葬在香港华人永远坟场。棺木安放在墓室内的两条石凳上,墓上没有立碑,也没有任何标记。直到1996年1月2日,才举行了立碑仪式。香港中华书局总经理陈国辉在给北京、中国香港、中国台湾、新加坡四地中华书局的信中是这样描述的:"墓碑一方,高约及人肩,取其平易近人之意。石料则采八闽青石,以其耐久不尚豪华炫目,且带知识分子气息。造型方面,则以《辞海》外形为模本,既独特而又稳重大方,与墓主身份及成就相吻合。"

复兴路上，关系国家社会者大

20世纪90年代，一位年近六旬的老朋友来访。闲聊中说，他读初一时，国文教科书第一篇文章便是陆费逵的《敬告中等学生》，他还当场背诵起来："我国家社会，正在复兴的路上，不知有多少事业，等着要建设，不知有多少东西，等着要生产……诸君要知道，诸君学业的成败，系于诸君个人者小，关系于国家社会者大。"他告诉我，"此文忘记不了，管了我一辈子用"。这篇文章是父亲在1915年写的，30年后被选为教材，又40多年后，还被人珍存。

——陆费铭琇

陆费逵有三个孩子，大儿子陆费铭中生于1921年，次女陆费铭琪生于1922年，幼女陆费铭琇生于1925年。

1942年，陆费铭中考上重庆大学，后来转学到上海。但是成绩并不是很突出。大学毕业后，于1947年来到衢州，在亲戚的一家盐厂工作。1950年回上海入中华书局，后随教育文具厂迁往北京。陆费铭中终身未婚，1975年去世。

1943年，陆费铭琪上重庆复旦大学，母亲让她学习会计专业，关心中华书局的经营。1948年，根据中华书局董事会有关子女教育的决议，铭琪申请到中华书局的资助，去美国加利福尼亚大学商学院攻读硕士。毕业论文是《建议中华书局的新管理及组织》，如今已捐赠桐乡陆费逵图书馆保存。

陆费铭琇说，姐姐陆费铭琪曾多次有回国到中华书局工作的意愿,均没有得到回音。至今仍居住在美国,有子女三人。

中华人民共和国成立前夕,陆费铭琇在上海震旦女子文理学院边学习边从事进步活动。1950年,陆费逵在中华书局工作的老同事张闻天正筹备组织一个派往联合国的代表团,就将她调到了外交部。有一次,周恩来问陆费铭琇:"跟姐姐还有联系吗?"陆费铭琇回答:"我没有跟她通信。"没想到周恩来却告诉她:"还是应该通通信,我可以帮你们。"

陆费铭琇一家1965年被下放到天津农村,一直到1980年才返回北京。陆费铭琇后在首都医科大学工作,直到退休。

陆费铭琇唯一的儿子赵大庆,毕业于南开大学化学系,后留学美国,博士毕业于斯坦福大学,目前在美国从事数据分析。(编注:他曾不止一次到桐乡寻根,说起外公陆费逵,他表示外公不是一个普通的资本家,而是为国家和社会创造了诸多价值的爱国者。)

2000年,桐乡陆费逵图书馆成立时,陆费铭琇第一次踏上了祖辈们生活过的土地。作为中华书局的版本图书馆,桐乡陆费逵图书馆的藏书还远远不够,特别是中华书局在1912年至1949年间出版的书籍更是少得可怜。为了丰富馆藏,陆费铭琪和陆费铭琇不仅把父亲生前的遗物捐赠给了桐乡陆费逵图书馆,在图书馆为父亲立了半身铜像,还拿出自己的积蓄五万多元买了中华书局曾经出版的《古今图书集成》、梁启超著的《饮冰室合集》等图书,共计900余册,一并赠送给了桐乡陆费逵图书馆。

几年前,当时已80多岁的陆费铭琇一有空就会去北京的旧书店淘书,而且一待就是一整天。陆费铭琪因为身在美国无法帮忙,故和妹妹约定,由妹妹出力,所有买书的费用都由陆费铭琪支付。

除此之外，姐妹俩还联系到父亲昔日的同事，动员他们把所珍藏的中华书局出版的书捐赠给桐乡陆费逵图书馆。2001年至2009年，姐妹俩又向桐乡陆费逵图书馆捐赠图书775种、981册。

"我们希望国家社会进步，不能不希望教育进步。我们希望教育进步，不能不希望书业进步。我们书业虽然是较小的行业，但是与国家社会的关系却比任何行业都大。"陆费铭琇说，即使在100年后的今天，父亲的话依然有着穿越时空的力量。

【对话】

"出坏书比拿刀杀人还要坏"

记　　者：陆费逵先生在努力保证那个时代的所有人都有书读，你却从来没有用过《新中华教科书》，对此你曾有怨言吗？

陆费铭琇：我那时年纪还小，父亲请了书局的编辑来给我们上课。主要是给哥哥姐姐上课，我就在一旁边玩边听。回头去看，我想父亲是如他在《敬告中等学生》中所说，将自己的小家看成"个人"，而他的书业，则关乎国家社会。

记　　者：陆费逵先生从未来过桐乡，他对家乡的感情如何？

陆费铭琇：小时候，我常常不理解为什么父亲总要在书上签上"桐乡陆费逵"。每每问及父亲桐乡是哪里时，父亲总会笑着告诉我，桐乡是他的家乡。所以，我们兄妹几个在很小的时候，就对桐乡有了较深的印象。虽然父亲没有到过桐乡，但他到过嘉兴，而且他的后代多次到过桐乡。

记　者：你父亲的遗物多数都在上海澳门路中华书局印刷厂四楼仓库，这批东西后来拿回来了吗？

陆费铭琇：1946年，母亲带着我们返回上海，只搬回部分家具及用品。因为住房窄小，将祖传的50箱古书及120幅字画转存在中华书局图书馆。中华书局将它们转移到上海辞书图书馆，目前还在辞书图书馆存放。我们曾多次交涉，他们声称是国有财产，至今不归还。"文化大革命"时，家中父亲早期的珍贵档案，还有父亲去世时周恩来、董必武的唁电全文，被抄走后不知所终。

记　者：你父亲一生从事出版事业，除出版《新中华教科书》外，还编辑出版《聚珍仿宋版二十四史》《中华大字典》《辞海》，刊印《四部备要》和《古今图书集成》等大部头图书，总计出版各种书籍达两万册，对中国传统文化的保存和流传做出了巨大的贡献。

陆费铭琇：父亲常说的一句话就是"出坏书比拿刀杀人还要坏"。他一直认为在提倡现代教育的同时，对传统教育也要坚持。因此字典要不断修订，他说编字典是他的社会责任。其实，在主持中华书局时，父亲有不少机会从事其他行业。有人聘他到报馆担任高职，或到教育部、外交部工作，他都不为所动；他也为了出书进过监狱，但始终没有放弃。他用一生践行"终身坚持，专业忍耐"。

记　者：做书业，是你父亲爱国的一个方面吗？

陆费铭琇：父亲虽然不怎么管我们的学习，但要求我们必须学好汉语，一定不能做亡国奴。如果说出版《新中华教科书》是为了巩固革命成果，那么他提倡书业"华商自办"，更是为国家民族思虑长远。当时很多印刷业务都有日本人插足，上海上百家印刷厂，很多都是日本人开的。所以，他在上海（静安寺、澳门路）和香港等很多地方办印刷厂，就是为了分散风险。父亲办过的杂志中，有一本叫《新中华》，就是提醒"人人有国家观念，人人明白自己是中国人"。

（2014年4月4日首发，2023年7月修订）

张天方

(1887.07.15—1966.02.06)

  原名张凤,浙江嘉善人。古文字学家、考古学家、作家、教育家。

  和夫人濮雅宜生有二女二子:张喜(女)、张祥(女)、张善、张鼎(又名张美);和夫人张六珠生有一子二女:张良、张平(女)、张安(女)。

父亲一直认为，祖国的文化和艺术，要为社会所利用，为后人服务。自己买下那些书和文物，不是为了私藏和发财，而是为了研究。父亲的这个观念，已经深入儿女们的心中了。

——张平

张天方后人：
父亲留下的最宝贵财富是家国情怀

■ 沈爱君

2019年7月6日，良渚古城遗址申遗成功，被正式列入《世界遗产名录》，成为我国拥有中华五千年文明史的实证。嘉兴作为良渚文化的重要分布区域，市民和文物工作者们颇为自豪，其中一位考古名家的名字被一再提及。

他，就是张天方。

早在20世纪三四十年代，张天方就发表了多篇关于良渚文化的考古论文，还收藏了众多良渚时期的珍贵文物。他去世后，家人依据他的遗嘱将这些文物悉数捐赠给了浙江省博物馆和嘉善文化部门。其中，仅捐赠给嘉善县博物馆的良渚文物就有玉器7件、文化石器49件，多件是国家二级文物和三级文物。

2019年6月28日，嘉善县博物馆新馆开馆，张天方三女儿张平从北京赶来出席开馆仪式。由张天方捐赠的一件良渚玉琮，在博物馆展示柜里散发着幽静的光芒。这件良渚十节有刻符玉琮，饰有非常简化的神人兽面纹，上射口一侧阴刻扁长的月牙形符号。目前被发现的有刻符的良渚文化玉器，在全世界也仅十余件，这件玉琮被嘉善博物馆视为镇馆之宝。

张天方不仅仅是一位考古学家。他，被视为嘉善的一个传奇。

他是我国20世纪早期的留法博士，曾两度在文化界闹出国际性大动静；他的名字列入《"浙江革命（进步）文化名人"名录》。

于右任是他的挚友，柳亚子是他的同学；鲁迅在《伪自由书》

张天方后人遵其遗嘱捐献的良渚文化十节有刻符玉琮

嘉善博物馆供图

一文中称他为"张凤老师";作家曹聚仁和书画家陆维钊是他的弟子……

1987年7月出版的《中国现代社会科学家传略》(山西人民出版社)一书,张天方名列其中。

对于这位现代社会科学领域的"跨界大牛"和乡贤,2017年,嘉善县政协组织编纂的《张天方文史补遗》(杨越岷撰写)一书,叫响了"现代社会科学家"的名头。

2019年6月的一天,记者赶到嘉善,在张天方小女儿张安的家里,听她讲述父亲张天方的传奇故事,看到了张安之子周析珍

1962年夏,张天方(前排右二)与家人在嘉善县魏塘镇盐典埭寓所合影
被访者供图

藏的张天方当年的部分作品和手记；还连线采访了张天方在北京的三女儿张平。

清末秀才革命先锋

张天方4岁开蒙，跟随饱读诗书的父亲和母亲读《诗品》《孝经》，13岁和柳亚子成为同学，并且成为一生的朋友。

张安说，1903年，父亲以优异的成绩考取了秀才，但他时刻关注着国家的命运，在国家需要的时候，总是走在前面。

张天方为柳亚子赋题汾湖旧隐图

被访者供图

1905年，清朝政府宣布废除科举考试制度，张天方考入上海震旦学院预科，学法文科艺。1910年，他在上海徐汇公学当老师，由于"闹罢课风潮和剪去发辫"而惊动校方，被迫离职。回到嘉善的张天方在县里的几所小学当老师，同时创办《善报》，报纸内容多为抨击县政贪暴和劣绅横行。

1911年，武昌起义成功，张天方赶到上海公学和章太炎等人面谈，准备随王金发的队伍出征，但因母病而回到嘉善。张天方成功说服嘉善知县袁庆萱拥护辛亥革命。1911年11月9日，他把书有"光复"两字的白旗插上了嘉善县的东城门，宣告嘉善光复。

1914年，张天方因《善报》而遭通缉，但他随后把《善报》改名为《嘉言》后，"调人换地方继续出版"。

除了办报，张天方先后在杭州浙江第一师范学校、上海暨南大学、复旦大学任教，并多次邀请鲁迅先生到暨南大学做演讲。

张安说："父亲和我们说起过邀请鲁迅来做讲座的情形，鲁迅非常平易近人。"

父子同心共同抗日

张天方胸怀家国的爱国热情和为民请命的革命情操，影响着儿女们的见识和选择，尤其是二子张鼎。

张安深情地说起父亲和二哥虽远隔天涯但共同抗日的故事。

1937年，抗日战争全面爆发，在上海暨南大学当教授的张天方离开上海，希望回到家乡安顿家人，保护家中的书籍文物。日寇获悉张天方是知名人士，多次软硬兼施拉拢他，张天方因此有家不能回。

1938年，好友于右任来信，邀请张天方去南京共商救国大计，又有同学邀请他去成都的大学任教。张天方更倾向于留在杭嘉湖，在自己熟悉的地方为救国出力。

1939年1月，民国浙江省政府在西天目山建立浙西行署。1939年2月，张天方赶到天目山，受命筹建天目书院。6月1日，天目书院正式成立，张天方出任院长。他安排人员收集抗日故事，编辑出版抗日图书，在浙西前线报纸《民族日报》开辟"天方夜谈"专栏，唤起民众一起抗日的意识。

1941年8月，汪伪政府胁迫家人给张天方寄去"良民证"。张天方当即退还，并在家信中表明心志："吾受国家禄养三十余年，为人民望，为青年师，岂可降身作奸贼，屈膝作顺民乎？"

在天目山，张天方首次发现了天目窑遗址和天目盏瓷片。2013年3月，天目窑被列为国家级文物保护单位。

张天方还带领喜欢篆刻的年轻人一起以印文宣传抗日。1943年6月，由张天方发起并担任社长的天目印社成立，也因此有了"还我河山""冲过钱塘江，收复杭嘉湖"这样充满活力和斗志的印章。张天方为贺扬灵夫人卢继芳篆刻的一枚印章，一直被贺家珍藏，直到2014年10月，贺扬灵女儿贺绍英把这枚印章捐给了当时的临安市文物馆。她说："印章见证了父母与张天方先生深厚的情谊，也见证了临安的抗战历史。"

在张安的印象里："父亲精力旺盛，总是勇挑重担。"

张天方在天目山还主动挑起了建立"浙西忠烈祠"和"忠烈

衣冠墓"的重任。1942年9月，两项工程竣工时举行了祭奠仪式。张天方亲自拟定祭文和相关程序礼节，并担任总护丧人。前来参加祭奠活动的民众达到两万人。

同一时间，儿子张鼎在山西太行山上，与敌人斗智斗勇。

张鼎此前已经加入抗日民族先锋队。1936年冬，张鼎由抗日民族先锋队介绍到山西太原，参加了山西牺牲救国同盟会，随后和家庭失去联系。一直到第二年，家里才获悉张鼎已改名"丁福生"，参加了八路军。

丁福生在延安抗日军政大学学习并入了党。学习结束后，又到军委参谋训练班进行了半年特殊训练。1939年1月，丁福生被派往山西前线，起初为侦察参谋，后来在边纵司令部任侦察股股长。1942年3月，八路军总部组建太行情报站，丁福生任站长。组织同时委派太行山党校工作的青年女干部唐桂环（参加革命后改名为白阳）与丁福生假扮夫妻，一起到太原市工作。两人配合默契，出色地完成了各项工作，最后结成了真夫妻。

其间，因为叛徒出卖，丁福生曾被捕入狱三个月，受尽折磨，但始终没有变节，最后被成功营救，调到太行军区司令部的另一个情报站工作，直到抗日战争结束。

"父亲很牵挂二哥，但一直联系不上。1947年夏天，父亲在《前线日报》上读到'丁福生已被日寇杀害'的消息，悲恸欲绝。"张安说，好在1948年，父亲收到了二哥带来的口信。"那年父亲已经62岁，惊喜之中写下'有儿驰驱能卫国，眼前春意起峥嵘'，并刻印成章。"

国家，在张天方的心目中，犹如父母。

1957年，张鼎和哥哥张善都被打成"右派"，面对含冤受屈的

名门家风

张天方女儿张安、外孙周析接受《嘉兴日报》记者采访

摄影 袁培德

两个儿子,张天方在给他们写的信里说:"父母也有错打儿子的时候,何况是这样大的一个国家……"

文化自信自始至终

张平最钦佩父亲的是他自始至终的民族文化自信。

家学渊源,加上勤奋好学,张天方的才华被很多人欣赏。1921年,在浙江第一师范学校任教的张天方接到了由马叙伦签发的留学法国的公函。

1922年,张天方考入巴黎大学研究院,初习诗艺,后改选埃及文字、历史、考古,1924年获文学博士学位。巴黎大学附近有克吕尼古物院(博物馆),雅好考古的张天方常去那里,后注册为卢浮宫博物院考古班的学生。

张天方写过很多新诗,他把自己的新诗叫作"活体诗",并专门出版了诗集《张凤活体诗》。他发现法国人对中国的文学了解得少,就翻译了中国经典古诗《孔雀东南飞》,用法文写了《中国诗坛近况》,并以合集的形式在法国出版。

在法国巴黎,张天方做过一件非常浪漫的事。

1925年5月,张天方在法国由百代唱片公司录制了两张特别的唱片。唱片的内容是张天方自己创作并用嘉善方言吟唱的两首诗。一首是七言绝句《春愁》,另一首是"活体诗"《明珠怨》:"我有明珠一串,并世无双,千金难换……"这两张唱片至今保存在法国国家图书馆。

如果说在法国用嘉善方言录制唱片是对家乡文化的热爱和自信,那么另外一件事,体现的是张天方对祖国的热爱和对中华文化的自信。

张天方在法国留学期间,应法国汉学家马伯乐的招募,加入了斯坦因整理汉晋木简的团队。马伯乐很欣赏张天方的才华,1925年张天方回国时,马伯乐以自己老师沙畹的相关译著和尚未印刷的木简摹写本作为礼物赠送,同时要求张天方必须等马伯乐出版相关著作后才可以翻译出版相关著作,相约待期三年。

光阴荏苒,一晃数年,马伯乐的著述迟迟没有结果,而中国国内的文化和考古界又热切期待早日了解敦煌等地的考古发现，好友叶恭绰一再鼓励张天方早日出版相关著作。在重加考订、附加注释、三易其稿后，张天方在1931年6月出版了《汉晋西陲木简汇编》一书。这部由叶恭绰作序、于右任负责推销的著作一面世，就受到了学界的重视和欢迎，也由此引发了一场震惊国际的版权官司。

这场官司，最终张天方胜诉。

张平清楚地记得，新华社记者刘诗平在《敦煌百年——一个民族的心灵历程》一书中这样写道："当时曾引得国内外学术界瞩目，成为轰动学术界的一大新闻。国人与外国在出版古文物方面发生争议而进入诉讼，并获胜利，这是前所未有的。"

此外，张天方还发明了《张凤字典》，以"点线面"的直观方式，方便年轻人查阅。

1930年，张天方编译《考古学》作为暨南大学教材，被业界认为是我国首次把考古类型学原理较为系统地介绍到中国的译著，为中国考古类型学的形成奠定了基础。

1953年起，张天方担任浙江省文史馆馆员。

1966年，张天方去世。临终前，他用16个字概括了自己的一生：清末秀才，文学博士，大学教授，文史馆员。

家人根据张天方的遗嘱，向浙江省博物馆捐赠珍贵文物117件，其中甲骨片（有文字）34片，还有秦代玉璧和双孔（单孔）石斧（国家二级文物）等；向浙江省图书馆捐赠古籍1572册；另外还有30 000册图书留在嘉善县相关部门。

家学渊源世代相传

张天方出生于嘉善原南门盐典埭七号,是一个"诗礼传家"的书香家庭。为了纪念自己早逝的父亲,张天方把父亲名字中的一个字嵌入自己书楼的名字,定名为"奎公书楼";他铭记母亲为家庭和儿女的倾力付出,亲笔书写了一块白地黑字的《训字堂》堂匾,悬挂在老家正厅,用以纪念博学的母亲曾在家里为儿女和邻居孩子讲学的经历;又以刻在书柜上的"一门识字,全家知书"这一趣味铭文,激励儿女们努力学习,传承书香世家的家学渊源。

虽然一生忙于事业,常年奔波在外,但是家人始终是张天方心头的牵挂,他常用文字和书信,表达着一位父亲在乱世中的舐犊深情。

张平说起父亲一份特别的手稿。那是一首题为《居停丧子并悼亡女阿祥》的七绝:"天上石麟痛夭折,人间狮石泪迸血。追魂惆怅迷选苦,泪干还哭女阿祥……"抗日战争时,张天方二女儿张祥正在读高中,在逃难中被日寇所害。5岁的儿子张良则因为生病不能医治而夭折。

心痛着去世的儿女,更不忘对其他儿女的悉心教育,张天方的儿孙辈中英才辈出,很多人当了老师,其中不少成了高级教师、校长和教授。

张喜在浙江(杭州)蚕桑学校毕业后,从事教育和蚕桑专业技术指导。她的儿子和儿媳在高校工作。孙女硕士毕业后也在大学任教,所开设的科技英语课程很受学生欢迎。

张善从上海同济大学毕业后,成为兵器机械专家,一直在东北工作。他的大儿子张大洋北京大学毕业,现为沈阳化工大学化学系知名教授。二儿子张大江是河南开封实验中学校长、数学特级教师。孙子张磊清华大学毕业,现任河南电力公司技能培训中心高级培训师,省级专家。孙女张乐清华大学硕士毕业后,在美获高分子化学博士学位。

张鼎(丁福生)作为老革命,在中华人民共和国成立后进入中国人民大学学习,毕业后即参加北京石油学院(现中国石油大学)建校工作,后在该校政教教研室任教。他的儿子在恢复高考后读了大学。他的孙子毕业于北京航空航天大学,已成为国家航空系统年轻的优秀人才。

三女儿张平北京石油学院毕业后,一直在北京工作。

小女儿张安高中毕业时正逢"文化大革命",高考停考,后一直在嘉善老家工作和生活。

【对话】

"祖国的文化和艺术,要为社会所利用"

在儿孙辈心目中,家外,张天方犹如一面旗帜,热情洋溢地爱国爱乡;家内,则是一个榜样,永远勤奋,永远乐观,永远充满活力。

记　者：父亲常年奔波在外，记忆中有没有合家团圆的时刻？

张　平：中华人民共和国成立以后才有全家团圆的机会。当时因为子女和孙辈基本在北京工作和学习，回嘉善不方便，所以都是父亲自己到北京来与我们相聚的。父亲曾四次来北京：1953 年第一次来，那时他已经 67 岁，还是自己一个人来北京的，1959 年时又自己单独到北京看望儿孙。1956 年和 1963 年那两次，是我母亲陪同的。1953 年的那次团聚，在北海公园九龙壁前，父亲与在京亲人全家合影，之后又特别安排单独与孙辈们的合影。

孙辈们也会在暑假期间回嘉善看望他。1962 年暑假，三个孙子，一个侄孙女，还有正在京上大学的我，一起回嘉善。父亲打开"奎公书楼"的大门，让孙辈们挑一件自己喜欢的物件。二哥张鼎的儿子大河曾说，书楼里满满的书籍和文物，他觉得自己线装书看不懂，就选了一本《毛润之论体育》，因为他喜欢体育，想看看毛主席是怎么说的。孙辈们都觉得爷爷慈祥可亲，风趣随和，对他钦佩又喜欢。

记　者：父亲工作很忙，有没有一些细节让你感受到他深沉的父爱？

张　平：父亲原本希望我能学文，曾多次说起法国的文学作品和著名作家。但是 1960 年，我考上了北京石油学院，他也很支持。1961 年春节回家，哥哥姐姐都买了礼物送给父母，我因为还是学生，没有钱买礼物，心里觉得不好意思，父亲说："你成绩这么好，就是给我的最好的礼物。"那时父亲年纪很大了，但他坚持去邮局给我汇学费和生活费。

张　安：父亲在杭州大学做教授的时候，我正在读小学。一个星期天，我和母亲一起去杭州看望父亲。父亲陪着我们去了黄龙洞，又去参观了岳坟。父亲是最好的导游和解说员，一直在向我们解说杭州的历史典故，把岳飞的英雄故事说得特别详细和生动，叮嘱我为人做事要有气节。

记　者：父亲身上的什么品质，给了你最深刻的影响？

张　平：父亲是通过言传身教和书信来教育引导我们的，我印象最深刻的是他叮嘱我们要"尊师善学"。对老师要尊重，同时要善于并且主动学习，他说受他人指示去做10件事的收获，可能还比不上自己主动去探究做一件事的收获那么大。

张　安：我印象最深的是父亲的坚强和乐观。父亲去世的时候，我正读高三，那一年高考停止。两年后的1968年12月，我轮到下乡。虽然从没干过农活，但父亲的乐观和刻苦精神给我印象深刻，所以我很快学会了干农活，而且干得又快又好。后来被选去政府里做宣传。逢年过节会经常加班，我也不觉得苦。所以有一次全乡的大型会议，我被推荐为知青代表上台发言，随后被抽调到乡政府从事血防工作，之后按照相关政策，调回嘉善城里工作。

记　者：张天方被列入《"浙江革命（进步）文化名人"名录》，你觉得他给你们留下的最宝贵的财产是什么？

张　平：父亲留下的最宝贵财富是贯穿一生的家国情怀。不说他之前的各种贡献，单说他去世之前提出的关于捐赠的遗嘱。1989年，大姐张喜在给我的信里也说到，父亲当过多年的教授，收入其实是不错的，但他不买田不置地，全用来买书买文物，最后又都捐赠了。父亲一直认为，祖国的文化和艺术，要为社会所利用，为后人服务。自己买下那些书和文物,不是为了私藏和发财,而是为了研究。父亲的这个观念,已经深入儿女们的心中了。

(2019年7月12日首发,2023年7月修订)

严独鹤

（1889.10.03—1968.08.26）

  名桢，字子材，独鹤是其笔名。浙江桐乡乌镇人。著名报人、小说家和翻译家。

  严独鹤育有三子二女：严汝瑛、严祖祺（子）、严汝珍、严祖福（子，早夭）和严祖祐（子）。

  长子严祖祺有一子二女：严建平（子）、严建华、严建英。

> 祖父对我们后人最大的影响,就是作为一个文化人和报人,要有使命感,不能不为大众着想。
>
> ——严建平

严独鹤后人:
他是一个正直的有独立人格的知识分子

■ 沈秀红

"葡萄美酒夜光杯,欲饮琵琶马上催。醉卧沙场君莫笑,古来征战几人回。"捧着《夜光常满杯》不知不觉就读完了,封底是作者严建平手书的唐朝诗人王翰的《凉州词》,想起2019年3月8日到上海采访他的情形,笔者不由得感怀:严独鹤先生后继有人。

严建平是严独鹤的长孙,祖孙二人有着惊人的相似之处:

严独鹤1914年进中国发行量最大的报纸之一《新闻报》,后任副总编辑并兼任《新闻夜报》总编辑,主编副刊《快活林》《新园林》超过30年。

严建平曾任《新民晚报》副总编辑,编辑、主编副刊《夜光杯》亦超过30年。

严独鹤幼子严祖祐,也是一位报人。他开始供职的是《经济新闻报》,后来改为《新闻报》,显然受到父亲任职的《新闻报》的很大影响。"我在《新闻报》一直负责国内新闻部的工作,但在 1997 年至 1998 年间,我还兼任每周一期的副刊《新编快活林》的责任编辑,每期以'小鹤'为笔名,撰写一篇六七百字的短文。《新编快活林》虽然只有两年就结束了,我也离开《新闻报》调入了另一家报社工作,然而,回首自己的新闻从业生涯,最值得留恋的还是兼职编辑《新编快活林》的这一段岁月。"(见严祖祐《父亲严独鹤散记》一文)

严氏一门,三代报人,堪称传奇。

严独鹤全家抗战前合影,左起:严汝瑛(长女)、严祖祺(长子)、严祖福(次子)、朱烨(长婿)、严独鹤(怀抱外孙朱啸风)、严汝珍(小女儿)、陆蕴玉(夫人) 被访者供图

严独鹤祖籍浙江桐乡乌镇，1889年重阳节出生于上海。在乌镇，有一个以严独鹤命名的图书馆，由苏步青题写匾额；在桐乡乌镇人民公园内，有一座严独鹤纪念亭，严独鹤的老友、文史掌故学家郑逸梅为纪念亭题写了一副对联：二酉春深涵日永，重阳秋好仰风高。

2009年，严独鹤先生120周年诞辰，新的严独鹤图书馆在乌镇落成，独鹤纪念亭修葺一新，《严独鹤杂感录》一书首发。此书由桐乡市政协收集了严独鹤于1945—1948年撰写的部分时评，著名报人、《人民日报》原总编辑范敬宜为此书作序。

2019年，严独鹤先生130周年诞辰，桐乡市举办纪念活动，出版了由严建平撰写的《严独鹤传》。

中华人民共和国成立后，严独鹤历任上海新闻图书馆主任（相当于常务副馆长）、上海市报界联合图书馆副馆长、上海图书馆副馆长、上海市人大代表、全国政协委员。

这位当年中国报界泰斗，在"文化大革命"时被迫害致死，他颇具传奇色彩的报人生涯曾被尘封。但时间终究拂去尘埃，还了他一份公道。

在上海报业大厦，严建平深情追忆与自己共同生活了14年的祖父严独鹤。

"范敬宜先生在序中评价我祖父是新闻界闻一多和朱自清式的人物"

"在我的印象中，祖父是比较慈祥、温和、有爱心的，对亲戚、朋友都非常关心。他对所有人都平等相待。"严建平没想到的是，1968年，自己眼睁睁看着慈祥可亲的祖父含冤而逝，当时，他14岁。他只知道，祖父那时是上海图书馆的副馆长，家里经常高朋满座，他不明白祖父何以突然变成了"鬼"而受到批斗。会不会祖父真的有什么问题呢？这样的念头有时也会闪过这个少年的脑海，但不久，他就知道，自己对祖父太缺乏了解了。

等待了10年，1978年的春天姗姗而来，严建平开始为祖父奔波鸣冤。终于，1979年2月，平反的一天到来了。"国务院单独给他送了花圈，宋庆龄也送来了花圈，很多社会名人也送来了花圈，大家对他的评价还是比较高的，说他有民族气节。"但当时，他仍不知道祖父那段新闻从业史。

1981年，严建平考入新民晚报社。"我进报社以后，对他（祖父）也没进行过很好的研究，因为这一段新闻史是被屏蔽的，少有人去研究。直到1986年，祖父97周年诞辰的时候，上海市政协、上海新闻工作者协会开了一个纪念座谈会，时任《解放日报》总编辑的陈念云先生关在报社资料室查资料，写了一篇文章，把我祖父当年针砭时弊、为老百姓说话、揭露国民党腐败的风骨写了出来。这让我对祖父的认识更深了一层。"再后来，复旦大学不断有学子研究严独鹤，撰写有关他的论文，这让严建平对祖父有了更多了解。

让世人对严独鹤有更多了解的是《严独鹤杂感录》一书。严建平向桐乡市政协提供了祖父从1945年12月至1948年12月间所写的800多篇文章，其中400多篇"谈话"收录书中。严建平至今记得，"范敬宜先生在序中评价我祖父是新闻界闻一多和朱自清式的人物"。

范敬宜在序中写道："严独鹤先生是我国新闻界德高望重的泰斗式前辈。特别是在20世纪三四十年代的上海，他几乎是妇孺皆知的大手笔。""然而，评价严先生对新闻事业的贡献和影响，如果局限在他的办报经验和那支如椽大笔，是远远不够的。我认为在严先生身上最可贵的是他作为报人的铮铮铁骨。他一生追求光明，决不屈服于黑暗。无论是在日伪统治时期，还是在国民党统治时期，无论面对的是枪口的威胁，还是利禄的诱惑，他都保持了一个中国报人的'特操'，不为所惧，不为所惑，大义凛然，一身正气，犹如鹤立鸡群。只有从风雨如晦的年代走过的人，才能懂得做到这一点需要多大的勇气和胆识。就此而言，称严先生为新闻界闻一多、朱自清式的人物毫不为过。"

1932年"一·二八"事变后，严独鹤将《快活林》改名为《新园林》，把这份副刊办成了宣传抗日的阵地。为此，严独鹤多次收到装有子弹的恐吓信，并被日本宪兵司令部传讯，但他毫不退缩。太平洋战争爆发后，敌伪接管《新闻报》，严独鹤愤然离去。他创办的大经中学后来受到胁迫，他与合作伙伴毅然解散学校，回家过清贫日子。抗战胜利后，他重回《新闻报》，在自己主编的《新园林》上继续撰写杂文，抨击时弊。

"祖父这种高尚的民族气节，得到了人们的尊敬。1988年10月，我到北京拜访了夏（衍）公。临别时，我自报了家门，并向夏公致谢，因为夏公在我祖父平反昭雪时，曾拍过唁电，送了花圈。夏公一听马上说：'独鹤先生是真正的新闻界前辈，他在敌伪时期那么困难的情况下，保持了民族气节，这是很不容易的。'"

名门家风

"祖父这四句话和我们后来的办报理念,一脉相承"

严独鹤一生,共在报上发表了近万篇小言论。这被认为是他对中国新闻界的一大贡献。

"我觉得祖父是一个独立的、正直的知识分子。其实,他社会关系非常多,要走仕途非常容易,但他就是做一个报人,他要为老百姓说话。"

"'为民分忧,与民同乐','忧天下之忧',我觉得我祖父这一代做到了,他们有自己的骨气、人格,不会随波逐流。"

在严建平看来,祖父不从政,与曾祖父严润章也有很大关系。

严独鹤嫡孙严建平接受《嘉兴日报》记者采访　摄影　袁培德

严独鹤6岁进学塾,14岁应试中秀才。当时便以范文正为榜样,立志以天下为己任。严润章当时是江南制造局的文案主任,接受了新思想,希望儿子能接受现代教育,于是把他送进上海制造局所属广方言馆(后改名兵工学校),学习法文英文。但严润章不幸早逝,19岁的严独鹤不得不早早挑起全家生活重担,先后当过小学、中学教员。辛亥革命后,他从江西回上海,在兵工学校当文牍员。1913年,他进入中华书局担任编辑。1914年,他应聘进入《新闻报》,从此开始了长达30多年的报人生涯。当时的《新闻报》和《申报》是旧上海影响最大的两份报纸。严独鹤对副刊倾注了很大心血。他把旧式副刊改名为《快活林》,创造了一种雅俗共赏的综合性副刊。他提出副刊取材的四个标准:隽雅而不深奥;浅显而不粗俗;轻松而不浮薄;锐利而不尖刻。至今仍不过时。

"祖父这四句话和我们后来的办报理念,一脉相承。我觉得这是一种本质上的联系,不是一种巧合;他们那一代人的办报理念,最主要的是有读者观念,当然也有市场取向,争取读者。"严建平说。

在《新民晚报》从事副刊编辑30余年,严建平和祖父一样,心中始终装有读者,在传承副刊优良传统的同时,不断创新。1985年,因工作出色,严建平被提拔为《新民晚报》副刊部副主任,当时他进报社才四年。2002年,他所著《夜光常满杯》一书被列入文新集团"名编辑名记者丛书"正式出版。对如何办好《夜光杯》,他阐述了自己的见解和愿望:"我们一定要继承传统,开拓创新,发挥特色,使'夜光杯'里的美酒更馨香宜人。"王蒙在序中说:"文如其人,建平虽然比我年轻许多,但接触中他很持重、很成熟,也很朴素,就像他的文字一样靠得住。再看他的简历,果然,他既当过工人也做过共青团的专职干部,又与完全书斋式的高谈阔论的文人不同了。"

2004年,严建平慧眼识文,编辑刊发杂文《感恩老兵》,此文后获中国新闻奖一等奖,是当年全国报纸副刊作品唯一的一等奖。

2005年,他获得"全国优秀新闻工作者"称号殊荣。他还获得上海首届韬奋新闻奖。

2006年,通过选拔,严建平担任《新民晚报》副总编,仍分管副刊。

2014年,严建平退休,但他仍担任中国晚报协会学术委员会副主任,每年参加赵超构新闻奖的评选。

2018年,他选编的《本命年笔谈》一书被列入李辉主编的"副刊文丛",由大象出版社出版。

2019年是《新民晚报》创刊90周年,他牵头编辑上海地方志"报业卷"《新民晚报》部分。同时,他忙着撰写祖父传记,整理出版祖父的作品集。

2020年3月,严建平撰写的《严独鹤传》出版。严祖祐在序中这样概括父亲严独鹤的一生:"综观父亲一生,他做到了事父母以孝,待兄弟姐妹以悌,对朋友以信;他做到了事国以忠,对读者以爱。他把自己的每一个角色都做到了极致,中国人的传统美德孝、悌、忠、信在他身上得到了全面的体现。"

2021年9月,由严建平、祝淳翔编选的《严独鹤文集》(小说、散文、杂文)出版。

1924年版《独鹤小说集》 被访者供图

【对话】

"祖父希望第二代都学理工科,工业救国,科学救国"

记　者： 在主管《新闻报》副刊时,您祖父严独鹤曾慧眼独具向张恨水约稿《啼笑因缘》,也曾对政治、经济、艺术、教育等各个领域都有涉猎评述,还提出副刊取材的四个标准。可是,他从不指点您的功课,每次成绩单发下来,更关注的是操守品行,是这样吗?

严建平： 学习成绩他不是太担心,因为我在小学成绩还比较好。他没有直接教我怎么学习,但间接的有。比如他带我去看戏、听书,当时听了不少故事。我家的习惯,晚上喜欢聊天,小孩似懂非懂地在边上,所以我从小晚上睡很晚。另外,知道我喜欢集邮,祖父去北京开会会带回来一点邮票、纪念品给我。

记　者： 关于您祖父是否属于鸳鸯蝴蝶派的争议,您怎么看?

严建平： 鸳鸯蝴蝶其实没有流派的,他们没有结社,也没有专门刊物。我祖父说,他虽然也是一个通俗文学作者,但他只是写散文和短篇小说。他认为鸳鸯蝴蝶派始于徐枕亚的《玉梨魂》。一开始对鸳鸯蝴蝶派的定义是狭义的,就是哀情小说。出版商觉得哀情小说可以拍电影可以走市场,就风行了起来。后来把整个通俗文学都归到鸳鸯蝴蝶派,包括张恨水。张恨水倒是没有怎么辩解,包括我祖父也没有出来说鸳鸯蝴蝶派怎么不好。但是,祖父觉得鸳鸯蝴蝶派原来是专指哀情小说,现在扩大至整个通俗文学,这样是不对的。中华人民共和国成立以后,他写过一篇文章,他认为通俗小说出现的问题和出版商是有关的。后来,苏州大学的范伯群先生写了一篇《填平雅俗的鸿沟》,认为精英知识文学和大众市民文学(通俗文学),一个是雅的一翼,一个是通俗的一翼。我认为他的观点是很精准的。

记　者:想详细了解下严独鹤先生的后人。

严建平:祖父一共有五个孩子,两个女儿、三个儿子,其中一个早夭。

第一任夫人卢氏在我大姑妈严汝瑛出生不久后就去世了。第二任就是我祖母钟蘅芳,生了两个孩子,我父亲严祖祺和我小姑妈严汝珍。我父亲是1922年重阳节前一天出生的,他6岁的时候我祖母去世了,后来祖父娶了第三任夫人陆蕴玉,生了两个孩子。大的那个孩子祖福,上高中的时候得伤寒病去世了。小的那个,就是我的叔叔严祖祐,1943年出生,比我大11岁。

记　者:您祖父对孩子的职业选择有什么要求吗?

严建平:祖父希望第二代都学理工科,工业救国,科学救国。

我小叔叔说,他当时理工科成绩不好,喜欢文科,后来考进上海师范大学中文系,祖父对此很不满意。所以我印象比较深刻的是,祖父希望第二代,特别是男的,包括我堂叔,去学理工科。对女孩子,倒没要求。

记　者:您父亲学的是什么?

严建平:我父亲喜欢理工科。他中学上的是南洋模范中学,是当时最好的中学。他后来考上上海交通大学,学得比较扎实。

1960年,苏联专家撤走后,父亲作为技术专家奉调进京。当时我还没上小学。后来，我就一直跟祖父祖母生活在一起。

记　者：您父亲的工作单位是？

严建平：父亲的单位对外是国防部0682部队，后来才知道是国防部五院二分院，后为第七机械工业部第二研究院，是搞导弹研究的。父亲的任命书还是当时的国防部部长签发的。但父亲的保密工作做得好，我们全家都不知他是干什么工作的，我们通信都是寄到北京某某信箱。长达19年，父母没和我们生活在一起，只有两个春节是在一起过的。

记　者：哦，听说您父亲后来被审查了？

严建平：父亲事业发展顺利，后来被提升为一个大单位的副总工程师兼总动力师，就在这时，"文化大革命"爆发了，父亲受到了冲击，先是到车间烧锅炉，接着遭隔离审查。祖父病危也不能回来。祖父临终前对我说，他放心不下我父亲，喃喃念叨着："祖祺不知怎样了？"祖父去世的那天，正好父亲从隔离室放出来，不知这冥冥之中有什么联系。父亲后来调回上海担任一个研究所的所长，是教授级高级工程师。他是2010年去世的，88岁。

记　者：您叔叔严祖祐被打成"反革命"，后来怎么样了？

严建平：1964年，叔叔在大学将近毕业时，被打成"反革命小集团成员"，一开始被判了劳教，所以"文化大革命"中劳教期满还能探亲，替我祖父写检查。但后来，这个案子被重新翻出来，又判了15年。"文化大革命"后觉得处理太重了，1978年叔叔被提前释放，一直到1980年整个案子才得到平反。他先是到中学当教师，后来到《经济新闻报》工作。他做过国内新闻部主任，和嘉兴很多人有联系。他后来写了一本书《人曲》，写的就是自己的这段经历。

写得真的好。

记　者：您有几个兄弟姐妹？

严建平：我有两个妹妹，小妹妹在上海图书馆，叫严建华，是副研究馆员；大妹妹严建英，现在在荷兰。

记　者：那么你们的下一代呢？

严建平：我的下一代嘛，女儿严蜜，1983年生，现在在上海互动电视有限公司做编辑工作。

叔叔严祖祐结婚比我还晚，他的孩子严佳斌是律师，比我女儿还小。

大姑妈严汝瑛有三个孩子：大表哥朱啸风是学编剧的，大表姐朱小瑛是学农业技术的，小表哥朱驰风是医院的主任医师。小姑妈严汝珍的儿子陈迎庆，是优秀的教育工作者。

记　者：严独鹤先生故乡情深，钟桂松老师的《新闻界巨擘严独鹤》一文中讲到，严独鹤先生曾为乌镇东栅的木结构老屋首捐消防设施，也曾为植材小学捐过风琴课桌椅及大米。您了解祖父与故乡之间的往来互动吗？作为后人，你们与故乡又有着怎样的联系互动？

严建平：我祖父虽然出生在上海，但他平时在家都是讲家乡话的。平反以后，家乡很关心我们，当时桐乡县的领导来看望，后来桐乡县文化馆的图书馆被命名为严独鹤图书馆，2009年又投了200万元新建了一个严独鹤图书馆。桐乡还在人民公园给祖父造了个纪念亭。

我父亲去世以后，桐乡市政协每年都来我这儿慰问，所以我和家乡的联系就多起来了。我叔父在担任《新闻报》国内部主任期间,在嘉兴成立了一个《新闻报》嘉兴记者站,同贵报两位老报人王雄先生和杨茂发先生建立了很深的友谊。

记　者:您觉得您祖父对后人影响最大的是什么?

严建平:祖父对我们后人最大的影响,就是作为一个文化人和报人,要有使命感,不能不为大众着想。祖父曾说过:"撰作者要想到大家所要说的事,要说到大家要说的话。"这成为我的座右铭。

（2019年5月24日首发,2023年7月修订）

葛昌楹
（1893.02.13—1963.07.07）

　　浙江平湖人。字书徵。篆刻家，收藏家，西泠印社早期会员。
　　与原配夫人张兰英育有两女葛维定、葛维宽及三子葛维坪、葛维埏、葛维墀；续娶冯梦苏，育有女儿葛维安、葛维寰，并收养女儿葛维㭊。

名门家风

> 嗣昌维贤,能绍祖芬;厚德载福,裕乃来云。
>
> ——葛氏家训

葛昌楹后人:
把家族优良传统传承下去

■ 刘艳阳

2019年2月下旬,由葛贤鐄编著的《葛书徵先生年谱》一书在平湖首发。

在这部约45万字的著作中,葛贤鐄详细梳理了祖父的生平、交游及印玺图鉴著述的成就。葛书徵,这位在西泠印社发展史乃至中国现代印玺文化史上颇具影响的文化人,终于回归人们的视线。

为了这部书,葛贤鐄花费了十余年的时间。

著书之前,葛贤鐄对祖父几无了解。在搜寻祖父资料的过程中,葛贤鐄对父亲葛维埏(2001年去世)生前"守口如瓶"的态度,十分困惑,甚至偶有抱怨——平湖葛氏、"传朴堂"、"绥福堂",如此辉煌的家族历史,为何父亲从来不向孩子们讲述?

年谱即将完稿之时,一位友人的话令葛贤鐄似乎有所顿悟——"或许,这是一个父亲出于保护孩子的无奈选择。"

平湖葛氏当年富甲一方,拥田上千顷。在后来的历史风波中,葛家后人由于"出身问题",不少人命运多舛。努力与家族撇清关系,但求一家人安稳度日,或许正是葛维埏小心翼翼、避而不谈的原因所在。

葛贤镤的堂兄葛贤中,对于家族的历史同样知之甚少。从平湖标准件厂退休的这位老人,一生几乎没有离开过平湖。然而,位于平湖南河头那颇具规模的葛氏老宅,于他却是个陌生的所在。父亲葛维埤在世时,也在极力淡忘自己与葛家的关联。

直到年谱一书面世,祖父的一生才在葛贤中的头脑里有了几许脉络。

1936年1月28日,葛昌楣、冯梦苏夫妇(前排左一、右一)和母亲(前排坐者)、儿孙合影　被访者供图

藏印为一时之最

今天的酷爱篆刻者，几乎无人不知"传朴堂"，也不能不知《明清名人刻印汇存》《丁丑劫余印存》这两册印谱。而它们，都与葛昌楹有着直接的关联。

清朝同治光绪年间，平湖葛氏靠经营木业发家之后，尤重读书。1879年，葛昌楹祖父葛金烺考中举人，由此，家族文化风气愈加浓厚。至清末民初，其家族藏书楼"守先阁"已在江南名噪一时。

葛昌楹青年时期便能书擅画，精于鉴别。他最大的兴趣，莫过于篆刻及收藏印章。昌楹与胞弟昌枌，广搜宋明清等历代名人印章千余纽，"藏印多菁华，为一时之最"。

1916年丙辰秋，由西泠印社三位创始人吴昌硕、丁辅之、王维季一致举荐，葛昌楹与葛昌枌加入西泠印社。

此后，葛昌楹编辑了《传朴堂藏印菁华》（与昌枌合作）、《传朴堂印章收藏笔记》、《吴赵印存》、《明清名人刻印汇存》（与人合作）、《丁丑劫余印存》、《邓印存真》等诸多印谱，成为后世篆刻爱好者最为重要的研究学习资料。

1921年，葛昌楹参与合资经营上海华义银行，曾任出纳科科长、副经理。1923年，他又与堂兄葛昌楣等人在上海合资开设钱庄。20世纪二三十年代，葛昌楹不时奔走于上海、平湖之间，业余则继续寻访、收藏印玺及著述印谱。

1937年，抗战全面爆发。幸得葛昌楹对时局早有顾虑，平湖陷落之前，他遣人将"传朴堂"藏印埋于葛家后花园，这批珍品方在战乱中幸存下来。

不过，到了葛昌楹晚年，在社会巨大变迁之中，葛家土地尽失。葛昌楹一家人在上海的生活来源渐成问题。困难之际，葛昌楹的不少珍藏印章逐渐散去。

1962年夏，西泠印社中华人民共和国成立后第一次社员代表大会前夕，葛昌楹将43枚印章珍品捐献给西泠印社，包括文彭（文徵明长子）的青田石印"琴罢倚松玩鹤"、邓石如的青田石印"江流有声断岸千尺"、徐寅的寿山石印"史学骚才"、赵之谦的红田石印"竟山拓金石印"等众多极品珍藏。

1989年3月，葛维冞、葛维寰受母亲之托，将葛昌楹生前自用10枚印章捐给西泠印社，其中八枚为吴昌硕所刻田黄印。

这50余枚印章珍品，无一不是西泠印社的镇社之宝。

从幼儿时代开始，直至结婚、生子、退休，葛维冞、葛维寰姐妹一直没有搬离父亲居住的那套公寓。对父亲当年嗜印的情形，86岁的葛维冞仍有些许记忆。

"书房里、书桌上，都有印。他常常握在手里把玩。我当时也不懂，对那些东西不感兴趣，从不觉得那些物件有什么了不起。父亲去世后，剩余的印章就被保

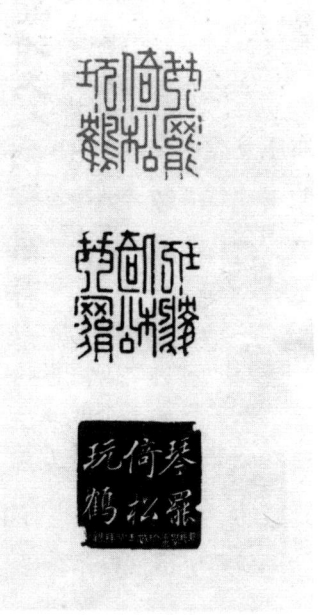

文彭（文徵明长子）的青田石印"琴罢倚松玩鹤"，1962年葛昌楹捐赠给西泠印社　被访者供图

存在一只皮箱里,很随意地放在过道。"

葛维冞是冯梦苏之兄冯幼余的女儿,过继至葛家时,葛昌楹早有儿女数人。不过,葛昌楹从未对葛维冞区别对待。在葛维冞心里,父亲葛昌楹慈善又有耐心,是最好的爸爸。

四十载后再聚首

葛昌楹以其收藏及著作,在中国印玺文化研究中,留下了极为重要的一笔。而他仅仅是平湖葛氏这个庞大家族杰出人物的一个代表。

无论北葛"传朴堂",还是南葛"绥福堂",抑或另外一支布庄葛氏,100余年来,葛姓这个家族,代代均不乏人才,名人辈出。

葛贤键对家族的关注,首先源于知晓祖父的成就,那是在20世纪60年代。

或许冥冥之中携带着家族基因,读中学时,葛贤键对印玺图鉴产生了兴趣,不时流连于台北的小书店、旧书摊。翻阅一些印玺图鉴书时,他偶然发现上面有祖父葛昌楹的名字,甚至在日本出版的一些书籍里,也有祖父的大名。

他问父亲,为什么爷爷的名字会出现在那些书里?

父亲葛维坪只是淡淡地回了一句:"当然会有啦。"

青少年时期,父子正处于"威严与叛逆"的特殊情感期,葛贤键并未追问到底。

葛贤键说，当时，台湾地区和大陆之间还处于对抗的高峰，父亲也在刻意淡化与祖国大陆的关联。这或许是父亲不去细说往事的缘由。

通过那些书中的文字，葛贤键知道了"传朴堂"，知道了西泠印社，知道了祖父曾藏印众多。

葛贤键对祖父和印玺的兴趣愈加浓厚。大学期间，他不时"海淘"相关的书籍和物件。

1963年7月7日，葛昌楹在上海去世。那个盛夏的夜晚，台北酷热难当，葛贤键难以入睡，起床上厕所时，发现父亲辗转难眠。

数日之后，一封家书自香港地区转寄到台北，带来了爷爷病逝的讯息。

葛维坪与父亲别离15载，父亲去世，他只能隔着海峡遥祭亡魂。他悲恸欲绝、失魂落魄的样子，时隔50多年，葛贤键仍记忆犹新，心酸难耐。

葛昌楹去世时，三个儿子都未能守在身边。其身后之事，主要由冯梦苏及葛维冰、葛维寰姐妹料理。

葛昌楹长子葛维坪，毕业于之江大学经济系。1935年，经母亲（继母）冯梦苏之弟冯薰推荐，于上海考试进入交通银行。后冯薰前往福建福州开行，葛维坪随行，并先后任职于厦门、永安、福州分行。

葛维埏同样于1935年经推荐入职交通银行宁波分行。抗战爆发，葛维埏随单位辗转南迁龙泉、南平、福州。此后便定居福建。

幼子葛维墀，上海圣约翰大学文学院硕士毕业，也曾在上海的银行任职。后因故离职,在父亲安排下迁回平湖,自此鲜在上海陪侍老人。

抗战胜利后,维坪与维埏兄弟两人同在福州,联系紧密。1949年8月,福州解放前夕,葛维坪邀弟前往香港地区,并艰难办妥机票。然而,临行之前,葛维埏思想有所变动。无奈之下,当年8月14日,葛维坪携家人登上了飞往香港的飞机。1953年,一家人从香港赴台湾。

由此,葛昌楹三子各居一地,数十年间几无联络。

直至1993年11月,葛昌楹的众子女及部分孙辈才在上海得以重聚。这也是葛维坪兄弟三人最后一次相见。

2019年6月20日,葛贤镤在家中把玩收藏的印章

被访者供图

此次家族的聚会，葛贤键协助策划了很久。

1991年5月，葛贤键借出差之机，来到上海，寻访到两位"娘娘"（姑妈）葛维㸒、葛维寰。

与姑妈会面的情景，葛贤键至今难忘：当他踏进静安区昌平路250弄，正观望找寻祖父居所的时候，恰从一扇门内走出一位老人。虽从未相见，但四目相对，葛贤键仿佛心灵感应——"您是葛维寰'娘娘'吧？"

果不其然。

1993年11月25日，一众亲人十余人回到平湖，并在葛氏老宅外的弄堂里、当年葛家创办的稚川学校校门处，留下了珍贵的合影。

不过，离别40载的重逢，亲人之间的话题，主要还是家常。对葛昌楹的过往、家族的探究，并无暇顾及。

家训家风代代传

北葛"传朴堂"、南葛"绥福堂"，以及"传朴堂"西侧布庄葛氏，当年在北葛院内共用一个家族祠堂。

祠堂之上，一副16字对联，被视作葛氏家训。这16个字，同时为葛氏各辈子孙命名之用。

上联曰：嗣昌维贤，能绍祖芬；下联曰：厚德载福，裕乃来云。

其大意是，要继承好祖业，把家族的优良传统传承下去；家族昌盛之时,不能忘记贤良的美德,须懂得回报社会;只有如此,才能使后辈不断光耀门楣。

葛家颇重视家风清正。葛嗣浵所创办的稚川学堂,其创办初衷,即为教育族人子弟。后来,以稚川学堂为基础成立小学,后又衍生出中学。葛氏在教育族人的同时,也为平湖的教育做出了极大贡献。

葛贤键曾听说这样一则发生在葛氏老宅的故事:葛昌楹年轻时,一次,族内几个兄弟及莫家一个少爷见老爷不在,聚在一起吸大烟,恰被葛嗣浵撞见。老爷子大发雷霆,一帮人受到体罚。此后,他们再不敢染此恶习。

当年,家族优越的经济条件,加之重视读书的家族风气,使葛氏众多后辈在许多领域建树非凡。

后来,时局变换,葛氏族人不再享受地租、投资分红等红利,只能靠微薄的工资养家,但重视读书的风气未改。

葛贤键说,在他印象中,父亲葛维坪与富家公子的形象相差很远。"父母很辛苦。初到香港、台湾地区的时候,没有工作,只能做点开花店等小生意,家境与普通人家没有什么差别。许多年后,父亲工作,赚钱养家,非常勤奋。"

多年后,葛维坪成为纺织公司董事长、总经理,担任过国际劳工组织纺织委员会资方代表等职。

葛维坪长女幼殇,此外两代后辈11人,包括女儿(葛贤芬)女婿、儿子(葛贤键)儿媳和孙辈,出了九个硕士、三个博士(其中一人双硕士)。目前,这支葛氏后人大多在美国工作生活。

葛维埏孙辈中,葛能骏为美国宾夕法尼亚州立大学物理学博士。

葛贤键于1972年毕业于台湾淡江大学水土保持工程系，1982年获得美国得克萨斯农工大学哲学博士学位，是位水文专家、公共建设民间投资开发专家和专案管理专家。目前，他是海宣集团股份有限公司主席、华纳兄弟（娱乐事业）公司台湾办事处负责人、远东航空公司重整人兼总经理、传朴国际文创公司董事长。

海宣集团浙江海宣文化旅游开发有限公司近期正在负责平湖体育中心改造修缮工程。为了实施好工程，葛贤键自2018年11月开始，约三分之一的时间都待在老家平湖。

由于工作关系，葛贤键经常奔走于美国、日本、欧洲多国及北京、上海、广州、台北、香港等国内城市，这使他有机会走访散落于各地的葛氏后人。如今，葛贤键已成为葛氏后人讯息汇集的中枢。

曾有平湖市有关部门的领导向葛贤键提议，在适当的时候，广邀国内外的葛氏后人回乡，召开一次"葛氏后人大会"。这个提议，令他心动。不过，现在尚没有好的时机促成此事。

葛贤键说："这件事情，可以由家族的长辈发起，我帮忙进行组织。只是不知道什么时候能够实现。很多年里，台湾地区和祖国大陆难以联系。现在，能够回到家乡，为家乡做点事情，我很欣慰。同时，能够让这个家族在某种程度上重聚起来，我已经感恩戴德了。"

【对话】

"对祖父的研究让我们收获很多"

记　者：贤镛先生，您之前对祖父葛昌楹几乎没有了解，为什么会想到编撰这本年谱呢？

葛贤镛：我从未见过祖父。很长很长一段时间里，我对他几乎一无所知。

当年，我在福州一家银行担任支行行长。一次，我发现行里有个人在金融票据上加盖的私印不符合规定——他用了自己的艺术篆刻印章。他是个篆刻爱好者。我把他叫到办公室，告诉他这是违规的。不过，我却通过这件事，对篆刻有了兴趣。

在福州，有一些西泠印社社员。他们知道我老家是浙江平湖，就问我是不是"传朴堂"葛氏后人，是不是知道葛昌楹。我跟他们说，葛昌楹是我的爷爷。他们都很诧异。

那之后，我才知道祖父葛昌楹非同一般。后来，我就有了梳理出葛昌楹一生脉络的想法。

记　者：出版这本书，对您有什么帮助或影响吗？

葛贤镛：在编辑葛昌楹先生年谱过程中，我搜集整理了许多资料，也包括先生编撰的印谱，这对我业余学习篆刻的确帮助很大。另外，在这期间，我也认识了西泠印社许多社员，结交了北京印社的朋友。能够认识他们，我感到很幸运。

记　者：贤键先生，这些年来，您一直关注家族的文化和历史，有没有一些特别的收获呢?

葛贤键: 其实,对平湖葛氏家族的梳理,族内也有一些人在做。目前我所掌握的信息当中,有一部分就是分享来的。从20世纪80年代开始,我会去留意搜寻一些散落的与"传朴堂"有关的印章。在日本、中国香港、中国台湾的一些老的小书店和旧货市场,有时候就有发现和收获。淘回这些印章的许多小故事也很有趣。

记　者: 能谈谈您对葛氏家族的研究吗?

葛贤键: 不管是北葛还是南葛,或是布庄葛氏,都出了许多优秀的人物。

比如说,葛昌楣的哥哥葛昌栋,民国时期曾任教于北京大学,研史地,擅昆剧,精研元史,曾著《古代战区比节考》。

昌权是昌楣同父异母弟弟,曾任北京二七机车厂职工大学管理专业副教授、中南海职工大学客籍教授,在高等数学、工业企业管理学教学方面有较深的造诣,主编有《工业企业管理》一书。此外,他还是著名京剧艺术鉴赏家和评论家。

昌权之子葛强曾任职于中央某部门,现已退休。葛强之妹葛琴为中国人民银行总行货币金银局处长。

中国科学院院士葛昌纯(纯)是昌楣的弟弟。目前,据我所知,昌字辈在世的,只有葛昌瑁、葛昌纯姐弟了。

南葛向来人丁兴旺,所以杰出人物数量不比北葛少。南葛族中,就有中国社会科学院荣誉学部委员、非洲问题专家葛佶;曾任教于洛杉矶郡文化艺术中心、太平洋亚洲博物馆(美国)的书画家葛珉;曾任北京电影学院美术系主任、中国美协书记处常务书记的葛维墨;国际著名精算师葛贤铭等众多杰出人物。

记　者：您的公司现在平湖体育中心实施工程,以后还会有其他的项目吗?

葛贤键：只要有机会,还会参与到家乡的建设中来。葛家当年从福建运输木材,走海运到乍浦,再通过内河运到上海。江南水系四通八达,而现在,内河运输不再受重视。我对这块比较感兴趣,适当的机会下,我会考虑去开拓这个领域。

（2019 年 6 月 21 日）

茅盾
(1896.07.04—1981.03.27)

原名沈德鸿。浙江桐乡人。中国现代作家、文学评论家,新中国首任文化部部长。捐资25万元设立了茅盾文学奖。

他与孔德沚生有两个子女:女儿沈霞(早逝)、儿子沈霜(韦韬)。

> 曾经有无数人问过我这样一个问题：你的父亲是怎样一个人？这个问题太大了，大到我无法回答，但从父亲评价自己的寥寥数语中，人格魅力可见一斑。如果再要细分，我认为他的人格魅力主要体现在团结至上、平等待人、远离特权、勤俭持家这几个方面。
>
> ——韦韬

茅盾后人：
父亲心中有一只迎风而立的雄鹰

■ 朱梁峰

"爸爸，妈妈，这一次，恐怕是我最后一次来看你们了。"

春日的暖阳轻柔和煦，照在乌镇西栅的茅盾陵园。有位满头白发的老人静静伫立在茅盾和孔德沚墓前。他是88岁高龄的茅盾之子韦韬。

这一天是2011年3月25日。

一生俭朴，不计私利

父亲一生著译多达1500万余字，他却在一份个人登记表上这样概括自己的主要经历和文学成就："1919年参加文学活

1976年7月4日茅盾80寿辰与儿孙（从左到右：小孙女沈丹燕、长孙女沈迈衡、儿子韦韬、儿媳陈小曼和孙子沈伟宁）一起合影　桐乡市档案馆供图

动,1927年9月起开始写小说,写过一些小说、杂文、文艺评论、古典文学研究等。"我的父亲茅盾,就是这样一个人。

——韦韬

韦韬至今仍不时会想起父亲生前多次和他们说的话:"我想回去,肯定是不可能了。"

回家,对普通人来说是多么容易的一件事,但在茅盾身上,落叶归根却成了他的夙愿。1909年,从他考入浙江湖州第三中学堂开始,就几乎没有回过出生地乌镇,他甚至只能用笔端在《可爱的故乡》里述说着"总想回去看看"的乡情。

1938年茅盾夫妇与儿子沈霜(韦韬)、女儿沈霞在广州

茅盾纪念馆供图

"2006年7月,我亲手将父亲的骨灰迁葬乌镇,算是完成了他的一大心愿。"

作为茅盾的独子,韦韬被父亲称作"我大半生活动中始终在我身边的唯一的一个人"。

他告诉记者:"曾经有无数人问过我这样一个问题:你的父亲是怎样一个人?这个问题太大了,大到我无法回答,但从父亲评价自己的寥寥数语中,人格魅力可见一斑。如果再要细分,我认为他的人格魅力主要体现在团结至上、平等待人、远离特权、勤俭持家这几个方面。"

1923年,韦韬在上海出生。他和长他两岁的姐姐是在奶奶的教养下度过幼年时期的。"从我记事起到背上书包上学的那四五年,父母整天忙忙碌碌。父亲多次离家,去了广州、武汉、日本,有时半年,甚至两年都见不到人。长大后才知道,去广州,父亲是参加国民党第二次代表大会;和母亲一起去武汉,是参加1927年的大革命;去日本,是为了躲避国民党政府的通缉。"

1927年7月下旬,茅盾回到上海。当时,他已被列入南京政府通缉的第一批共产党员名单,处境十分危险,无奈隐匿家中,并开始了文学创作。《蚀》三部曲——《幻灭》《动摇》《追求》正是在当时完成的。

"我和姐姐很奇怪,父亲怎么天天关在书房里写东西?有时我和姐姐在楼下吵闹,影响到他写作了,父亲就用鸡毛掸子敲桌子,我们只好乖乖闭嘴。不过,那一阶段我们却有了与父亲难得的亲近机会。他对孩子们在学校的情况不闻不问,却鼓励多看书,让我们到书架上找自己喜欢的书看。空下来,父亲还一字一句地教我们唱《国际歌》。"

1940年6月,茅盾一家四口经历重重险阻到达了延安。半年后,茅盾就接到周恩来从重庆发来的电报,希望他利用自己的社会威望,在国统区进行抗日宣传。"母亲坚决要和父亲一起去,她觉得孩子大了,又有组织照管,留在延安让人放心。而父亲体弱,身边需要人照顾。"就这样,茅盾夫妻两人去了国统区,奔波于重庆、香港、桂林等地,只有夜深人静时,他们想起远在天边的儿女,思念之情无法遏制。

"父亲一生俭朴,不计私利。1980年9月,有一个设立鲁迅文学奖的议案送交他征求意见。父亲由此得到启发,问我:'中华人民共和国成立后我们生活安定,你妈妈又向来节俭,稿费一直存在银行里,现在有多少了?'我当时掌管全家财政,就告诉父亲,有二三十万。父亲说:'你们都有固定的工资收入,我这笔稿费放在家里也没有用,不如捐出去设立一个文学奖。'"韦韬说,1981年3月14日,父亲病危时口述了给中共中央的信,请求党在他去世后追认他为中共党员,同时还口述了一封致中国作家协会书记处的信,表达了愿意将25万元稿费捐赠给中国作协,作为长篇小说文艺奖金基金,以奖励每年最优秀长篇小说的愿望。于是有了后来的茅盾文学奖。

"我是那个替父亲复述的人"

我活到现在,还多少干一点事,尤其对我父亲去世后的事尽了心，作为儿子是比较安心的。如果没有我，可能没人能好好整理这些东西，这也是我一生中最大的事了。我都快90（岁）了，从某种意义上说，我是那个替父亲复述的人。我这一辈子年轻时在延安，后来到东北，以后到了军队就没搞什么了，对军事我又不懂，后面这30年，我和我父亲在一起后，这部分时间踏踏实实算干一些事。父亲生我养我，我回报他。

——韦韬

2006年7月4日，韦韬手捧父亲茅盾的骨灰盒，把它与母亲的骨灰合葬于乌镇　摄影　袁培德

茅盾研究学者钟桂松记得这样一件往事：在 2011 年《茅盾墨迹》首发前夕，桐乡当地政府邀请韦韬来家乡参加首发式。考虑到韦韬刚做过眼部手术，便打电话给他表示要到北京接他。哪知韦韬一口回绝，坚持自己买飞机票来桐乡。看到老人那么坚持，桐乡方面偷偷买好了前往北京的机票，然后再电话告知了韦韬。韦韬一听不乐意了："你们一定要这样，我只好不来了。"

这次采访，韦韬也极为低调，不愿提及自己的子女，就连对他自己也不愿多谈，只是说："我这辈子的经历很简单，最大的事就是为父亲整理了一些资料。"

韦韬原名沈霜，他觉得这个姓很容易让人知道他就是沈雁冰的儿子，就想改名。后来，茅盾就将他的名字改成"孟韦"。沈霜觉得"韦"是有韧性的意思，"韬"是希望自己别太锋芒毕露，就自作主张改叫"韦韬"了。

孔德沚年轻时，为了参加革命，不愿多要孩子，只生了女儿沈霞和儿子沈霜，常说"一儿一女一枝花"。不料，沈霞英年早逝，给沈家留下了永远无法愈合的创伤。

1921 年 4 月，沈霞出生在上海。她在上海培明女子中学读高中一年级时，留有一册作文本，当时的国文老师这样评价她："锦心绣口，咳吐成珠，是有目共赏之文。"孔德沚曾自豪地对茅盾说："看来亚男（沈霞小名）像你，遗传了你的文学天赋。"但就是这样一位文采斐然的革命女青年，1945 年，因为怕生育会阻碍自己前往革命一线的脚步，毅然做了人流手术，不料因此发生医疗事故，不幸去世，年仅 24 岁。

女儿的去世给了茅盾夫妻巨大的痛苦。韦韬前往重庆，在父母身边陪伴了两个月。"那时父亲萌生了让我继续上大学深造的想法，我却急于要回解放区，想为开创新世界尽一份力。父母并没有执拗地要让唯一的儿子留在身边，最终还是满足了我的愿望。"

日本投降后，韦韬从延安到了北平办《解放三人刊》，就是后来的《解放日报》；再后来到了华北联合大学，在政治系的一个班里任助理员，搞教学工作。

不过，韦韬自己还是想继续做记者。

韦韬说，父亲从来没有替他设定过人生道路，唯一的一次干预是在沈阳："那时候我找到了父亲的老朋友张闻天，提出要到工业区去。张闻天也同意了调我去重工业部门。不巧正赶上父亲来沈阳，从张闻天那儿听说了这事，就说现在搞记者不是很好吗？别让他去了。"

不久，《东北日报》一部分人南下，韦韬也跟着到了武汉，在《长江日报》担任记者。半年后，他从武汉回到北京，从此和新闻工作分开了。回北京后，韦韬学了一年的俄语，被调到外交部当翻译，但他没同意。于是去了南京军事学院，被分配到研究部里面做刊物。"阴差阳错我当上了没有扛过枪的人民解放军，其实我搞军事工作完全是外行。"

1958年，韦韬被调到位于北京近郊的高等军事学院。在以后的岁月中，韦韬一家一直伴随在父母的身边，慰藉着他们寂寞的生活，并且在"文化大革命"之后帮助整理父亲的著作和资料。

1966年，"文化大革命"开始，这种动乱也波及沈家。那段时间家里的不幸接踵而至，韦韬受审查，大女儿沈迈衡未成年就要上山下乡，妻子陈小曼不得不撇下出生才四个月的小女儿沈丹燕去"干校"。

1981年3月27日，茅盾逝世。他终究没能亲自完成自己的回忆录，只写到1934年，仅完成了一半。"但父亲所做的准备工作却远远超出了这个年限，还有1976年留下的口述录音，给了我们勇气，使我们在父亲去世后，大胆地拿起笔，按照父亲的写作思路，续写完成了父亲的回忆录，了却了老人家生前未能实现的心愿。"

韦韬说，到了晚年，他愿尽自己的一切力量为父亲做事。因此，在茅盾去世后的30年里，他为父亲做了六件事：第一件是建立茅盾故居，北京建一个，家乡桐乡乌镇也建了一个；第二件是续写完成了父亲的回忆录《我走过的道路》；第三件是撰写出版了回忆父亲的几部书，《父亲茅盾的晚年》《我的父亲茅盾》等；第四件是出版《茅盾全集》，这个庞大的工程于2006年完成，共52卷，其中《茅盾全集》42卷，《茅盾译文全集》10卷；第五件是成立茅盾研究会，对父亲的作品和一生的活动进行研究；第六件是为父亲生前留下来的档案资料找到了很好的归宿，把它们移交给桐乡市档案馆保存。

韦韬感觉父亲是个沉默的人，一直不太管孩子，他和姐姐都是在"放羊"的状况下长大的。父亲对孙辈特别关爱，百依百顺，似乎想在第三代身上弥补当年未能在儿女身上倾注的爱。长孙沈韦宁有一天抱回一只花猫，担心大人不让在家里养，茅盾却很赞同，还帮着找窝，训练猫在簸箕里排便。产小猫时，他竟张罗着布置"产房"。孙女沈迈衡好静，喜欢看书，茅盾专门为她制订了自学计划，选了一些古诗文，用毛笔工整地誊抄下来，装订成册，耐心讲解。

如今，沈迈衡与沈韦宁生活在美国。沈迈衡在美国一所大学教授中文，只有她的工作与祖父相近。小女儿沈丹燕定居北京，从事广告传媒类工作，也与文学相去甚远。几年前，沈迈衡曾带着茅盾先生的重孙回到桐乡，感受这块祖辈魂牵梦萦的土地。

2023年7月18日，《茅盾和他的儿子》一书（钟桂松著）在桐乡市茅盾纪念馆首发。作为茅盾的长孙，沈韦宁再次回到祖居地。在接受媒体采访时，他说："爷爷和父亲一直在身体力行教育后代。"他回忆自己年幼时，父亲韦韬曾教诲他："等你长大后，不要盲目站队，要有自己的判断力，做一个心胸坦荡、有工作目标的人。"

"爷爷茅盾的文学精神是属于大众的、中国的，以及世界的。"沈韦宁表示，自己将接过父亲的接力棒，继续为茅盾研究"尽自己的绵薄之力"。

2011年3月，韦韬回桐乡参加《茅盾墨迹》首发仪式

摄影 袁培德

【对话】

"忧患和欢乐是与国家的命运和前途紧密地联系在一起的"

记　者：黄山书社将再版《茅盾全集》，这套书和已经出版的《全集》有哪些不同？具体什么时候会出版？

韦　韬：目前完成了全书的80%左右，原本预计今年（2012）会出版，目前来看，可能会推迟到明年。新出版的《茅盾全集》会收录以前没有发现的一些译文、父亲的部分讲话稿，还有一些书信。比如父亲曾经与胡适有过书信往来，目前发现了四封，1921年三封，1923年一封。其中有向胡适的约稿信，也有将《先锋》杂志寄给胡适交流的信件，这都是很珍贵的史料。

记　者：2007年，您将茅盾先生的众多珍贵档案捐赠给了家乡，2011年3月24日桐乡档案馆根据这批史料出版了《茅盾墨迹》，您也抱病来到了桐乡。当时将档案捐赠给家乡是出于什么考虑？

韦　韬：将父亲的档案捐赠给家乡，了却了我一桩心事。我手中保存着父亲留下来的一些手稿、书籍和文物，这些东西自己保存显然行不通，我的子女也许还珍视，但到了孙子辈、曾孙辈会不会散失呢？这些东西中国现代文学馆保存了一部分，上海图书馆也保存了一部分，还有两个故居也保存了一部分。但剩下的大量资料究竟该存在哪里，我一直在考虑。2007年春节前夕，桐乡档案馆的同志到北京来拜年，提出能不能把这些东西放到家乡。我觉得这个主意不错。我到桐乡后发现，这里热爱茅公的氛围很浓，连小学生都对茅公有很好的理解。2006年，父亲的骨灰运回了家乡，如果档案也能回去，让桐乡成为研究茅公、关心茅公、保存茅公档案文物最好的地方，岂不是最好的结果？

我整理了两个月，（档案）竟然有六大箱。桐乡专门开车进京来接这批档案。听说他们在回去的路上小心翼翼，住宾馆时担心放在车里出意外，人拉肩扛，将档案都搬进了房间。一个星期后，就加班加点整理清点出了目录。此外，还有我姐姐沈霞的日记、作文、信件、照片等。时间跨度从1925年至1981年，整整56年。能够把父亲的档案保存下来、利用起来，这是最让我感到欣慰的。

记　者：茅盾先生在您眼里是一位怎样的父亲？

韦　韬：中华人民共和国成立之后，父亲出任文化部部长。但他内心的感受却是"不会做官也不想做官"。母亲更是希望能在西湖边买一套房子，让父亲安心写作。他一直有意识地远离特权。政府规定，给予高级干部特殊服务，父亲却认为，凡是私人的需求，一律不能沾公家的光。他一般外出都不带秘书，生活起居由自己料理，公家配备的厨师，他也以"家里人口少"为由谢绝了。这样俭朴的生活，并不是来自生活的长期艰辛和困顿，而是对人世间贫富、贵贱、荣辱等都洞悉后，自觉选择的一种生活方式。

记　者：他对你们下一代人有什么样的期望？

韦　韬："文化大革命"期间，父亲曾给小钢（沈迈衡）讲过杜甫的诗《画鹰》。其中有一句"何当击凡鸟，毛血洒平芜"，他特地加了注解。这首诗题为《画鹰》，其实另有寓意。鹰，指的是那些有胆量、敢作敢为的人；凡鸟则指一些坏人。诗的大概意思是：敢作敢为的人，跟鹰一样，时候到了，就会飞到空中，搏击那些凡鸟似的坏人。杜甫写《画鹰》有寓意，父亲在那个时候选《画鹰》来教孙女，也有他的寓意。"何当击凡鸟"，在父亲心中，有那么一只迎风而立、展翅欲飞的雄鹰。这也让我们明白了，在他心中，忧患和欢乐是与国家的命运和前途紧密地联系在一起的。

补记：2013年7月14日，韦韬走完90年的人生之路，告别了这个世界。他的骨灰回到故土桐乡乌镇，跟祖母、父母和姐姐葬在一起，实现了遗愿。

（2012年7月27日首发，2023年7月修订）

徐志摩

(1897.01.15—1931.11.19)

原名章垿,浙江海宁人。中国现代诗人、散文家,新月派诗歌的灵魂人物。

徐志摩与原配夫人张幼仪育有二子:长子徐积锴、幼子徐德生(三岁早夭)。

徐积锴生有三女一子:徐棋、徐放、徐行和徐善曾。

> 祖父的旅程从来都不是一种冒险,无论是身体上的冒险,还是精神上的冒险,都是对人性的探寻。他终其一生,一直在探寻着如下问题:所谓的摩登到底是什么?所谓真正伟大的灵魂又是什么?为了使中国更具有活力,为了人类的新面貌,祖父融合了来自全球各地截然不同的思想。他向知识、向自己的创造力,以及自己的生命极限推进。
>
> ——徐善曾

徐志摩后人:
祖父的人生旅程,是对人性的探寻

■ 沈秀红

2012年9月5日下午3时许,徐善曾和大姐徐棋悄然现身海宁硖石徐志摩故居。作为徐志摩的嫡孙,近几年他们多次回到故里,这是他们2012年的第三次回乡。

对徐志摩来说,2012年是个比较特殊的年份:2012年1月15日是他115周岁诞辰;海宁市政府投入百万元资金对徐志摩故居重新布展;11月17日至19日,在徐志摩逝世81周年之际,海宁市举办第三届徐志摩诗歌节,徐志摩故居也于18日正式重新开放,而央视与海宁市政府联合摄制的大型文化纪录片《徐志摩》同时举行首播仪式。

徐善曾此行,是应邀到徐志摩故居拍摄纪录片《徐志摩》的部分镜头。此前,徐善曾随央视摄制组远赴英伦,帮助摄制组找到徐志摩当年生活和学习过的地方。

徐志摩后人每次回海宁,都极为低调,不愿惊扰他人,不由得让人想到志摩的诗句:"轻轻的我走了,正如我轻轻的来……"

一直以来保持低调神秘的徐志摩孙辈——徐稘、徐放、徐行和徐善曾,这次在徐志摩故居集体亮相——他们的精彩人生构成了重新布展后的徐志摩故居一个新增展览板块。

这是徐志摩后人的首次"高调"亮相。

此前,坊间对徐志摩子嗣不甚明了,多有讹传。2011年,徐志摩故居与远在美国的徐志摩嫡孙取得联系后,双方进行了长时间的沟通,最终故居的重新布展得到了他们的全力支持。

1961年徐家全家福,坐者为张粹文(左)和张幼仪,后排左起分别为徐善曾、徐放、徐行、徐稘、徐积锴　徐善曾供图

早年，徐申如——这位海宁经济发展和现代化的先驱，曾寄望儿子能承继父业，不承想儿子却偏偏喜欢上了诗歌。时光荏苒，他的曾孙却追随他，在商界表现出异于常人的禀赋。有人风趣地说，这大概是另一种"隔代遗传"。

那么，徐志摩的衣钵，是否有人承继？《嘉兴日报》记者通过电邮，与远在美国的徐善曾先生取得了联系。

"我对父亲的印象说不上来"

长脸，同样架着黑边眼镜，隆起的鼻子，抿着的宽嘴和长下巴。许多人发现，年轻时的徐善曾与祖父徐志摩有着一样清秀俊逸的外表。

而徐善曾的父亲徐积锴（小名阿欢）长得似乎更像母亲张幼仪。1918年3月，徐积锴生于海宁硖石徐氏老屋。他的出生将张幼仪和徐志摩两个颇具影响力的大家庭结合在一起。积锴的外祖父家是上海宝山县的望族，张家兄弟在20世纪初的中国政治、学术和银行界扮演了极其重要的角色。

1918年8月，儿子阿欢五个月大的时候，徐志摩远赴美国，于1919年在克拉克大学获得第二个本科学位，并于1920年在哥伦比亚大学获得政治科学硕士学位。徐志摩1920年转赴英国留学，寻找新的学习环境和他甚为崇拜的英国哲学家罗素，并入伦敦政治经济学院继续学习政治科学。不久，经人介绍，他认识了英国作家狄更生，并通过狄更生，以特别生的资格进了剑桥大学皇家学院。留学期间，他经常写信向父母询问儿子的成长情况。1921年他开始创作新诗。回到国内后他继续创作诗歌，名声大震，后来成为新月派诗歌的灵魂人物。

1931年11月19日，徐志摩飞机失事时，徐积锴还是一个13岁的少年。事发后他和家人一起赴济南奔丧。

1935年，徐积锴认识了张粹文，他们于1938年结婚，随后养育了三个女儿和一个儿子：徐祺、徐放、徐行和徐善曾。

因为从小与父亲聚少离多，徐积锴对父亲的印象显得零星甚至模糊。一次在接受媒体采访时，他说"我对父亲的印象说不上来"。他只记得9岁以前，父亲曾陪他踢足球。

为了更好地了解父亲，徐积锴与父亲的老友胡适、梁实秋、顾维钧和孔祥熙的后人均有来往。听了这些老一辈的学者和朋友讲述的逸事，父亲的形象在他心里一点点清晰并丰满起来。他开始欣赏父亲在文学上所做的贡献。

徐德生（英文名彼得）是徐志摩与张幼仪的次子，1922年2月生于德国。徐志摩在他出生三个多月时曾在医院见过他一次。再见时，刚满3岁的德生已化为锡瓶里的一撮遗灰。1926年夏，张幼仪将他的骨灰带回硖石安葬。事隔多年，徐志摩满怀复杂的情感写下《我的彼得》一文怀念这个只见过一次的儿子。

如今，徐德生的墓就在海宁西山徐志摩墓下方，碑铭由梁启超题写。徐志摩的墓原来与德生墓有一段距离，1997年因城市建设需改迁，徐氏宗亲决定把它迁到徐志摩墓园，从此"父子相依"。

当时，徐志摩长子徐积锴及其子女都在美国，陪伴在张幼仪身边。

名门家风

"他和奶奶是一枚银币的两面"

徐积锴1941年毕业于交通大学土木工程系。母亲安排他像当年他的父亲徐志摩一样到美国留学。

1947年12月,29岁的徐积锴和张粹文将当时分别只有7岁、3岁、2岁和1岁的四个孩子托付给在上海的母亲张幼仪,来到美国。他们计划完成学业后回到海宁管理家族企业。

在纽约,徐积锴白天供职于一家名为宇宙贸易的进出口公司,晚上刻苦攻读商科。一开始,他入读的正是父亲徐志摩当年就读的那所著名大学——哥伦比亚大学。而张粹文在特拉法根设计学院学习时装设计。

徐志摩四嫡孙徐祺、徐善曾、徐放和徐行(从左到右),摄于2004年
徐善曾供图

20世纪40年代末期的中国动荡不安。1949年,张幼仪将四个孩子带到了香港地区,以期让他们早日与父母团聚。1952年,美国移民局终于批准了四个孩子的移民签证,幼仪却被拒签,不得不滞留在香港。她在香港通过书信与他们保持联系,每一封信里都带着她对孙辈的无限慈爱。"我们之间的纽带十分牢固。"善曾说,"我与她仅仅一起生活了我人生开头的六年,但她对我们所有人都产生了毕生的影响。"

徐善曾正是通过张幼仪了解到了祖父徐志摩。"每当祖母提到祖父时,她总是尽可能地回忆。她经历了这么多苦难,但是到最后,他们还是作为朋友相互尊重和钦佩。她对他们之间发生的事情是冷静的。"

在长孙女徐祺眼里,奶奶张幼仪是一个非常务实的人,爷爷徐志摩则是一个御风而行的天才、不食人间烟火的赤子。"他和奶奶是一枚银币的两面。一个是诗性,另一个是实践性。他们共同的地方是永不放弃。"

"每个人应当寻找属于自己的热情"

徐积锴并没有像父亲徐志摩那样对文学充满热情,但他在写作方面表现出了鲜为人知的天赋。

徐积锴出生百日时"抓阄",抓的是徐志摩的毛笔,这令祖父徐申如大喜:"又是一个读书人!我们家孙子将来要用铁笔!""铁笔"指官府重要文告中的常用语"铁笔不改",徐老太爷希望孙子从政入仕，徐积锴却对此完全没兴趣。在美国，徐积锴也读中文书，据说最爱的是张恨水的言情小说。他坦承："我对文学是一窍不通。徐志摩的儿子不会作诗。"

2004年年初，徐积锴在接受台湾地区《联合报》记者采访时表示，自己一生靠母亲，不靠父亲。母亲对他影响终身。

徐积锴擅长数学并对工程学怀有兴趣。他于1955年获得了布鲁克林理工学院的土木工程硕士学位，后来成为纽约港务局的工程师，专管机场、隧道和桥梁。

他给人的印象是沉静而羞涩、温文尔雅，充满书卷气。

1953年，有人给独居香港地区的张幼仪介绍了一个住在同栋大楼里的医生苏先生。幼仪去信征求儿子意见，积锴是这样给母亲回信的："母孀居守节，逾三十年，生我抚我，鞠我育我，劬劳之恩，昊天罔极。今幸粗有树立，且能自赡。诸孙长成，全出母训……去日苦多，来日苦少，综母生平，殊少欢愉。母职已尽，母心宜慰，谁慰母氏？谁伴母氏？母如得人，儿请父事。"

信并不长，但字字浸满孝顺体谅，感情真挚，文采卓越，令张幼仪百感交集，倍感骄傲："我儿子迁居美国以后，从事的是土木工程的行业，可是他写那封信以后，每个读信的人都说，从中能看得出来，他是徐志摩的儿子。"（〔美〕张邦梅《小脚与西服》）

1972年，苏医生去世。1974年，张幼仪搬到美国与儿子徐积锴及家人在纽约团聚。

1989年，88岁的张幼仪在纽约去世，徐积锴悲痛万分。

徐积锴也曾努力留存父亲作品。20世纪60年代，中国大陆正逢"文化大革命"，徐志摩的作品在内地几近绝迹。在台湾地区的梁实秋和蒋复璁想编辑出版徐志摩作品全集，得到张幼仪和徐积锴的全力支持。徐积锴为此专程赶到台湾地区，并在美国各大学图书馆搜集徐志摩的作品。1969年，由梁实秋和蒋复璁任主编的六辑本《徐志摩全集》出版。"这是问世最早的徐志摩诗文全集。"（韩石山《徐志摩传》）

"徐积锴对他父亲的事情态度很开明，当时台湾地区要拍《人间四月天》，湖南也想拍有关徐志摩的东西，徐积锴都表示：你们大胆拍。他并不干涉和反对。"时任海宁市徐志摩研究会会长章景曙回忆，他见过徐积锴两次，1997年清明节徐积锴带子女四人回海宁扫墓时，考虑到"因我年老，以后不便再去"（1999年9月15日徐积锴致韩石山信），便把干河街的老房子捐赠给了海宁市政府，这便是现在的徐志摩故居。

20世纪80年代后，徐积锴多次携子女回海宁扫墓祭祖。在很多人的记忆里，1997年是徐积锴的最后一次回乡。

2007年，90岁的徐积锴在美国去世。

说起父亲与祖父徐志摩之间的关系时，徐善曾说："我的父亲非常钦佩并尊重他的父亲作为一个诗人所取得的成就。但是他也有自己的想法和天赋。要问为什么我的父亲不也成为一个诗人是有些不公平的。今天有多少子女长大后从事与他们父亲或母亲一样的事业？如果当初徐志摩继承了他父亲的事业，那么我们就永远欣赏不到他的诗歌了。重要的是，每个人应当寻找属于自己的热情。"

为祖父立传的动力

徐善曾在位于纽约的一处简陋的住宅中长大,老宅餐厅的玻璃柜里摆放着一张他祖父的镜框相片。照片中的徐志摩穿着一件丝绸夹袍,戴着圆框眼镜,这和他的孙子常常穿的T恤衫和牛仔裤形成了鲜明的对比。"当我还是一个孩子的时候,我时常会盯着他的脸,默默地请求他跟我讲讲他的一生。"徐善曾说,"他在我出生的15年前就已经去世了。"

这份幼时的好奇导致他深深地尊重并崇拜他祖父在其短暂一生里所取得的成就。徐善曾佩服祖父的文学对中国的影响,以及他丰富的生活阅历。

当还是密歇根大学物理和工程学的一名学生时,徐善曾就开始搜集祖父的资料。这些年来,他的兴趣有增无减,为祖父立传的想法不停酝酿发酵。

1997年,徐善曾跟随父亲一起到海宁,章景曙发现他话很少,但对祖父的事迹很关心,详细询问了关于徐志摩《府中日记》遗失又找回一事。

此后,徐善曾多次携家人回海宁。2012年6月,应邀在济南参加了徐志摩研讨会后,徐善曾、徐行一行再次回到海宁。他们先后到夹山和西山祭扫了徐申如墓和徐志摩墓,还踏访了新近发现的徐志摩东山墓葬旧址。

徐善曾一行向徐志摩故居赠送了一组十多张徐家的老照片和两件纪念品。纪念品是一座水晶徐志摩像和一个剑桥大学专门为纪念徐志摩而定做的限量瓷盘,上面都刻着徐志摩《再别康桥》

里的诗句:"轻轻的我走了,正如我轻轻的来;我挥一挥衣袖,不带走一片云彩。"

回到美国后,徐善曾迅速通过联邦专递寄来书信,希望祖父在东山的墓葬旧址能得到妥善保护。很快,政府部门做出积极反应,徐志摩东山墓葬旧址被保护了起来。

在耶鲁大学,徐善曾取得了三个学位:理工硕士学位、哲学硕士学位和应用物理博士学位。他还取得了密歇根大学的电子工程学士学位。

他最初在华盛顿的美国原子能委员会工作,后在纽波特公司(一家激光技术公司)担任执行管理部门的高级管理,前后工作了13年。

20世纪90年代末,徐善曾成为Tech Coast Angels(科技海岸天使)机构的创始人之一。这个机构致力于发展成功的风投科技公司。徐善曾的转行从商十分成功。

徐善曾的妻子包舜,学习时装设计专业,是一名纽约的儿童时装和布料设计师。他们有一个女儿,徐文慈。

有几年,徐善曾满世界地搜集祖父遗留的资料,拜访他学习和生活过,以及那些对他产生重大影响的地方。这其中包括英国、印度、俄国及中国的许多城市。

2017年和2018年,徐善曾撰写的祖父传《志在摩登》分别出版了英文版和中文版。其间,他多次回到中国,回到故乡,参加徐志摩纪念活动,并与读友分享他眼里的祖父徐志摩。

"为了写这本书,我追寻祖父的足迹将近五年,我究竟学到了什么?在某种程度上,我了解了为何祖父身后留下的选择有如此

2017年4月,徐善曾偕同夫人和女儿回海宁祭扫祖父徐志摩之墓　摄影 袁培德

不可动摇的影响力。除先天的聪明才智之外,他的品格、他的言行,所有和他共事的人都总是与他产生共鸣。他认为,通过他的诗歌和他的真诚面对理想,可以将他的国家和他的人民带离一个充满不合时宜的习俗和信仰的时期,前往情感和理性的自由,进入现代光明的自由国度。"

"祖父的旅程从来都不是一种冒险,无论是身体上的冒险,还是精神上的冒险,都是对人性的探寻。他终其一生,一直在探寻着如下问题:所谓的摩登到底是什么?所谓真正伟大的灵魂又是什么?为了使中国更具有活力,为了人类的新面貌,祖父融合了来自全球各地截然不同的思想。他向知识、向自己的创造力,以及自己的生命极限推进。"

三个孙女个个才华出众

徐善曾的三个姐姐同样才华出众,并在各自不同的领域有所建树。

大姐徐祺一向对数字和金融感兴趣。她在纽约大学学习了应用数学并获取工商管理硕士学位,专长是运筹学和经济学。在其后的30年里,她在计算机工业(IBM)、航空业(美国航空公司)和华尔街金融投资业(Donaldson,Lufkin&Jenrette)分别工作了10年。在美国航空公司工作期间,她对导航工作特别感兴趣,运用其所学的有关航空预定系统的知识,监测航班盈利和设计机场

徐善曾向海宁徐志摩故居赠送他写的英文版徐志摩传 Chasing The Modern (《志在摩登》) 摄影 芷扬

终点站。航空公司的工作还给了她周游世界的机会。就如同当年她祖父徐志摩所热爱向往的一样，她因此游览了世界各地的古文化。

被认为与祖父长得颇像的徐椹，同样对飞行有着浓厚的兴趣，她学会了飞行驾驶。

徐椹生有一子，金昌润。

二姐徐放是一名艺术家和设计师。她毕业于纽约普拉特学院的室内设计专业。此后，她曾任职于美国纽约、波士顿和中国香港等多个建筑设计公司。退休后，她担任其公公开设的基金会董事长，扩大了基金会的资助范畴以帮助改善世界各地贫困儿童的健康、教育和生存环境。基金会现已在中国、泰国、印度和美国为当地儿童建立了小学、宿舍、卫生设施，以及其他教育资助。此外，基金会还向江苏、广西、云南和安徽提供了大量的慈善资助。

张幼仪一直以来鼓励她的孙辈帮助那些需要帮助的人，孙女徐放实现了她的这个理想。

徐放生有两子，支世杰和支世烈。

三姐徐行从事的是教育。她在取得南加利福尼亚大学教育博士学位之前，曾在幼儿园、小学和中学教书。取得博士学位后，她成为加利福尼亚州立大学奇科分校的教授。她的指导项目包括帮助从幼儿园到高中的教师如何取得资格证书。她热心帮助年轻学生，并乐于和在经济与教育背景上占弱势的学生群体分享她的工作热情。

她的祖母张幼仪曾希望回到海宁开办一所女子学校，让女性获得与男性同等的教育机会。徐行实现了祖母的这一梦想。

徐行生有一对孪生儿子,毛显孟和毛显伟。

徐家后人十分重视祭祖。自1990年以来,徐志摩第四代后人已经多次回到海宁。2012年7月,徐志摩第五代后人开始沿袭祭祖的家风。徐行和毛昭宸的儿子毛显孟携带妻子马材珠及其两个儿子——10岁的毛贤杰和9岁的毛贤睿参观了徐志摩故居,并到徐申如和徐志摩的墓前祭拜。

【对话】

"想象一下,你有个祖父是希腊人"

2017年4月15日晚上,杭州,《嘉兴日报》记者就徐善曾为祖父写的英文版传记 Chasing The Modern(《志在摩登》)及其他采访了他。

记　者:为什么给这本书取这个书名?

徐善曾:这本书是写给英文读者的,主要想以一个与众不同的视角来展示祖父徐志摩,也是向读者展示一个迈向摩登的中国。如果把标题换成《徐志摩的一生》或《徐志摩生平》,那没有读者会感兴趣。当然,这里面还有一个比较微妙的地方,如果把英文书名改成中文书名,就得稍微改一下,因为中英文读者感兴趣的点不同。如果是中文名,书名或许会被改成《我是天空中的一片云》,

因为这句诗在中国非常有名,再加一个副题:我的祖父徐志摩。但那样的话,或许我该找一个好的传记作家来写。封面画像也可能换成一个西装革履的徐志摩。

记　者: 您是否有出中文版的打算?

徐善曾: 这取决于我什么时候找到那个传记作家。

记　者: 但那就不是您自己的书了。如果把您现在的这本书翻译成中文版,应该在中国也会受欢迎。

徐善曾: 也许你说的是对的。翻译会带上自己的情感,也许他会翻译得非常好。

记　者: 那您还准备写吗?

徐善曾: 徐志摩在中国已经被写得太多了。如果写,我不知道有什么与众不同的角度。读者必须理解我所面临的挑战。在这本书中,我写到了徐志摩的几个非常有影响力的导师,像泰戈尔、罗素,还写了一些我祖母的故事。另外,中文读者也许是知道中国那段历史的……像这些元素,在写作时都要考虑进去。

记　者: 写《志在摩登》这本书,对您来说最大的困难是什么?

徐善曾: 最大的困难是,有那么多的材料得消化吸收,而且绝大多数是中文的。想象一下,你有个祖父是希腊人。

还有一个问题,当我去参加会议时,大家问得最多的,是关于陆小曼和林徽因的问题。

最有趣的是,为了写这本书,我沿着祖父的足迹游历了那么多地方,遇到了那么多人,他们都与祖父有这样那样的联系。

记　者: 关于徐志摩生命中的四个女人(张幼仪、林徽因、陆小曼、凌叔华），您昨天接受媒体采访时的回答很坦率，在书中写到她们时也比较客观理性。写这本书前后，您对她们的看法有改变吗？

徐善曾：我不认为我对她们的看法有改变。从头到尾，我对她们都没有先入为主。因为写作不应该带任何成见，而应该持一种开放的态度。

记　者：在这本书创作前后，您对您祖父的认识是否有所不同？

徐善曾：这个问题我在今天下午的演讲中有所提及。我发现，祖父对祖母不太上心。祖父其实很早就知道，这不是他想要的婚姻。离婚后，在相处过程中，祖父对祖母反而产生了更多的敬意。我们家族至今保留着他们离婚后相互写的信，他们在信中明显表现出相互之间的尊重，这些信从未公之于众，这并不是因为有什么不能见人的内容。

记　者：这些信如果能够整理出版就好了。你们有这个打算吗？

徐善曾：我可以尝试，但首先得确保我能通读这些信。现在我还无法读懂这些信，它们都是中文的。

记　者：还有一个问题，或许比较敏感，如果您不愿意，可以不回答。国内学界有一种声音，说陆小曼临终前希望死后能与徐志摩合葬，后人应该帮她实现这个夙愿。想听听您的想法。

徐善曾：其实，我从来没机会来理解这种诉求。应该有一封父亲写给海宁市政府的信，不知你是否看到过，父亲在信中表达过不想我祖父与陆小曼合葬的意愿。非常自然的，我们这边不赞成他们合葬。我是学物理的，受过良好专业的训练，事情总是要从两面来看，从而做出决定，为什么这样做，或者不这样做。我非常理解那些希望他们合葬的诉求。

（2023年6月修订，综合2012年11月、2017年4月和2018年6月报道）

丰子恺
（1898.11.09—1975.09.15）

　　出生于桐乡石门。漫画家、音乐教育家、文学家、翻译家。与夫人徐力民生有七个孩子，并领养一个：丰陈宝（长女）、丰宛音、丰宁馨（领养）、丰三宝（两岁时早夭）、丰华瞻（长子）、丰元草、丰一吟（幼女）、丰新枚（幼子）。

> 爸爸一直牢记李叔同先生对他说的一句话:"士先器识而后文艺。"意思是说,读书人首重人格修养,其次才是文艺。爸爸平时最崇敬的人就是李叔同先生,经常跟我们讲这位老师的事,也教导我们必须牢记这句话……爸爸留给子女的最好遗产,就是教会了我们为人处世的根本态度。
>
> ——丰一吟

丰子恺后人:
爸爸教导我们牢记"士先器识而后文艺"

■ 朱梁峰

2012年,上海斜土路上一幢普通的民宅,连绵的春雨使得楼下的水泥地面上有不少积水。一位头发几近全白的老人,撑着伞匆匆穿过雨帘,留下矍铄的背影。

邻居们或许不知道,这个笑容和蔼的老太太就是丰子恺的女儿——丰一吟。

丰子恺育有八个子女,按长幼次序分别为:丰陈宝、丰宛音、丰宁馨、丰三宝(两岁时早夭)、丰华瞻、丰元草、丰一吟、丰新枚。丰宁馨虽非亲生,但丰子恺视同己出。

七个子女中,没人承继父业学习绘画。但他们及其第三代、第四代,各有专长,不乏才俊。

长子丰华瞻是《汉英大辞典》的主编,也是中国翻译《格林童话》的第一人。

长女丰陈宝中外文俱佳,在丰子恺研究方面著作甚多,与妹妹丰一吟等合著合编了《丰子恺传》《丰子恺文集》《丰子恺漫画全集》等书。

孙子丰羽为香港地区某证券公司高管,正是他资助盘下了上海"日月楼"的二楼、三楼,成立了丰子恺旧居纪念馆。

曾外孙女倪一珍是丰氏第四代中唯一从事音乐且取得突出成就的人。

84岁的丰一吟,记忆力已不如从前,但说起与父亲丰子恺的点点滴滴,至今历历在目。

如今,丰氏家族已成为一个庞大的家族,分散在世界各地。丰一吟会在每年的春节和清明节,或孤身一人,或携家带口,来到距离上海100公里的桐乡石门湾,听着大运河的水声,怀念那"一片片落英,都含蓄着人间情味"的日子。

"他最大的希望就是子女们快乐"

在丰一吟幼时的记忆中,家里似乎是分成两派的:"爸爸经常带我姐姐和大哥到杭州去;我和二哥则留在家里与妈妈一起生活。所以,我小时候接触父亲的时间较少。"

但丰子恺对孩子们的爱都一样。每次出远门回家,孩子们都会一拥而上,叫着:"好东西,好东西……"而他从不会让孩子们

1958年春节,丰子恺全家在上海家门口合影 被访者供图

失望，有时会从口袋里掏出很稀罕的巧克力，平均分给大家。

一直到1937年，日军轰炸石门，丰子恺带着一家老小逃难，两派才合并成一派。

丰一吟记得很清楚，日军轰炸石门那天，她正在小学上课。听到有飞机和炸弹爆炸的声音，同学们纷纷往家跑。当丰一吟跑到缘缘堂后门时，一枚炸弹就落在她前面不远处，爆炸的气浪掀得她站立不稳。她赶紧绕到前门，发现屋内空无一人，后来发现爸爸在八仙桌下向她招手，一家人都躲在下面。

从此，丰子恺一家开始了长达九年的避难生涯。一行人辗转于桐庐、衢州、上饶、南昌、萍乡、湘潭、长沙、桂林、宜山、遵义、重庆等地，于抗战胜利后的1946年回到杭州。

1997年，拍摄丰子恺逃难之路的电视片时，丰一吟和大姐丰陈宝一起故地重游，沿着当年的路线又走了一遍。一路上，丰一吟发现很多曾经避难的老宅已被拆毁，只在萍乡一避难处还剩下四面墙立在那里。

丰子恺喜欢听京剧，但并不入迷，女儿丰陈宝和丰一吟却是京剧迷。

1948年清明节过后，丰子恺带着两个女儿，专程到上海拜访梅兰芳。此次相见，丰子恺与梅兰芳兴致勃勃地谈京剧、谈漫画、谈电影，气氛非常融洽。

后来，忆起这些，丰一吟感叹："我生在庐山中，不识真面目。直到后来，我才明白他那种对童真的珍视和守护，一言一行都饱含对子女真善美的教育。他认为童年是人生的黄金时代，他从不要求孩子做什么，而是任由我们根据兴趣自由发展，从来不强求我们做什么。他最大的希望就是子女们快乐,所以我们兄弟姐妹七人没有一个人学习绘画、子承父业。"

"爸爸平生最崇敬的人就是李叔同先生"

"爸爸一直牢记李叔同先生对他说的一句话:'士先器识而后文艺。'意思是说,读书人首重人格修养,其次才是文艺。爸爸平生最崇敬的人就是李叔同先生,经常跟我们讲这位老师的事,也教导我们必须牢记这句话。如今我年事已高,有时有人问我一些有关学问的事,甚至要拜我为师,我没什么优秀的特长供人学习,但总送人一句话:'先要学会做个好人。'"丰一吟说,"爸爸留给

2012年2月22日,《嘉兴日报》记者在上海采访丰一吟

摄影 袁培德

子女的最好遗产，就是教会了我们为人处世的根本态度。"

1954年，丰子恺和家人搬到上海长乐邨39弄93号的小楼里，他为之取名为"日月楼"，一直住到1975年去世。

"在日月楼，爸爸几乎每天在家，上午翻译、写文章，下午画画。我后来学的是俄文，从20世纪60年代开始，在上海人民出版社编译所、上海社会科学院文学研究所当过翻译。我和父亲在日月楼合作翻译了俄国作家柯罗连科的长篇小说《我的同时代人的故事》，还有《中小学图书教学法》《音乐的基本知识》等很多书，父亲自己还翻译了日本作家夏目漱石、石川啄木的作品，以及日本古典名著《源氏物语》。"

丰一吟是丰子恺翻译的《源氏物语》的第一个读者。丰子恺每每翻译出一章都让她先读，她读不懂的地方就向他请教，他再解释给她听，她也给他的译稿提意见。"我的日语是爸爸教的，中华人民共和国成立后，爸爸又自学俄语，我也学俄语，以至于我后来从事翻译工作都是受到了爸爸的影响。"

"文化大革命"期间，丰子恺害怕自己的漫画给家人带来不幸，每天早上4时多就起床，瞒着家人偷偷画——《护生画集》第六集100幅画就是这样偷着画完的。

"及时当勉励，岁月不待人"

在被丰一吟笑称为"手枪柄"大小的书桌旁，挂着父亲留给她的唯一一幅字："盛年不重来，一日难再晨。及时当勉励，岁月不待人。"

丰一吟说，如今她越发感觉到这首诗的悲凉。她打开抽屉和书橱，里面密密麻麻两万多张卡片和60本剪报集，都是有关父亲的资料。曾经，她与大姐丰陈宝一起，整理父亲的所有资料。但自从2010年12月丰陈宝过世之后，丰一吟便开始一个人扛起这个沉重的担子。

"1975年父亲去世后，我开始做关于爸爸的研究、整理工作，并重新拿起画笔临摹父亲的绘画。当年浙江文艺出版社来信，要我和大姐一起编辑《丰子恺文集》，因为在那之前没有《丰子恺文集》，只出过画册。"为了编文集，丰一吟和大姐两个人一起到图书馆没日没夜地找资料，单位批评她，说你是在外国文学研究室，不搞翻译研究也就罢了，但有关丰子恺的论文总要写出来吧？"我觉得很为难，我说现在是拓荒，把爸爸的文集先出版，再去搞研究。"

虽然丰一吟做了大量有关丰子恺资料收集整理的工作，但她仍自称是三脚猫："我什么也干不精，所做的这些只是个搬砖的铺垫工作。但即使是搬砖，终归要一块又一块地搬，只有把砖头的数量积累够了才能造出房子来，后来的专家学者才谈得上在丰子恺先生研究的领域里造出高楼大厦。"

1994年，丰一吟被聘为上海文史馆馆员。如今，她的记忆力衰退得厉害，但她颇感欣慰的是，前几年写下了两本回忆录《潇洒风神——我的父亲丰子恺》《我和爸爸丰子恺》。她也出了一本自己的文集《天于我相当厚：丰子恺女儿的自述》。

丰一吟的女儿继承了祖辈的语言天赋，主修日语，但无意继承母亲的事业。丰一吟也没有强迫她。自己除了参加一些与丰子恺有关的展览、研讨会、纪念会，其他一些与版权有关的事情渐渐交给了大姐之子杨子耘。

丰氏后人，俊才辈出

丰子恺晚年，曾绘了一幅漫画《卖花人去路还香》，因此还受到了"批斗"。不过，这幅画倒真应验了丰子恺身后的影响，不仅越来越多的人开始关注丰子恺的著作，丰家后人，更是俊才辈出。

丰子恺的七位子女及其后代，各有专长，分别继承了丰子恺在诗歌、音乐、外语等方面的才华。

长子丰华瞻从小就喜欢古体诗词，1948年至1951年在美国加州大学伯克利分校研究院攻读英国文学，是《汉英大辞典》的主编，也是中国翻译《格林童话》第一人。曾任上海复旦大学外文系教授，主攻比较诗学。主要著作有《中西诗歌比较》《世界神话

丰一吟保存的唯一一幅丰子恺漫画

摄影 袁培德

传说选》，与戚志蓉合著《我的父亲丰子恺》、合编《丰子恺散文选集》《丰子恺论艺术》《丰子恺漫画选》等。

次子丰元草长期从事丰子恺音乐研究。他于1949年11月参军，1951年7月参加中国人民志愿军赴朝鲜参战，1953年复员，1955年到北京音乐出版社，任音乐编辑，直到退休。育有一子一女。

幼子丰新枚曾留学德国，通数国语言，后来定居香港地区任海外专利代表。其子丰羽从事金融行业，为香港证券公司高管。也正是由他资助，丰家后来才盘下"日月楼"的二楼、三楼，成立了丰子恺旧居纪念馆。

长女丰陈宝，中外文水平俱佳，曾任上海译文出版社编辑（编审），上海市文史馆馆员。她在丰子恺研究方面著作甚多，与妹妹丰一吟、丰宛音，弟弟丰元草等合著合编的有《丰子恺传》《丰子恺文集》《丰子恺漫画全集》等，还翻译过英文版《和声乐》《管弦乐法》，俄文版《艺术论》（托尔斯泰著）。丰陈宝的大外孙女倪一珍，师从著名法国长笛教育家、演奏家P-Y Artaud（阿赫多）教授、瑞士长笛大师Peter-Carl Graf（格拉夫），是中国爱乐乐团的首席长笛演奏家，是目前中国大陆唯一能够进入巴黎国立高等音乐学院深造的长笛演奏家，也是丰子恺第四代后人中唯一从事音乐且有突出成就的人。

次女丰宛音曾长期在中学任数学老师，她的大儿子宋菲君毕业于北京大学物理系，是中国科学院的研究员、博士生导师，也是丰家后人中的佼佼者。二儿子宋雪君退休前在上海工程技术大学从事信息管理方面的工作，他与杨子耘一起，接过了家族中丰子恺研究、资料整理的部分重担。女儿宋樱时定居日本，从事文学艺术工作。

宋雪君退休后,和家人轮流担任"日月楼"旧居的接待员。他在电话中说,很多参观者都说他与外公比较像。他回忆,小时候每个星期都到外公家过周末,几个孩子上蹿下跳,在二楼阳台看外公作画,在三楼壁橱躲猫猫,弄得一身灰。而现在,他发起成立了丰子恺研究会,已有100余名会员,其中不乏来自新加坡、日本等国家的海外华人。

丰宁馨曾在杭州大学数学系任副教授,一直居住在杭州,直至去世。

【对话】

"护生者,护心也"

记　者:丰子恺先生的漫画饱含童真,他对子女的教育是不是也有特别之处?

丰一吟:爸爸是很反对当时的学校教育的,所以大姐就是他自己教育的。我们小的时候,他把意大利作家亚米契斯所著的《爱的教育》当作课本给我们读。这本书通篇都贯穿了一个"爱"字。我姐姐哥哥们碰到蚂蚁搬家,不但不去伤害它们,还用小凳子放在蚂蚁搬家的路上请行人绕行。长大后我才知道这叫"护生"。《护生画集》就是这个意思。他在《护生画集》第三集自序中说:"护生者,护心也。去除残忍心,长养慈悲心,然后拿此心来待人处世。这是护生的主要目的。"

爸爸什么东西都整理得井井有条,在哪儿拿了什么,归还时一定要放在原处。至今我也保留着这样的习惯,这些都是爸爸潜移默化地身教给我们的。

记　　者: 丰子恺先生是位多才多艺的艺术家,在平凡的生活中,如何体现出来?

丰一吟: 对他来说,美无处不在。爸爸喜欢带着我们游山玩水,但他有自己的审美观,总是流连于无名之地的美景。他纸笔不离身,看到好的题材就画速写,或酝酿随笔的题材,或记下几句诗词。艺术家,无处不艺术,无时不艺术。有一次,他与阿宝姐、软软姐出游,在一小山村避雨,借来胡琴伴奏,由两个女儿和村民一起唱起了悠扬的《渔光曲》,并写成了著名的随笔《山中避雨》。

记　　者: 丰子恺先生一生最大的爱好是什么?

丰一吟: 爸爸一生有很多爱好,伴随他一生的,可能就是喝酒了。他每天吃饭可以没有菜,但不能没有酒。他曾经差一点定居在台湾地区。当时全国尚未解放,开明书店的老板邀请他去台湾旅游,我们只待了两个月。因为台湾没有绍兴酒,这两个月里喝的酒,还是爸爸的学生通过轮船寄过去的。他觉得这样不行,就回到了大陆,最终回到了上海。他还是最喜欢江南水乡。

记　　者: 您收集了那么多有关丰子恺的资料,目前还有哪些没有完成?

丰一吟: 现在喜欢丰子恺的人虽多,但真正愿意整理这些遗著,埋头做学问的少。另外,爸爸的著作丰富,时间跨度也大,整理起来难度就更大了,有的稿子往往只有我一人知晓来龙去脉和分类方法。

即使有人愿意来参加整理，在指导上也是一件极困难的事。我不得不抓紧时间把丰子恺全集整理出来，留给大家，这是对他最好的纪念，也算对后人有所交代。

记　者：您的父亲曾给生活下过一个论断，他把人生分为三重境界——物质的生活、精神的生活、灵魂的生活。那您觉得，丰子恺先生生活在哪个境界？

丰一吟：爸爸认为弘一法师是生活在灵魂境界的人。爸爸喜欢吃螃蟹，他曾对我说："口腹之欲，无可奈何啊！单凭这一点，我就和弘一大师有天壤之别了。所以他能爬上三楼，而我只能待在二楼向三楼望望。"

补记：2021年12月11日，92岁的丰一吟因病去世，生前任上海市文史馆馆员、上海社会科学院文学研究所副译审。她的主要著述有：《我的同时代人的故事》柯罗连科著，丰子恺、丰一吟合译（1957年）；《丰子恺传》（1983年）；《文学回忆录》柯罗连科著，丰一吟译（1985年）；《潇洒风神——我的父亲丰子恺》（1998年）；《护生书画集》丰一吟临摹（2001年）；《丰子恺儿童画集》丰一吟绘图（2003年）；《我的父亲丰子恺》（2007年）；《我和爸爸丰子恺》（2008年）；《天于我相当厚——丰子恺女儿的自述》（2009年）。

（2012年3月9日首发，2023年7月修订）

陆维钊

（1899.03.03—1980.01.30）

浙江平湖新仓人。书画家、诗人，我国现代高等书法教育的先驱。

育有两子两女：长子陆昭徽、次子陆昭怀、长女陆昭蓉和次女陆昭菊。

> 父亲教我们做人，教我们做一个正直的人，一个正直的知识分子。他在物质方面给我们的并不多，但在精神方面给得很多。
>
> ——陆昭徽

陆维钊后人：
父亲教我们做正直的人

■ 朱梁峰　沈秀红

沙孟海90华诞时，有一位年轻的女记者问他："您是当代书学泰斗，还有哪几位书法家最有代表性？"

沙孟海笑道："我可以告诉你，我的书法在浙江并不算好，比我好的有的是。潘天寿先生不但画得好，他的书法也非常好。还有一位陆维钊先生，他的书法，在我看来，应该是首屈一指的。他们才称得上是浙江书学的泰斗！"

这是著名戏剧评论家沈祖安亲历之事，那时，距离陆维钊先生逝世已经10年了。在很多人听来，"陆维钊"是一个比较陌生的名字；但在书法界，陆维钊作为书法教育史上里程碑式的人物，为人铭记。

1979年陆维钊全家在杭州，前排（从左到右）：陆维钊孙女陆玮、夫人李怀恭、次子昭怀的孩子（双胞胎）、陆维钊、长孙陆宏。后排（从左到右）：小女昭菊、昭怀妻、次子昭怀、长女昭蓉、昭蓉之子、昭蓉丈夫及长子昭徽夫妇　被访者供图

2014年，4月沪上，草木葱茏，春意正浓。在浦东一所公寓内，陆维钊长子陆昭徽向《嘉兴日报》记者忆起父亲，一件件一桩桩，生动丰满地还原了一个"书如其人"的书画艺术家、诗人和教育家。

"一生恭俭让"

父亲以"猪头肉，三不精"自比，喜爱书法，正、草、隶、篆等各体均写；喜欢绘画，山水、花卉；研究戏曲，喜弹琵琶、三弦，也吹箫；攻读中医理论，为人诊脉、开方；读书时期还是足球场上的铁后卫……他早年以诗人自居，潜心文学研究，不想晚年却以书法留名，故而临去世前连声长叹："真可谓一事无成，一事无成啊！"

——陆昭徽

1941年11月，长子陆昭徽的出生，为饱受磨难的陆维钊家带来了久违的欢乐。43岁得子，陆维钊内心感到无限温暖。那时，他应校长江学珠之邀正在松江女中教授国文。

但时局艰险，物价飞涨，负担沉重。1941年12月8日，太平洋战争爆发，日军占领了租界，松江女中被迫第二次停办。没有了生活来源，陆维钊一度依靠朋友接济和鬻字卖画勉强维持一家生计，但断然拒绝了汪伪政府的邀约。

在陆昭徽的记忆中，父亲平时口中总念念有词，说的是平湖乡音，又自成曲调，仿佛在唱山歌。听得多了，昭徽才明白，原来父亲是在吟诗，或是推敲自己的新作。陆维钊一生留下来的诗有1000余首。1918年，19岁的他登临宝石山，俯瞰西湖，写下了"曾记狂吟登绝顶，万山青拥一诗人"的诗句。晚年，他在病榻上回顾一生，写下了"依旧诗人，江水东流不忍听"之句。

早在南京高等师范求学时，陆维钊就参

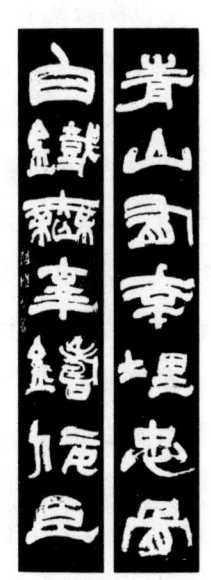

著名的螺扁体（岳飞墓对联） 被访者供图

加了吴梅发起的人文学社"潜社",与赵万里、王季思、唐圭璋等人郊游联欢、填词谱曲。后来逃难到上海,又与胡士莹一起加入了词人集社"午社"。正是在这里,陆维钊认识了叶恭绰先生,并开始协助他编撰《全清词钞》。

陆维钊不仅自己喜爱传统文化,一开始也以旧派作风教育子女。昭徽5岁时,陆维钊就教他认字,继而要他背《三字经》,也教他写毛笔字,要求每天临一页帖,要横平竖直,笔笔有力。这一要求延续到1951年,陆维钊从苏州华东革命大学学习回来以后,整个人大变:衣着由长衫改为中山装,写字由毛笔改为钢笔,也不再要孩子背古文、写毛笔字了。

陆昭徽初中时学习成绩一般,陆维钊没有训斥;高中时明显进步了,毕业考门门满分,他也不怎么表扬。但对儿子死读教科书,语文学习时又是分析课文段落大意,又是分析句子语法结构,不以为然:"人类是先有语言,再总结出语法规则的。"他主张背诵范文,认为这才是学好语文的关键。

陆昭徽说,父亲非常重视"尊师"传统。他上大学后,每逢假期回杭州,父亲都要提醒他去看望小学时的启蒙老师。"父亲的师辈竺可桢、马一浮、张宗祥等,我都随他前往拜谒过,他都要我行太老师礼。"

无论是在浙江大学还是后来在杭州大学教书,陆维钊穿着朴素,像个农民。1960年调往浙江美院,宿舍搬到了涌金门韶华巷59号,一家六口住在二楼的两居室内,没有独立卫生间,没有厨房,喝水还要自己去挑,床上满是跳蚤;窗前放着一张小方桌,这里是陆维钊写字画画备课的书桌，也是接待访客的茶几。

20世纪60年代，陆维钊参与接待过多次日本书法代表团。昭徽问过父亲："依你看，目前中日两国的书法水平究竟谁高？"他回答得很简单："论书写水平，来访的日本书法家也不差，但他们只写唐诗、宋词等古人句子，而我们临场赋诗，书法贵在表达心声。"

1980年1月，医院发出了病危通知，陆维钊仍坚持着在病房里给研究生上了最后一课，他说："不能光埋头写字刻印，首先要紧的是道德学问，少了这个就立不住……'字如其人'，就是这个道理。"

妻子李怀恭给他做了一套呢料中山装，但他一次也没有穿，他说："认识我的，穿着旧衣服也认识我；不认识的，即使穿了再新的衣服，他也不会认识。"陆维钊去世之后，这套全新的中山装便给了昭徽。

在陆维钊的追悼会上，书画大家余任天用10个字概括了他的一生：三绝诗书画，一生恭俭让。

而在子女眼里，"父亲的一生，只是一名普通教员。一方面，他非常幸运，所处的那个年代，让他得以求教的师辈，如王国维、梁启超、柳诒徵、吴梅、叶恭绰、马一浮等人的国学水准，后人恐永难企及。另一方面，他又十分不幸，中年时值日寇侵华，家破人亡；晚年又遇'文化大革命'，落难'牛棚'，磨难不断，劫后余生"。但父亲给他们留下了很多精神财富，尤其是他们这一代人"追求学问的精神，淡泊名利的态度"，给陆昭徽及其他子女都留下了深刻印象。

处世先立人

> 父亲教育我们要诚恳待人,他说:"要一分为二地看人,不能人云亦云。大家都说这个人好,不妨看看他有哪些缺点;都说这个人不好,不妨看看他有没有优点。"他还告诫我们:"记住,朋友落难,应尽力相助,不要因其失意而鄙弃;朋友得意,不妨离他远些,切不可因其得志而趋攀。"
>
> ——陆昭徽

陆维钊是遗腹子,父亲在他出生前就因伤寒病故,由母亲和祖父抚养长大。他亲眼看见多位亲人因病早逝,为此发奋自学中医和中药学。后来眼见从文险恶,从医无望,他越发希望孩子们能实现他悬壶济世的愿望。

1946年清明,陆维钊最后一次回到了平湖,住在放港外婆家,又回新仓祭扫了祖父和母亲的墓地。老宅已经在战争中焚毁,杂草丛生,只剩一个大石臼,是老家唯一的纪念。不久,小儿子昭怀出生,乳名就叫石臼。此行,他还为新仓镇国药店题匾"韩康遗法",此匾至今仍保留在平湖陆维钊书画院。

1956年,昭徽初中毕业,想报考美院附中,征求父亲的意见。他说:"你画画,我不反对,但画画只能是业余爱好。你将来的职业应该是医生,治病救人,一辈子做好事。"高中毕业,陆昭徽却在班主任的影响下,瞒着家人报考了华东师范大学外语系。直到寄来录取通知书,陆维钊才知道儿子没有考医,非常生气。但木已成舟,他只能把希望寄托在次子昭怀、长女昭蓉和次女昭菊身上，还专门召集家人谈了一次。

1964年，昭怀即将高中毕业，填报志愿时，陆维钊亲自参与，让儿子只填了上海第一医学院等四所医学院校，其他志愿一律空白。后来，昭怀如愿考入上海第一医学院，陆维钊专程从杭州赶到上海，与儿子进行了一次长谈。他抚着昭怀的肩膀说："要学好医，必须先立人，这是第一位的……"

昭徽精通俄语，也会英语、日语，主要研究俄罗斯语言文学。他学习日语期间，有一次回杭探亲，早上朗读日语课文。陆维钊看到后认真地跟他说："你学日语我不反对，但日本欠下的笔笔血债，绝不能忘记。当年日本鬼子金山卫登陆，一路烧杀抢掠，我是亲眼看见的。我准备把它写成《日寇金山卫登陆罪行目击记》，你们必须牢记。"

陆昭徽一直在山东师范大学工作到退休。他的儿子陆宏硕士毕业于北京师范大学，博士毕业于华东师范大学，后到多伦多大学进修。陆宏主攻教育技术学，35岁时被评为正教授，兴奋地向父亲报告了这个好消息。没想到，陆昭徽听后淡淡地说："我53岁评上正教授，你爷爷去世前才被告知批准晋升为正教授，这只能说明，正教授一代不如一代了。"陆昭徽原本希望女儿陆玮当一个外语老师，不过显然女儿有自己的追求，坚决报考了浙江传媒学院，后来成为钱江电视台的节目主持人。

昭怀于1970年大学毕业，被分配到石油化工部，派往湖南搞"小三线"建设。1978年调回杭州，到浙江医院工作。曾做过赵朴初、巴金等人的保健医生。他的两个孩子均在杭州，分别从事金融和移动通信方面的工作。

昭蓉在杭州一家企业做财务工作。为了照顾父母，50岁提前退休。她有一个儿子，从事计算机方面的工作。

昭菊初中毕业后，陆维钊没有让她考高中，而是直接去读护校，他认为女孩子做护士最适合。起初，昭菊在遂昌一家医院工作，后来调到浙江大学附属医院。未婚。

如今，陆昭徽早已当上了爷爷和外公。2014年，孙子读高一，外孙女3岁。

陆家至今仍有一个不成文的规矩：小孩不过生日，老人不摆寿宴。"因为父亲不主张过生日，他说，孩子的生日，就是母亲的难日。"

1980年1月30日，陆维钊病逝，留下了不少字画及拓片、书籍、信札等物。怎样处理这些遗产？陆夫人和儿女们很快达成共识——把它们都捐出去，主要是捐给故乡平湖。

2014年4月，陆昭徽在沪接受《嘉兴日报》记者采访

摄影 沈秀红

对他们的慷慨,平湖市给予了热情回应。1995年12月,陆维钊书画院在平湖市正式落成并开放。

2023年7月,记者回访陆昭徽时了解到,近30年,他们的捐赠不曾停止,同时编纂了不少有关陆维钊先生的书籍。

【对话】

"不走歪门邪道,凭知识吃饭"

记　者: 在你眼里,陆维钊先生是一位怎样的父亲?

陆昭徽: 我跟随在父亲身边的日子是比较多的。在学业上,他并不怎么管我们。但他对传统学问的学习方法,与现在完全不一样。平时,他很注意从生活点滴上教我们为人处世的道理。我们家都是木板床、方凳,没有席梦思(床垫)、沙发,他也不主张买电视机,不喜欢看电影。他认为这些享受的东西会消磨人的意志,阻碍人求学的精神。他还要我们认清大是大非。两张被日军锯掉腿的矮桌,拼成了他的书桌,陪伴了他半辈子。我们建议他修一修,他不同意,说:"看到这两张桌子,能提醒我们勿忘国耻。"我大学毕业时,也期望父亲通过关系能把我留在杭州。直至分配方案公布,他始终未开口。他对我说:"作为知识分子,一定要为人正直,不走歪门邪道,凭知识吃饭。"

父亲教我们做人,教我们做一个正直的人、一个正直的知识分子。他在物质方面给我们的并不多，但在精神方面给得很多。

记　者： 陆维钊先生最大的成就在书法上，而这恰恰不是他所希望的，那么他想走怎样一条道路？

陆昭徽： 父亲虽然最初跟随竺可桢学习气象地理，但他骨子里还是喜爱传统国学、诗词歌赋。自1925年进清华大学国学研究院当王国维先生的助教开始，父亲一生从教55年，教大学，也教过中学；教国文，也教书法。他一度想到浙江中医学院（现浙江中医药大学）讲授医古文课。书法在他眼里始终只是怡情之物，而非"本行"。他鼓励我参加体育活动，培养兴趣爱好，跟我说这些都是业余的，本行才是真本事。

记　者： 他对自己晚年以书法家成名颇不满意，认为自己一事无成。作为子女，你们怎样评价自己的父亲？

陆昭徽： 父亲并不赞成草率地对一个人定性，他说："历史都是后人写的，人在的时候、刚死的时候，评价都是不作数的。300年后，人们如果还知道这个人，那时候才是客观的。"

记　者： 在你们家后人中，没有人继承你父亲的传统文化一脉，对此你曾有过遗憾吗？

陆昭徽： 我小的时候，父亲也希望我能熟读"四书""五经"，精通诗书画印。后来时局发生了变化，他越发觉得，文学和政治关系复杂，学文这条道路太危险了。所以他不再主张我们从文，最好全部学医。我大学毕业的论文是研究契诃夫，父亲知道后还特意告诫我："别做文学了，离政治太近。"而回顾我这一生，最遗憾的事是没跟随父亲练字。1978年春节我回杭州，向父亲表示想学隶书。他临了一张汉《张景碑》，让我回去照着临。可惜我练了一段，没能坚持下去。就书法而言,我至今还是门外汉,悔之晚矣。

记　者：你们子女四人主要为陆维钊先生做了哪些事情？

陆昭徽：父亲于1980年离世。1985年7月,鉴于南京大学程千帆先生计划编纂《全清词》,急需资料,母亲和我们兄弟姐妹一起决定,将叶恭绰先生在中华人民共和国成立前赠送给父亲的清词稿本共691种1150册捐赠给了南京大学。1992年7月,我们又将父亲收藏的图书、文物等共计879件,其中包括父亲的书画作品62件,捐赠给了平湖市人民政府。2004年我退休回杭州,至今已20年,一直在整理先父的遗物,出版其遗作。2013年6月,我们将整理出来的古籍图书1129册,以及名人信札91封,作为第二批捐赠给了平湖市人民政府。2020年10月,我们又将陆续整理出来的碑帖拓片共计1204件,作为第三批捐赠给了平湖市人民政府。与此同时,《陆维钊诗词选》（上、下册）于2005年由西泠印社出版社正式出版,该书是我们兄弟姐妹四人自费付印,用繁体字、线装本的形式面世的。《陆维钊书画精品集》则于2009年由中国美术学院出版社出版。而《庄徽室文存——陆维钊诗文集》（上、下册）于2015年由上海书画出版社出版,《陆维钊谈艺录》也于2016年由上海书画出版社出版。作为对家父的回忆,我们还先后编写了《书如其人——回忆父亲陆维钊》（上海书画出版社2013年版）和《君子之交——父亲陆维钊与其师友》（上海书画出版社2020年版）,并将文化名人写给家父的91封信,合集出版了《君子之交——陆维钊书画院院藏信札选》（中国文化艺术出版社2014年版）。目前,《陆维钊全集》全套共8册,正在编纂之中,有望由浙江大学出版社和浙江人民美术出版社于2024年联合出版。

母亲去世时,提议将父亲的书画一分为四,给我们子女。我们商量之后,决定还是统一保存。今后这批书画作品也会捐献出去,以便后人能更好地研究。

(2014年5月23日首发,2023年7月修订)

唐兰
（1901.01.09—1979.01.11）

浙江嘉兴人。古文字学家、金石学家、历史学家。他是中国认识甲骨文最多的学者；守护故宫长达27年，是故宫学的主要开拓者之一。著有《古文字学导论》《中国文字学》等学术专著。

唐兰生有四子：唐震年、唐复年、唐豫年和唐益年。

> 父亲既正统,又能接受新事物。最可贵的是,在学术上他骨头很硬,从不低头,很有独立见解。不为亲者讳,不为尊者讳,他支持正常的学术争论。
>
> ——唐益年

唐兰后人:
最可贵的是,在学术上父亲骨头很硬

■ 沈秀红 陈苏

2014年5月3日下午3时许,嘉兴月河北秀水兜"唐兰故居"前,来了一对气质淡雅平易的老人,他们是从北京远道而来的唐兰第四子唐益年和夫人,提着两大盒北京特产,从嘉兴城南下榻的酒店乘坐公交车一路寻访而来。这是唐益年第二次来嘉兴,距第一次来禾寻根一晃九年了。上一次也是坐的公交车,说是不想打扰有关部门。

唐兰故居,是一幢砖木结构的两层楼房,只是外墙愈加斑驳,无声诉说着岁月的沧桑——它们是1929年由唐兰的父亲唐熊徵将两间平房翻建而成的楼房,西首紧邻着唐兰出生的一间两层楼房。三房原来有三个连号门牌:秀水兜105号、106号和107号。唐

1957年,唐兰夫妇与四个儿子合影

被访者供图

出生的 107 号于多年前被拆，变成了一个新的仿古建筑，如今挂着一家物业公司的牌子，门牌号变成了秀水兜 31 号和 33 号；2000 年被立为嘉兴市文保单位的"唐兰故居"，白墙上五个红字——秀水兜 67。

敲了好一阵门，唐益年的堂嫂戴桂宝应声而出，愣了几秒，很快惊喜相认："是益年啊！"随即亲亲热热迎进屋。2010 年唐益年的堂兄唐巽年去世后，他的妻子戴桂宝和女儿仍住在这个已住了数十年的老宅里。他们一家，是月河改造后唯一没有动迁的原住民。抚摸着当年父亲曾经用过的书桌，唐益年的目光似乎穿过时间的长河，看到父亲从这里出发。

"学术之中，父亲斤斤计较；学术之外，父亲豁达大度"

"父亲既正统，又能接受新事物。最可贵的是，在学术上他骨头很硬，从不低头，很有独立见解。不为亲者讳，不为尊者讳，他支持正常的学术争论。"

唐益年曾长期和父亲生活在一起，特别是 1973 年以后，他一直生活在父亲身边。空时，父子俩也常会聊些往事。但对父亲早年的求学经历，他一直不是很清楚，直到后来嘉兴人鲍志华写出《唐兰传》，他才了解父亲的少年时代。

"父亲没有进过高等学府，他自学成才，学的却是最深奥的学问。"

少年唐兰被经商的父亲送进嘉兴乙种商业学校学商，但他并不喜欢，反而对国学兴趣浓厚。在校长范克农的帮助下，他坚持自学。范克农还将他推荐给了国学大师沈曾植。正是在后者的保举下，唐兰进了当时国学精英的摇篮——无锡国学专修馆。

在这里，唐兰开始对国学的根本——小学（古代把研究文字训诂音韵方面的学问叫小学）感兴趣，他"发愤治小学"。"父亲在无锡国专的学习仍以自学为主，老师会给题目，学生自己看书为主，老师辅以释疑。"

他自学颇有方法，进步神速。对当时的古文字学大家罗振玉、王国维的学术观点，"颇有订正"，他写信给罗振玉，"驰书扣所疑"，竟"大获称许"。罗振玉曾在给王国维的信中提及唐兰。及至后来，唐兰写信给王国维时，王国维并不意外，并邀请唐兰到上海寓所。两人初见便"抵掌而谈，遂至竟日"。此后数年，这对嘉兴老乡，一直过从甚密。

"罗振玉和王国维对父亲的评价都很高，父亲毕业后北上，更推荐父亲去周学熙家任家庭教师。父亲很尊敬他们，但这和学术上的争论是两回事。他不为尊者讳。"唐兰在打破古文字学"六书"说，建立"三书"说［形符（象形）、意符（象意）、声符（象声）］时，批评罗振玉考释甲骨文的方法"开后来叶玉森辈妄说文字的恶例"。在《中

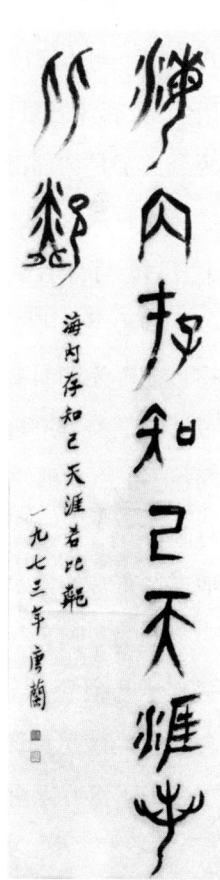

唐兰金石甲骨文书法作品　范笑我供图

国文字学》一书中,唐兰说罗、王二人"只能算文献学家,他们的学问是多方面的,偶然也研究古文字,但并没有系统"。在书中,唐兰有理有据、指名道姓地批评过很多古文字学研究的学者名家。

"父亲在学术上,骨头很硬,很有自己的想法。哪怕是对自己的莫逆之交郭沫若,他也会坦言批评。越王勾践剑的发现就是典型代表。"唐益年还记得当时湖北发现一把古剑,上有两行鸟篆铭文,八个字,初步解读出铭文中的六个字,分别为"越王""自作(乍)用剑",郭沫若赞同方壮猷的初步研究,他认为此剑上不能确定的两个文字是"邵滑",甚至认为"邵滑"是越王玉的名字。唐兰经过考证后认为,这两字应该是"鸠浅",是"勾践"的通假字。"两个月后,郭沫若承认父亲观点,'越王剑,细审确是勾践之剑'。"

1976年,唐兰根据马王堆出土的大量帛书、大汶口出土的文物,在《光明日报》连续发表多篇文章,提出中国的历史应从黄帝始,已有6000多年的文明史。这在当时影响极大,引发争论。"我记得,《光明日报》把一篇批评文章寄给父亲,父亲觉得对方有自己的学术观点,属于学术争论,他建议《光明日报》刊登。他支持正常的学术争论。"

"父亲虚怀若谷,并不狭隘。"在《忆父亲唐兰》一文中,唐兰次子唐复年回忆,父亲不是研究美术史的,但在故宫工作时,为了提高展览的陈列水平,他曾率领相关业务人员到中央美院听著名美术史专家讲课,自始而终,从不缺席。

"学术之中,父亲斤斤计较;学术之外,父亲豁达大度。"1952年,唐兰被调到故宫做研究员,定级定的是三级研究员。"院长向父亲解释,按照他在北京大学的资历,应该是一级,但当时的文物考古界,定到三级是到顶了。直到20世纪70年代,马王堆考古小组开会时,他的学生朱德熙、裘锡圭等人还开玩笑说:'我们没法儿和唐老一起说话,唐老是三级,我们是一级。'但父亲毫不在意。"

"父亲是突然中风后去世的。那段时间他太累了。"1978年,唐兰先到陕西宝鸡田野考古,回到北京后,紧接着参加全国政协会议,会议结束后又开社科十年规划会议。"开完会,他连夜赶写了十年规划,第二天早晨乘飞机去香港。"这在当时是很轰动的事,中国出土文物展览团第一次访问香港地区,与当地文化界进行学术交流。唐益年记得父亲在香港就病了:"回北京后,脑梗就犯了。一年后,突然就去了。"

"潜移默化的事情太多了"

"徐艺圃馆长(著名清史专家,曾任中国第一历史档案馆馆长)曾对我说:'我看中你是因为你血管里流着你们老爷子的血。'确实,我们兄弟表面上很谦和,但骨子里还是很硬的。"

唐益年兄弟四人,他最小,他们的名字由父亲唐兰取自《易经》六十四卦。

大哥唐震年,1936年生于北京,天津大学学机械,毕业后被分配到湖南长沙地质学校,1962年调到江西南昌二机部地质勘探大队下属机器修配厂,工程师,2012年去世。

二哥唐复年,1938年生于北京,高中毕业后去边疆。1979年父亲去世后,调到故宫,整理和出版了父亲唐兰的两部遗著《西周青铜器铭文分代史徵》《殷墟文字综述》。20 世纪 80 年代，曾到嘉兴寻根，有为父亲唐兰写传的意愿，后因脑梗、脑出血和脑萎缩丧失了写作能力。2008 年去世。

三哥唐豫年，1945 年生于昆明，在天津大学学光学精密仪器，毕业后被分配到西北轴承总厂，后被调到山西大同机车厂，工程师。

唐益年 1947 年生于北京，1966 年高中毕业，到内蒙古插队，1973 年回京，进入故宫明清档案部，也就是中国第一历史档案馆，从事档案学及明清史、近代史研究，研究馆员。

"我和二哥都是半路出家。父亲虽然在国学上造诣很深，但

2014 年 5 月，唐益年在唐兰故居接受《嘉兴日报》记者采访

摄影 芷扬

从未专门培养过我们。父亲最初希望我大哥能继承他，跟他学。"1956年，唐震年上大学，选的却是理工。唐益年揣度大哥的选择是受大环境影响，当时向科学进军，学理工是流行，也有避开政治风波的意思。"父亲当时并未干涉。后来对我们也不再提。"

唐益年在内蒙古插队时，在农村待了三年，后来到电台做了记者。因为父亲年岁渐长，按照政策，单身的他被调回北京。原想继续做记者，机缘之下，他去了故宫。恢复高考时，原想参加高考，父亲却病了，后来再想考，年龄又过了，在故宫一待就是大半辈子。"刚进故宫时，我告诉父亲是明清部，他觉得不错，总算是走上和他近似的一条道。"

唐益年原本有机会跟着父亲做古文字研究。那是1978年，故宫要给父亲配助手，有人提议，让唐益年去。"父亲虽然觉得我一点基础没有，但也同意了。没想到调令已经发到明清部，父亲却去世了。"

唐兰突然去世后，他的两本书《西周青铜器铭文分代史徵》《殷墟文字综述》都未能完成。故宫急需有人帮他整理遗作。"家里觉得，我当时已经在故宫了，而二哥却还在东北，母亲年纪大了，总希望多个孩子在身边。"唐益年谈起二哥，不由唏嘘，"二哥比较叛逆，高中毕业后自愿去了茶淀青年农场。农场解散后，要保送他去北京大学，他不去，去了北京市公安局。1959年又去了北京市公安局在黑龙江的兴凯湖劳改农场。"

被调到故宫的唐复年，1982年在吉林大学高级研修班师从于省吾，学古文字学研究，此后一直在故宫博物院研究室整理父亲遗作。"我觉得二哥其实是累死的。因为是半路出家，基础差，他每天都工作到半夜，甚至通宵。他有高血压，结果越来越严重。第一本书还没有大问题；到第二本书时，能看出来他身体已经变差，脑子也不好使了，这本书错误也比较多。"

说起父亲对自己的影响，唐益年说，潜移默化的事情太多了。

"要博览群书，看东西一定要多，要博，不能太死抠。父亲确实太聪明了。

"父亲为人为事对我影响最大的，第一，不事权贵，甭管你是谁；第二，不争名利地位，我这点特别像我父亲。从我内心、骨子里，继承我父亲的是从不趋炎附势。"

影响大的，还有一个，是治学态度。

刚到故宫，成天钻故纸堆，唐益年不习惯，一坐下眼皮就打架，半年后才钻进去。"父亲告诉我，你得读书。一部百衲本二十四史，就够你读的。"那些书，没标点，唐益年读得很费力，一知半解。"父亲一直监督我。过了一周，他问我读了多少，我说读了两本史记。他说：'那还行？太慢了，你不能这么读。要通读，读得非常快，有时间再通读，读多了，自然就通了。'"唐益年说，父亲唐兰治学能力很强，过目不忘。当时有报道，一位教授治学勤奋，积累了几万张卡片。唐兰告诉儿子，他一张卡片都没有，但家里5000多册书，哪本书说什么，哪句话在多少页，他一翻就能翻出来。

唐益年的第一篇论文是父亲帮他改的，题目是《清代内务府初探》。"他很希望我确确实实地做出成绩。我唯一可以告慰他的是，我确确实实做出点成绩了。只是远没达到他期望的程度。"

在清史档案界，唐益年的研究小有名气。他对太平天国、洋务运动,都有独到观点;在清代宫廷史,国内清史界承认他是清宫太监研究第一人。第一历史档案馆有关清宫太监的档案多达几十万件,都是他整理的。1994年,他出了一本书——《清宫太监》。

【对话】

"只要人还在,思想在"

记　者:在您心目中,父亲唐兰最大的成就是什么?

唐益年:父亲在中国古文字文献研究领域里,是宗师级人物。他写的《中国古文字学》《古文字导论》等书,直到现在还是大学中文古文献研究的基本教材。

记　者:嘉兴人鲍志华著《唐兰传》,这是目前唯一较为详细地记述您父亲的资料,您和二哥唐复年都在故宫工作,或从事历史研究,或从事文字学,你们为什么没有亲自为父亲写传?

唐益年:那时候,我的工作特别忙,国家重点工程清史项目正在进行,我根本无暇他顾。二哥整理父亲的遗著已经耗尽全部心神,他的身体也不好。

父亲早年很多事,我都不知道。我曾在故宫找父亲的旧档,希望找到父亲的自传,但档案中没有。鲍志华在嘉兴收集了很多资料,他把父亲求学的经历找到了,弥补了我们的遗憾。他把稿子寄给我看,我就我所了解的史实,澄清了一些细节。2005年,我第一次回家乡，就是和他们一起敲定这本书。

记　者：您父亲作为一位著名的古文字学家、金石学家，有关他的资料非常少，后人对其了解也不多，主要原因是什么？

唐益年：这个问题我没研究过。我感觉有一点，（就是）父亲没留过洋，没受过高等教育，（在别人眼里）是土包子，这可能是很重要的一点。还有些可能是历史原因。北平快和平解放时，国民党曾派飞机到北平接一批教授，也有父亲的名字，但父亲没走。（记者：他后悔过吗？）他和我聊天时提到这事，从未后悔，哪怕是在"文化大革命"期间。

记　者：听说您父亲与胡适的关系特别好？

唐益年：在西南联合大学，任命父亲做北京大学代理中文系主任，可能是胡适和朱家骅。（20世纪）50年代，北京大学（批胡）运动，和胡适划清关系，就有人说我父亲，和胡适的关系说不清楚。

记　者："文化大革命"时您父亲受的冲击大吗？

唐益年："文化大革命"时受的冲击比较大。他是故宫博物院副院长，是"黑帮分子"。我一直戴着"黑帮子女"的帽子。当时只有我和父母在一起生活。他被关在故宫"牛棚"里接受劳动改造，不准回家，送衣服的都是我。我特别害怕父亲想不开，他跟我说"你放心"。我父亲是一个乐天派，根本没有想不开的事情。但我记得1966年那段时间，半夜会忽然听到父亲在梦里大喊大叫，做噩梦，他内心里其实是害怕的。

"文化大革命"时"抄家"，把父亲的手稿抄走很多，后来归还了一些，但好多都没有了，损失好几百万字。当时父亲说："找不着就找不着了吧,只要人还在,思想在,我再写十年还是能写出来。"这都是父亲和我说的。

记　者:但最终还是没来得及写。

唐益年:父亲去世时,非常快,五分钟就走了,什么话都没留。

记　者:有个问题可能比较敏感,反右时"批斗"陈梦家(古文字学家、考古学家),您父亲也参与了,您怎么看?

唐益年:父亲反对中国文字改革走拉丁道路,主张走中国传统的部首拼音,学术界很多人批评他,公开支持他的只有陈梦家。后来陈梦家被打成"右派","批判"陈梦家是无奈之举。父亲跟我说过,他不批(陈),过不了关。我不认为父亲趋炎附势。

记　者:唐兰先生对你们的教育有何特点?

唐益年:父亲是严父。他在家里是绝对的权威,不大说话,却有分量。他从没打骂过我们,实际上,他对我们管得很少。我们的学习成绩,他从来不管。在我的记忆中,他没参加过我的一次家长会。他只参加过一次三哥的家长会,因为他在学校逃学,要留级。回来后,他和三哥只说了一句"你让我丢脸啊"。他自己是自学成才,也不认为高等教育是唯一的成才方式。这点跟沈从文一样,两个人关系也特别好。

虽然没觉得他严在哪里,我们在父亲跟前老实极了,他的威严在无形之中。小时候就知道他很厉害,对他还是蛮崇拜的。

(2014年7月11日首发,2023年7月修订)

史东山
（1902.12.29—1955.02.23）

浙江海宁硖石人，祖居硖石横头街，生于杭州。中国电影事业的奠基人之一。

史东山和夫人华旦妮共养育五个儿女：史大千（长子）、史大中、史大正、史大同（长女）、史大里（幼女）。

> 在必要的时候可以为国家献出自己的生命,奉献精神、献身精神,这是爸爸对我们的教育。我们直到现在不计较待遇,不计报酬,这是爸爸传承给我们的。
>
> ——史大同

史东山后人:
我把爸爸的学习奋斗精神传给了儿子

■ 许金艳

史东山,电影圈内人称"东老"。在其53年短暂的人生里,共参与了31部电影和7部话剧的制作,代表作《八千里路云和月》和《新儿女英雄传》,被誉为"为战后中国电影艺术奠下了基石"。

其中取材于随军抗敌演剧队队员艰苦生活的《八千里路云和月》,创造了当时中国电影的最高票房纪录;1951年编导的影片《新儿女英雄传》,获第六届卡罗维发利国际电影节"导演特别荣誉奖",这是20世纪50年代在国际电影节上获得导演奖的唯一中国导演。

在时代的大潮里,作为一个艺术家,史东山经历了电影在国家民族变迁大背景下的起起落落,"基本显示出20世纪上半叶中国电影发展的全部脉络"(北京大学艺术系教授李道新语)。

1940年夏，史东山夫妇和孩子们合影　史大同供图

他的一生，就如他在遗训中所说的那样："我们是艺术家，是现实社会所需要的为人民服务的艺术家，决不是翱翔在天空中，与社会隔绝的，仅知自我陶醉的名士。"

记者采访时的2012年，是史东山诞辰110周年。而他的后人，依然活跃在他所热爱的电影事业上。

"追求完美，对工作很严格"

中华人民共和国成立后在电影剧本创作所工作，后来做了史东山女婿的王云人（长女史大同的丈夫，退休前是中国电影基金会的秘书长）向记者回忆："我们住一个大院，他年轻时候很帅，一表人才，穿着西装、领带，皮鞋擦得很亮，院里的人都很尊敬他，大家都叫他'东老'。电影圈里，大家都知道东老。"

从海宁硖石走出去的东老，是一位自学成才的大导演。

17岁那年，当中学算术老师的父亲病逝，作为长子，为了养家的重担，他辗转北平、天津、张家口做报务员。可是，小职员的生活很苦闷。仆仆风尘中，这位青年来到了上海。

20岁出头，他被介绍去电影《古井重波记》担任一个角色，这是他走入电影界的开始。

除了参演，他还搞美工、灯光、剪接、洗印工作。

人这一生，半为社会，半为自己——这是他20岁时贴在床边的座右铭。

23岁时，他编导了电影《杨花恨》。这是他做电影编导的第一部作品。这个身在大动乱中的江南才子展露了他的编导才能。当时也在上海的作家周瘦鹃在报上写文章说"史东山是电影界的妙才"。

年轻时代的史东山在当时的上海名噪一时。在拍了《杨花恨》的第二年，他转入联华的前身——大中华百合公司，导演了《同居之爱》《儿孙福》。《儿孙福》成为早期中国电影的代表作之一。

20世纪20年代的中国，刚刚接触电影，还处在无声片的时代。电影屏幕上很多是鸳鸯蝴蝶派作品、武侠神鬼片。史东山的电影则从表现小市民的身边小事、关注女性的处境和爱情，到关注时代的最强音逐渐演化，他的世界观也是一天天扩展开来。

20世纪30年代，13岁的郭维（当代电影导演，33岁拍摄电影《董存瑞》）在北平粉子胡同成城中学念初中一年级的时候，在一家小电影院看了《王氏四侠》。电影演了什么、演员是谁，他都忘了，唯独记下了导演的名字：史东山。

很多人和郭维一样，从银幕上记住史东山这个醒目独特的名字，而东山之名正是源于他家门后那座东山。

中国的进步电影事业始于20世纪30年代初期，史东山书写了其中重要一页。

"1928年，父母结婚后，田汉就是家里的常客，他们是好朋友。通过田汉，父亲认识了地下党夏衍、阳翰笙等人，他们经常在家里开会。"在回忆父亲走上左翼电影事业的往事时，史大同如此说道。

老电影人都说，东老脾气大，但为人正直、工作严肃。

在重庆时，曾有一个剧团举行过测试，让大家自由投票表示愿意跟哪一位导演合作，结果有百分之九十以上的同志愿意与史东山合作。这成为电影界的佳话，也可以想象当年的史东山在电影戏剧界的威望。

"我父亲追求完美，对工作很严格，对人和蔼可亲，他批评人家，人家也心服口服，因为他说得对。"史大同说。

他和蔡楚生被认为是中华人民共和国成立前的影坛双雄，史东山成名略早于蔡楚生，且素有"伯乐"之誉。史东山于20世纪30年代初在老联华公司当导演时，发现明星公司副导演蔡楚生是个不可多得的人才，就与几位导演联名推荐蔡楚生进入联华当导演。

1947年，在上海摄制的故事片里，可与《一江春水向东流》

媲美的，要数《八千里路云和月》。它们都轰动当时，也是两人的代表作。20世纪40年代中国电影纪实风格的张扬是中国电影现代变革中的重要一面，《八千里路云和月》正是这一变革步伐中的一部开山之作。

1930年3月，史东山加入左联。他是14年抗战中拍摄抗日电影、导演抗日话剧最多的一位电影导演。

"正派，正直，不随波逐流"

史东山和夫人华旦妮一生共养育了五个儿女。至今健在的只有长女史大同，她退休前在北京电影制片厂做塑型化妆。史大同出生于1934年5月，她天性里有父亲的影子：执着、认真、勤奋。

"在我一生中，最大的遗憾就是，由于爸爸一生为革命，先后在抗日战争、解放战争和抗美援朝时，三次与我们告别，长期忍受着骨肉分离之苦。实际上，从1937年我3岁记事起，直到1955年2月23日爸爸去世，我真正和他生活在一起的时间还不到四年。但是，他给我的教育和影响是极其深刻的，以至于影响了我的一生。"

1937年，史大同3岁时，史东山告别妻儿去了当时的抗日中心武汉，参加由共产党领导下的中国电影制片厂，以极大的热情完成了我国第一部抗战电影《保卫我们的土地》。

"武汉沦陷了，他和周总理一起迁移到重庆，继续拍摄抗日电影。我6岁时，妈妈带着三个哥哥冒着炮火，辗转去重庆找爸爸。"

史大同被留在上海亲戚家里,一直到抗战胜利。"等他回来,我已经 12 岁了。"

在她上小学的时候,父亲托人给她带来一封信,当时她还看不懂这封信,别人念给她听,信中的一段话令她铭记一生:"一个人从小要热爱劳动,自己的事自己做,不要依赖别人。劳动是光荣的,不劳动才可耻。一个不爱劳动,整天好吃懒做的人,就会像猪一样蠢。"

"我深爱我的爸爸,从小就养成了勤劳的习惯,一直保持至今。"

抗战胜利后的第二年,她回到父亲身边,但父亲和她只在上海共同生活了两年,就又再次分别。"爸爸是一个严肃的艺术家,他把全部时间放在了事业上,没有时间陪我们玩耍和聊天。"

对把女儿长期寄养在亲戚家里,史东山心里有深深的内疚。"所以,1949 年上海一解放,他就第一个把我接到北平,留在他身边。爸爸补偿给了我很多的父爱,那一年我 15 岁。"

父女俩住在招待所——前门远东饭店。"爸爸每天去开会,参加第一届全国文代会,我一个人待在招待所,当时还没找到学校,人家都开学了,我就哭了。爸爸就搂着我说:'你爸爸也没上多少学,小的时候家里很贫穷……读到初中就失学了,后来全是爸爸自己刻苦自学的。所以,人的一生一定要靠你自己去努力奋斗。奋斗,你懂吗?'"

15 岁的史大同心里非常崇敬她的父亲,"奋斗"两字刻上她的心头,她在不知不觉中学习着父亲。"无论把自己放在哪里,对自己都严要求、高标准。"

1950 年,《新儿女英雄传》正式开拍之际,朝鲜战争爆发,16

岁的史大同在自己的坚持下参了军。"虽然爸爸从小离开我,但我很理解他的爱国心,从小刻在脑子里,他是爱国的,国家号召保家卫国,我要像爸爸那样站出来,我要参军。"

参军那天,她到北京电影学院摄影棚和父亲告别,生平第一次看见刚强的父亲掉下眼泪。"在必要的时候可以为国家献出自己的生命,奉献精神、献身精神,这是爸爸对我们的教育。我们直到现在不计较待遇,不计报酬,这是爸爸传承给我们的。"

"文化大革命"结束后,史大同已经45岁,开始自学英语,现在她能做到与外宾对话,给中央电视台翻译剧本,并于62岁开始学电脑。"包括从我做母亲开始,我完全靠自学为孩子做衣服,

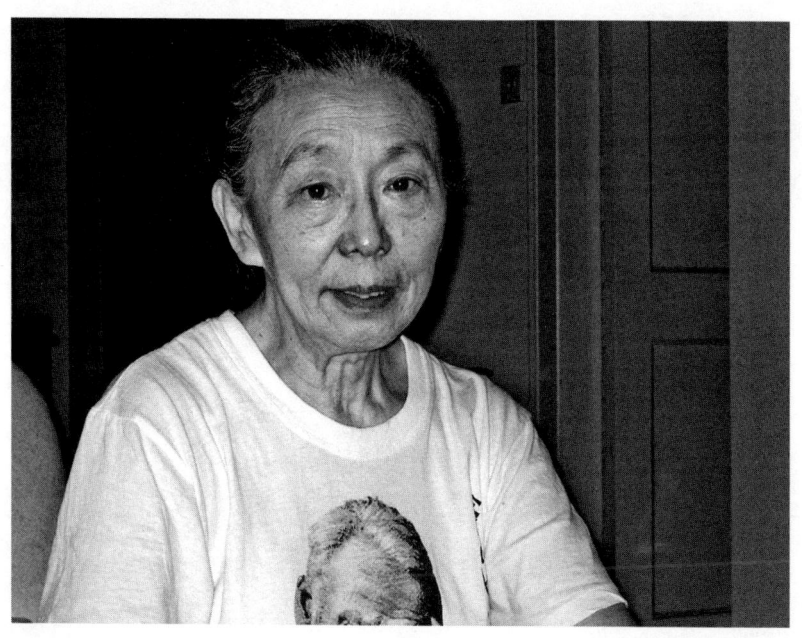

史大同近照　摄影 许颜

这都受益于爸爸从小对我的教育和榜样的力量。"

史大同说:"爸爸走前没有给我们留下一分钱,但他给我们留下了思想财富。我崇拜他,我就学他,我孩子就学我。我把爸爸的这种学习奋斗精神传给了我的两个儿子。"在史大同看来,史家人的家风,正是演员白杨说她父亲的正派和正气:"正派,正直,不随波逐流,我们家有这个传统。做人做事力求完美,都有这么一个劲头。"

史大同的两个儿子王晓昀、王晓康在改革开放初期相继出国留学,王晓昀是数据库软件工程工具之一 Power Designer(电源设计师)的创始人,任法国巴黎 SAP(思爱普)软件公司的总设计师。"他在国外 33 年,一直没加入外籍。"

王晓康受外公影响,从小热爱艺术,爱画画,爱写作。毕业于美国洛杉矶南加利福尼亚大学电影电视学院。曾自编、自导、自剪、自己独立制片,拍摄了两部英文专题片《目的地——拉萨》和《喜马拉雅的传奇》。现从事高级管理工作。

史东山的大儿子史大千也是一位导演,代表作品有《青年鲁班》《红色背篓》,于 1985 年病逝。1955 年,史大千考入北京电影学院"导演专修班",从此开始电影艺术生涯。

1954 年 9 月底,史东山在他离开人世不久前,曾接到邀他出任北京电影学院院长兼教授的公函。这是他梦寐以求培养电影新人的舞台。史大千的第二个儿子史晨风正是毕业于北京电影学院导演系,20 世纪 80 年代轰动一时的电影《最后的疯狂》,就由他导演。哥哥史晨原是该片编剧,现从商。三代人的道路也折射出中国电影史的演变。

史东山的二儿子史大中,小学毕业后考入重庆幼年空军学校。

中华人民共和国成立后,他怀着满腔爱国热情回到北京,积极为中国航空事业服务,在"文化大革命"结束后病逝。史大中的两个儿子史少杰、史少凡都从事技术工作。史少杰在德企工作,他说:"爷爷是一个正直善良的知识分子。不随波逐流,坚持自己的观点。爷爷这种精神才是中国人的希望。"史少凡在清华大学信息研究院搞科研工作。在他自己的工作上,他和他的祖父一样也追求完美。

第三个儿子史大正,毕业于上海音乐学校钢琴系,后成为上海青年钢琴家。2010年去世。

史东山的幼女史大里是我国第一代芭蕾舞演员,曾任中国舞蹈家协会常务副主席。2010年去世。

史大里的女儿张晓华,毕业于深圳大学建筑系,现从商。

史晨风在北京家中接受采访　摄影 许颜

【对话】

"我对他的崇敬要比对他的电影的崇敬更大"

史东山孙辈里,没有一人见过祖父史东山,祖父对他们的影响却流在血液里。

史晨风是史家后代中目前唯一还在从事影视创作的人。他30岁拍了自己的第一部片子。当年由海青、小沈阳主演的热播剧《后厨》,他是总导演。

记　者: 你也是一位导演,你祖父的作品,比如代表作《八千里路云和月》《新儿女英雄传》,你看过吗?感觉如何?

史晨风: 看过,作为一个同行人,我感到很惭愧。从纯电影史的角度,我认为20世纪30年代(起)是中国电影的黄金时代,它影片的样态、种类,它的表达,我认为都很宽泛、宽松,而且很自由。我祖父那一代,像史东山、蔡楚生等,他们确实拍出了那个时代的风貌、那个时代的印记、那个时代整个社会的缩影。

我不认为祖孙三代或者四代从影,这个事情有什么好,是值得炫耀的。

记　者: 但这也可以看作前辈对后辈的影响?

史晨风: 我认为,从一个更宽泛的角度,这是封建的、封闭的社会造成的。当然,我们有些"近水楼台",受些熏陶,会有些素质教育,或者血液里有一些(基因)。

记　者：你觉得你们史家人有什么特点？

史晨风：史家人的特点，我一直很想继承下来。可能说高一点，是作为知识分子的独立人格，这一点在我爷爷那一代人身上可能凸显鲜明。他除了在艺术上有那些独到的见地和审美，还有对自身人格独立的精神思考。这个精神，我认为其实是当下最应该倡导的精神。从这个角度来说，我对他的崇敬要比对他的电影的崇敬更大。

从父辈到我们这一辈，我们也不断思考。当然，我们可能没有他们那样的勇气，也不排除我们有当下应该做人的准则。

记　者：你的父亲去世也蛮早，他也是位导演。

史晨风：他在1985年去世。他是一位曾经拍过不错的几部电影的导演，经历过"文化大革命"，50岁出头，那么渴望拍戏，最后为了拍一个私人投资的小小的电视剧，七万块（钱），居然死在那里（因受到投资人恐吓而发病）。

他的悲剧，我很难过。我哥哥后来去下海，去做生意，可能也有这方面的原因。

我父亲在死之前，跟我爷爷，在某种意义上，好像是一次重复，让我觉得非常震撼。

我父亲不是一个生活情趣很丰富的人。他除了拍电影、读书，在我的记忆里，他很少带我们出去玩。后来，我觉得，他们这批知识分子都存在这样的问题，他们都过于执着和单纯，单纯到只会拍电影。

我看到他们两代人之后，我就在想，我们怎么办？我们要热爱生活。我认为，生活在某种意义上来说，是人生命中最主要的一部分，你所热爱的电影不能是唯一的生活内容，不能让那个东西弥漫到所有的生活领域中去。比如说，生活中所有的情趣，夫妻的、父女的，甚至去旅游，去看大好河山，去吃菜，那都是乐趣啊。但是，对他们来讲，没有。他们的一生，只会做一件事。

记　者： 你父亲说起过你祖父吗？

史晨风： 他对自己的父亲，我能感觉出来是很敬仰的，我也能感觉出来，他想努力赶上并超越祖父，但没有做到。

在他给我描述的祖父形象里，他觉得祖父是一个不苟言笑的人。圈里人都知道，史东山是个"铁剧本"。他在生活中非常严肃，一丝不苟。我有时会想，我怎么没继承（祖父的性格），我完全是一个在现场即兴、天马行空的人。

记：者： 如果用几个形容词形容你祖父、你父亲和你自己，你愿意用哪几个词？

史晨风： 祖父是一位具有浪漫气质的很严谨的艺术家，同时有很强的人文情怀；父亲，我只能说父亲是一个电影导演，他继承了我祖父的一些特质，他执着、坚持，他也是一生用自己的生命热爱自己职业的人；我是一个不太像是这个时代的人，我是一个散淡、有自身准则的人。

记　者： 你们三个人之间有共性吗？

史晨风： 有，不随波逐流，不人云亦云，有所坚持。热爱是最重要的，我们这三代人用生命热爱自己的职业，但因为所处时代不一样，呈现的方式不一样。

（2012年10月26日首发，2023年7月修订）

孔另境
（1904.07.19—1972.09.18）

浙江桐乡乌镇人。作家、出版家、文史学家。

孔另境有七个子女：孔建英、孔海珠、孔胜芳、孔乃茜、孔伟成、孔卫平、孔明珠。

名门家风

> 孔家的家风可以用父亲在乌镇的孔另境纪念馆进门处他的塑像旁牌匾上的一段话来总结:"人是感情的动物,也是理智的动物。因为有感情,所以不能忘记过去;因为有理智,所以认识现实和理想将来。"
>
> ——孔明珠

孔另境后人:
父亲一生影响我们"做一个大写的人"

■ 朱梁峰

2013年清明节那天,孔明珠和哥哥姐姐们早早地来到上海龙华公墓,祭奠父亲孔另境和母亲金韵琴。

站在墓前,孔明珠耳畔仿佛又响起父亲告诫他们的话语:"再不好的日子,也要努力笑着去过。"她多想亲口告诉父亲,再艰难的日子,都会过去的。

4月8日,清明节刚过,《嘉兴日报》记者对话孔另境大女儿孔海珠、小女儿孔明珠,听她们追忆父亲经历的传奇故事,以及孔家后人各自的人生路。

1963年孔家全家福（后排左起：孔伟成、孔海珠、孔胜芳、孔乃茜、孔建英、孔卫平，前排孔另境与夫人金韵琴，中间是孔明珠） 被访者供图

苦中作乐热爱美食

孔另境一共有七个孩子。至今,他们在回忆父亲时,思绪都会回到那段住在上海四川北路老宅的时光。

老宅三楼的双亭子间上面有一个大大的露台。与在书房时一丝不苟的神情不同,孔另境在露台上时,更像一位慈祥的父亲。"这里有葡萄架和各种花草,还有金鱼、鸽子棚、小猫小狗,甚至还养过一群鸡。"海珠、明珠姐妹俩都不由得说起这个。每天清晨,孔另境喜欢在露台上甩手,这是他唯一的运动。甩手结束,顺便弄弄花草之后,就吃早饭上班,他从不迟到。夏日的晚上,这里便成了亲子交流的场所。父亲躺在唯一的藤椅上,子女们围成一圈坐在他身边,中间的长方桌上放着西瓜、茶水和烟灰缸。一切准备妥当,孩子们开始嚷着要父亲讲故事。

讲得最多的,是孔另境自己经历的传奇故事。从他小时候在乌镇时孔家花园的历史,到他在姐夫茅盾的帮助下,如何与他的祖父斗智斗勇,外出求学的故事,还有他北伐的往事,从事地下工作死里逃生的惊险经历等。

其中有一个故事是关于嘉兴南湖的红船。当时,孩子们听过并未在意;一直到成年后,他们才惊讶地发现,父亲居然是中共一大在南湖召开时的租船人。

1960年前后,孔另境有两次很晚才回家,他对家人说到嘉兴开会去了,为了修复"一大"开会时租用过的船。1964年4月,孔海珠曾陪同父亲回家乡乌镇一次。"那时从上海出发,要先坐火车到嘉兴,再坐船到乌镇。回程时,父亲特意预留了时间,提议去一次南湖。"那天，孔海珠远远地望过去，在湖中泊着一条颇为典雅的船只。她还稚气地问，它真的就是1921年租用的那条船吗？"父亲笑着对我说起了当年租船的往事，他指着湖边的房子说：'此地我熟悉，是来这儿租船的。那时，我在嘉兴二中读书，课余经常和同学来南湖游玩。帮助王会悟去租船，由我出面很方便。'"至此，孔海珠才从父亲口中完整地知道了租船事件的前后。

孔明珠是孔另境晚年时在他身边时间最多的子女。孔另境相信，好儿女志在四方。因此，1957年，大儿子孔建英响应上山下乡的号召去了安徽，此后，其他子女有的去了郊区农场，有的去了外省插队。"母亲金韵琴也在'五七干校'无法回家，只有我还在读中学，和父亲相依为命。"在孔明珠的印象中，父亲并不是一个传统文人，而是一个美食家。"他不是死板的知识分子，他喝酒、抽烟、喜欢拍照、打斯诺克、搓麻将。"有钱的时候，他经常和丰子恺等一众好友下馆子。"但'文化大革命'开始后，家里的日子就难过起来。"再后来，孔另境身陷囹圄，全家更是断了经济来源。穷到孔明珠毕业后去奉贤农场，连一个装行李的箱子都没有，临走时，孔另境才从口袋里摸出5元钱给女儿当盘缠。"可惜这5元钱我一下车就被偷了。"

面对一贫如洗的局面，父女俩苦中作乐。"父亲拉不下脸面，就叫我路过咸菜铺时问人家要一点免费的咸菜卤，拿回家煮发芽蚕豆。没钱买整只鸭，就叫我去买一只鸭腿，研究着烧自创的'麻油鸭'。有时家里的豆制品票多一点，就把黄豆芽、油豆腐和粉丝放砂锅里煮，再加一点辣酱。"孔另境突发奇想地创造出新的菜式，就差遣女儿去实践。孔明珠也喜欢烹煮，乐意在家"买、汰、烧"。

孔另境虽然喜爱美食，却有一个信条，从不吃四条腿的动物。"这起源于他小时候，看别人杀猪时太过残忍而做的一个决定。此后有很多人也问过他，但父亲也不怎么解释，不过文人圈子里大多都知道他有这么个忌讳。"

做自己喜欢的事

孔另境有七个子女，但只有孔海珠和孔明珠继承了他的文学细胞。

孔海珠继承了父亲研究现代文学的学术一面，而孔明珠则继承了散文和美食一脉。大儿子孔建英是一位化学工程师，二儿子孔伟成和小儿子孔卫平都游学日本，回国后从事建筑业，二女儿孔胜芳退休时是西安纺织厂的副厂长，三女儿孔乃茜是注册会计师。

孔海珠是中国茅盾研究会常务理事、中国现代文学研究会会员、中华文学史料会会员、上海社会科学院文学研究所研究员和乌镇孔另境纪念馆名誉馆长。在她家中，书从客厅一直蔓延到书房。孔另境著述甚丰，编的书就更多了。这些书，无论民国年间的初版本，还是后来的再印本，大多数都能在孔海珠的书房中找到。孔另境受左翼文艺思潮影响至深，孔海珠也研究左翼文学，中国现代文学史上重要的左翼作家著作，成排地摆在书架上。孔另境曾经编有一部珍贵相册，记录鲁迅葬仪全过程，孔海珠小时候常常翻看："那个时候是当连环画看的，父亲一一指给我看，这孔另境后人：父亲一生影响我们『做一个大写的人』

孔海珠、孔明珠姐妹参加文学活动　　被访者供图

个是胡风，那个是巴金……"一年前，孔夫子旧书网有人拍卖一批与孔另境有关的材料，孔海珠不会网购，但听说之后，专门托人花了几千元买回来。她退休后反比以前忙碌，相当一部分时间用在了整理父亲的作品上。

相对来说，孔明珠有更多时间做自己喜欢的事情：美食与美文，出版的10多本著作涵盖小说、散文、美食、宠物、心理咨询等多个方面。她还在《新民晚报》《广州日报》等开设美食专栏，"孔娘子厨房"在美食界已有不小的知名度。"我完全是按照自己的兴趣在做事，这也与父亲从小对我的影响分不开。"

1990年，孔明珠随丈夫东渡日本陪读。留学的费用很高，孔明珠与很多留学生一样，在最底层的一家小饭馆打工。洗着面前小山一样的碟子，她的心中却有些不服气："我和你们是不一样的，我一定要走不一样的道路。"也是从那时开始，她萌生了写东西的想法。去日本之前，孔明珠在出版社工作过10年，这段时间读了很多书，留学生涯正好给了她积累素材的机会。丈夫也鼓励她："走出国门看看世界，才能发现反差那么大，你要记录下来。"

几年后，孔明珠与丈夫回国，原单位已经进不去了，上海市作协副主席赵丽宏就鼓励她写写小文章。此后，她的作品陆续发表在《新民晚报》《文汇报》等报纸上。不久之后，她的第一部小说《东洋金银梦》出版了，还被翻译成日文，被日本称为"研究中国留学生的绝好素材"。从此，孔明珠走上了文学创作的道路。"用文字讲故事，这是小时候父亲一直教我们的。虽然中华人民共和国成立后，父亲几乎不再创作，但他对我们的要求很高，不让我去弄堂里和其他小孩玩，要我阅读。家中虽然历经多次抄家，不过父亲还是偷偷藏起一些书，后来也找出来给我看，其中有普希金的作品，也有《十日谈》等。这应该是我最早的文学启蒙。"

如今，姐妹两人与乌镇仍有密切的联系。2005年，孔明珠接到来自乌镇的潘向阳的一封信，他问孔明珠，有没有在乌镇为父亲建纪念馆的想法。这个提议让孔明珠兴奋不已，由于她不太熟悉现代文学史料，大姐孔海珠正是这方面的专家，便介绍大姐与潘向阳联系。经过海珠的努力，孔另境纪念馆最终于2007年开馆。"父亲是一个乡土情结很重的人。"孔海珠至今记得，20世纪50年代清明节孔另境带着全家到乌镇扫墓的情景。"还有一个跟乌镇和上海方言有关的故事，他对我们说了无数遍，我们已经不想再听了，但他总是一次又一次地提起。直到后来我们才明白，当他讲起这个故事的时候，是乡愁又上来了。"

2020年疫情发生前，孔明珠每三个月便会到乌镇一趟，为当地的餐饮业者当美食辅导。

孔明珠接受《嘉兴日报》
记者采访

摄影 袁培德

【对话】

"只要志向坚,不怕学无成!"

记　者:您的父亲在晚年还创作吗?

孔明珠:中华人民共和国成立之后几乎没有公开写过东西。父亲虽然是个作家,在家里却很少和人谈论他的作品。他书房的门总是关着,就连母亲也不知道他在里面忙什么。他有几部未刊印的著作:《五卅运动史料》《中学国文教材丛书》《忠王李秀成》等。其中,《五卅运动史料》是他最看重的作品之一。有一段时间,二姐经常去图书馆抄五卅运动的资料,我想父亲应该还是在创作。这部作品我们在整理父亲遗物时却没有发现,直到前年,我大嫂整理老家阁楼时发现了这本遗著。

记　者:作为晚年陪伴在父亲身边时间最多的子女,"父亲"两个字的背后有更多的故事吧?

孔明珠:晚年时他更加凄凉,我去奉贤下乡时,他摸出5元钱给我,轻声对我说:"爸爸就像一支蜡烛,火越燃越弱,马上就要燃尽了。"那时,他连下楼开门的力气都没有了,可惜我执意要去农场,现在每当想到此处,我就后悔不已。

记　者:您父亲在世时,是怎样教育你们的?

孔海珠:父亲奉行"无为而治"的教育原则。平时他很少关心我们的学习成绩,只有到了学期结束,我们才给父亲看成绩单。他坐在写字台前,说一两句表扬或批评的话,就算过关了。到了晚饭时，他还会总结性地说几句话，得到表扬的孩子，他会给夹好菜。

孔明珠： 父亲生前对三姐孔乃茜和我的期望最高，他觉得我俩最有希望考上大学。可惜我们七个孩子中没有一个上过大学。而之后的人生道路，也不是他能左右的。在时代的大背景下，我们都上山下乡，失去了继续读书的机会。后来恢复高考，姑父茅盾让我们继续考大学，我考了两次，其中一次名列第五，却仍然没有被录取，之后也就放弃了。他对我们的学习其实是很看重的，二姐去新疆时，父亲在纪念册上题字：学校遍天下，群众是老师；只要志向坚，不怕学无成！

记　者： 孔另境先生一生对你们最大的影响是什么？

孔明珠： 我父亲一生对我最大的影响是"做一个大写的人"。

记　者： 孔家的家风是怎样的，该如何表述？

孔明珠： 孔家的家风可以用父亲在乌镇的孔另境纪念馆进门处，他的塑像旁牌匾上的一段话来总结："人是感情的动物，也是理智的动物。因为有感情，所以不能忘记过去；因为有理智，所以认识现实和理想将来。"我觉得他是在勉励后代，既要对生活充满热爱，又要在事业上做出成绩，踏踏实实地做人。

记　者： 您父亲有些什么兴趣爱好？

孔海珠： 20世纪30年代的文人都喜欢淘古玩，我父亲也有这个爱好。可能是出于家学，父亲的目光很敏锐。我们家附近有个旧货市场，他喜欢去那里逛，有时也会带着我们小辈去，每次都能拿些战利品回来。有一次淘到一只蓝釉官窑龙盘，喜欢得不得了，后来不小心被母亲打碎了。以后凡是数落母亲时，他都会举这个例子。

记　　者：您年轻时读得最多的是谁的书？

孔明珠：我读书时正好是非常时期，能读到的书很少，除了四大名著和父亲藏起来的一部分书，我们读得最多的是鲁迅先生的书。每年清明节，父亲都会去鲁迅公园拜祭鲁迅墓，后来有时也带我去，总让我向鲁迅像三鞠躬。父亲对鲁迅的感情很深，他一生四次入狱，其中两次都是鲁迅帮忙营救的。

记　　者：最近在做什么关于您父亲的事情？

孔明珠：我们在编《孔另境全集》，主要工作是大姐在做。目前编校工作基本完成了，但距离出版可能还有一段时间。以前有关父亲的事情几乎都是大姐在承担，慢慢地，我的时间也宽裕起来，今后可能也会帮她分担一部分工作。明年（2014）7月，父亲110周年诞辰前，我们会出版《孔另境纪念集》，收录20多年来发表的纪念父亲的文章。

不过，我们的后人好像没人对这个事感兴趣，也没有从事文学方面工作的人，大姐那些视若性命的初版书，今后不知道让谁来继承。

补记：《孔另境先生纪念文集》于2014年出版。近几年，孔氏姐妹新著不断。孔海珠为父亲立传《孔另境传》；孔明珠出版了《咬得菜根香》《井荻居酒屋》《读写光阴》等新著。

（2013年4月12日首发，2023年7月修订）

陈学昭

（1906.04.17—1991.10.10）

  浙江海宁盐官人。原名陈淑英，学昭是她的笔名。作家、翻译家，中国第一位留法文学女博士。

  陈学昭有一女：陈亚男。

> 她时常对我们说:"你可以不说,说,一定要讲真话。"经历了那么多的风雨,她非常注重一个人是否谦逊、诚实。
>
> ——陈亚男

陈学昭后人:
母亲特别看重人格的塑造

■ 朱梁峰

她是中国现代第一代女作家,1923年,以《我所希望的新妇女》步入文坛。她曾任延安《解放日报》副刊编辑、《东北日报》副刊编辑、浙江大学教授、浙江省文联副主席、浙江省作家协会主席等。

她认为尊人、尊己、艰苦、朴素、正直、有理想、有事业心的女性最美,"学习着是美丽的,工作着是美丽的"。

作为中国第一位留法文学女博士,她三次奔赴延安,投入革命——陈学昭的一生,是一个传奇。

在杭州仓河下的公寓内,陈亚男和丈夫陈树淼多年来安静地整理着母亲陈学昭遗留下来的书稿。2013年年初,在得知记者的采访意图后,陈亚男谦虚地回答:"像茅盾、李叔同、蒋百里这样的名人,我母亲还比不上。"

与陈学昭一样,低调、谦逊的风度,一直在她们血液里流淌。

1987年,陈学昭和女儿陈亚男(后排右一)及家人在杭州　被访者供图

骨子里永不示弱

我最喜欢的格言:淡泊以明志,宁静以致远。

我最珍视的品格:诚实。

我遵循的交友原则:彼此理解,相见以诚。

我喜欢这样的朋友:谦逊,真诚。

> 我愿保持的形象：坚强。
>
> 我全力追求的目标：学习着是美丽的，工作着是美丽的。
>
> 我心目中的女性美：尊人、尊己、艰苦、朴素、正直、有理想、有事业心。
>
> ……………

这是陈学昭散文《心声》中的一段话，她用几个关键词概括了自己的一生。

1991年10月10日，陈学昭走完了她生命旅程的最后一天。讣告上这样写道："中国共产党优秀党员、现代著名作家、中国作家协会顾问、全国文联名誉委员、浙江省文联名誉主席、浙江省作家协会主席陈学昭在杭州病逝，终年85岁……"

第二年的4月26日，女儿陈亚男和女婿陈树淼，依照母亲生前的遗愿，来到故乡盐官的海塘边，将骨灰撒入了钱江潮的滚滚波涛中。

"母亲做出这个决定我是很意外的。1990年有一次在家中闲谈时，她当着同事和我们家属的面，口头提出了这样一个遗嘱：死后不搞遗体告别和追悼会，骨灰要撒得越远越好，撒到海里去。"陈亚男平静地回忆，"想到母亲的家乡盐官在海边，我们就想借一艘船开到钱塘江靠海的地方，却遍寻不着。最后就将骨灰沿海塘边抛向江中，最终还是能到海里的吧。"

陈学昭在她的《寸草心》中这样说道："我是一个流浪者！孤零漂泊的流浪者！天涯的游子，只有天涯的浪花是一生的伙伴！"或许，她早已想好了归宿，只是在那一年，她依稀觉得，自己那传奇的一生,终究是快要走到尽头了。

在陈亚男的印象里,母亲大多数时候是一个沉默寡言、不苟言笑的人。从她记事起,母亲就很少有笑容,一直到20世纪80年代中期之后,才放开了,通透了,家中也迎来了久违的欢声笑语。"晚年时,母亲跟我说过一件童年趣事。有一次她与四哥出门玩,四哥内急,就在菜园子里解决,要她去家里拿手纸,结果母亲去找了一条小黄狗回来。其实,在她严肃的背后,并不缺乏人生的趣味。"

而多年来遭遇的政治运动,也让陈学昭养成了一些谨慎的习惯。第一个习惯是烧信。自1957年开始到1979年左右的通信,几乎都被她付之一炬,而且是收到一封烧掉一封。"她这般小心,并不是为了自己,是为了不至于连累写信给她的人。"1957年陈学昭被打成"右派",完全切断了经济来源,茅盾的夫人孔德沚、张琴秋等友人写信给她,有要寄钱的,有要来探望的,都被她一一拒绝。也是从那时起,她逐步将来信与藏信扔进火炉,有些珍藏多年的书信在烧毁前,陈学昭泪眼婆娑地看了一遍又一遍,终于还是狠心烧掉了。

第二个习惯是锁门。或许是接受过西式的教育,或许是出于自我保护,陈学昭独自在房间时,习惯把门锁起来,为此还差点儿出事。晚年时,她在屋内休息摔了一跤。女儿女婿在门外干着急却没法儿将门打开,幸好门上有一扇气窗,女婿将玻璃卸下后爬窗进去,才把她扶起送医。所以后来搬到学士坊之后,陈亚男使了一个小小的手段,将连通两个卧室之间的门锁弄坏,来防止出现类似的意外。

第三个习惯是示弱。一直到去世,陈学昭在给人写信时都称呼对方为"您",倘若对方是多人,她明知不能称"您们",仍这样称呼。陈树淼照顾老人几十年,对她也极为了解:"在字面上,她可以把自己降低、示弱;但在骨子里,休想。20世纪70年代,我刚进陈家时,老太太有一次与我聊天,说起当时的一些造神运动,对我说:'鲁迅是个人,不是神。'"

就是有这样的"硬骨头",才支撑着她一步步走过艰难岁月。

清白一生自食其力

> 你年轻时为一枝早熟的春兰,峭然挺立在石山上。闲花野草可以趁春风灿烂一时,而你却出淤泥而不染,亭亭玉立于晚秋。现在你已进入老年,却正如西子湖边的红梅,傲霜而怒放……

这是丁玲晚年时写给陈学昭信中的一段话。丁玲将陈学昭比作遗世独立的春兰,比作出淤泥而不染的莲花,比作傲雪的红梅,可见其对陈学昭品格的钦佩。

陈学昭早年,曾在上海交给杨之华两张照片,准备办护照公费留学苏联。但在郑振铎的劝说下,她马上又索回照片,改为自费留学法国。在血染的革命与浪漫的艺术之间,她起初选择了后者;但看到多灾多难的祖国积病日深,便毅然拒绝法国高校的邀请而回国,于1938年举家奔赴延安。她见到了毛泽东、周恩来、陈云、李富春等领导人,他们都很关心她的工作生活,时常鼓励着她。从此，她的人生道路发生了根本转折，从一个追求个人解放的个人主义者，转变为把个人命运与党和人民的命运紧紧连在一起的革命战士。直到晚年，她与人谈起这个转折，心情还是十分激动："你们能理解我当时的心情吗？理解一个游子找到了党，找到真理时欣喜若狂的心情吗？如果说，我以前的追求多少带有盲目性，那么在以后，这种追求便自觉了、执着了。"

延安的日子没了钢琴、咖啡，连最基本的生活都很难保证。其间，陈学昭还经历了儿子的夭折和丈夫的背叛，但她依然挺了过来。"我的身体一直不好，就是在娘胎里就缺少营养。"陈亚男回忆起自己的童年就是在这样清苦的岁月里度过的。1941年11月，她出生在延安，那时没有吃的，十几个小孩就漫山遍野地找野枣，又小又酸又涩的野枣，就是他们美味的零食。

不过，野枣显然无法满足一个小孩成长所需的营养，陈学昭就纺纱来换些糖。一个留法文学博士，手摇如此古老、落后的纺车，似乎有点儿滑稽。她对女儿说："国外都有缝纫机，国内还用这样原始的手段纺纱。"拿惯笔杆子的手，纺出来的纱也是一等的，换来的糖也就多一些。"麦芽糖蘸馒头，可比果酱蘸面包香多了。"

这一辈子，她就是这样自食其力。20世纪50年代，陈学昭写《春茶》时与狮岭村的茶农结下了深厚的友谊，也正因为如此，每当春茶上市时，陈学昭要买新茶送朋友，都让女婿去街上买，不准去茶乡买。"老太太对我们管教极严，不准我们在外面打着她的名头行事。我去买了茶叶回来，她还要看发票才放心。"为此，陈树森还吃过批评。1982年，全国政协落实知识分子政策调查团一行四人走访陈学昭，看到她住处又小，环境又差，就对陈树森说：

"女婿是半个儿子,你当儿子的空下来就往省委大院跑跑,帮老太太争取些政策。"陈树森也只能点头称是。"其实他们不知道,老太太根本就不让我们去找领导。'反右'和'文化大革命'期间那么困难,她都不去找老朋友、省长周建人,一直到'右派'帽子摘除后才带我们去拜访了一次,也没有谈到个人问题。"

1958年,陈学昭被打成"右派"的第二年,女儿陈亚男的人生也跟着历经波折。初中刚毕业的她,被下放到大观山农场,当了饲养员。后来,随着陈学昭"右派"的帽子被摘掉,陈亚男也得以回到杭州,在杭大总务科回收废旧桌椅,后来又上了杭大附中。但是,1964年高中毕业,又逢下乡插队,她一去就是七年。最后还是周建人从中协调,才以招工的名义回到杭州。

"可以说,我的青春时光都是在这样的运动中被消磨的,家中的书全被抄光,自己也没办法安心读书。直到1980年,我被调入浙江大学图书馆,才有时间来继续中断了20年的学习,那时我40岁了。"陈亚男早前跟随母亲学习法语,后来读了两年夜校,再之后参加了成人高校自学考试,靠自己的努力,在50岁那年拿到了大专毕业证书。"我去上课时,教室里全是年轻人,任课老师以为我也是老师,还向我点点头。我告诉他,我也是学生,他还颇为惊讶。"

1984年,陈亚男来到省文联,实际上是作为母亲陈学昭的秘书。此后的工作,她一直在母亲身边。"有人看陈亚男都不用到单位上班,认为工作很轻松,其实只有她心里清楚。"陈树森说,在老太太晚年,陈亚男帮忙分担了很多对外事务,老太太终于有了一个比较清净的创作环境。

20世纪70年代初,陈亚男与陈树淼结婚,因为要照顾母亲,一直与丈夫在杭州、上海两地分居,女儿出生后,也只能留给丈夫照料。直到1980年,陈树淼设法调到杭州,一家四口才享受了天伦之乐。

女儿对外婆的印象相对就淡了很多,记忆最深的,只是老太太在房中思考时,习惯拄着拐杖踱步时发出的"咚、咚"之声。

2013年3月4日,陈学昭女儿陈亚男在杭州接受采访

被访者供图

【对话】

"你可以不说,说,一定要讲真话"

记　者:在你的心目中,母亲是一个怎样的形象?

陈亚男:母亲的形象,不管是在社会上,还是在子女的心目中,都是一样的,就是顺境不张狂、逆境不气馁的新女性形象。

记　者:中华人民共和国成立之后,陈学昭放弃了留在北京工作的机会,回到杭州,是出于什么原因?

陈亚男:母亲在中华人民共和国成立前毅然从国外回国,后来又赶赴延安,就可以看出,她参加革命不是为了过优裕的生活,而是出于一种信仰。她说要"正视自己的人生",我想她后来"远走低飞",来到地方,是出于同样的原因。儿童文学作家沈虎根说,从没有像陈学昭这么自觉执行毛泽东文艺路线、深入基层的知识分子。

记　者:具体来说?

陈亚男:1950年,母亲主动要求来海宁斜桥镇黄墩乡参加民主反霸和土改工作,并据此创作了反映浙江农村土地改革斗争的小说《土地》;1952年开始,她到茶乡龙井体验生活,搜集素材,前后历时十余年完成长篇小说《春茶》;(20世纪)60年代,在满觉陇体验生活时,她就一户户农家跑,深入了解各方面的情况。在去世那一年的5月,母亲最后一次来到西湖茶乡,曾经的老茶农看到她到来格外热情,纷纷上来打招呼:"陈同志,很久没来了,我们家的新房子造好了,你一定要来坐坐。"母亲说年纪大了,腿脚不方便,走不了山路,有两兄弟从家里搬出一把椅子,抬着母亲上山。每次去茶乡,茶农知道母亲不肯收茶叶,都等到车子开动了,再从车窗把茶叶塞进来。这样的感情,不深入基层,能够做到吗?

记　者:陈学昭从她1924年发表第一篇作品《我所希望的新妇女》,直到1991年85岁去世前的封笔之作《可贵的痕迹》,长达67年的创作生涯,共为世人留下近300万字的著作。这样一位高产的女作家,是如何创作的?

陈亚男:母亲一直在用生命来写作。"文化大革命"期间,她白天要参加各种学习,没有时间,只有晚上写。又由于各种因素落下了很多毛病,根本没法儿坐,就躺在床上写。那时,她的工资只有60元,没钱买稿纸,就把图书馆里没用的杂志的封面和封底带回家,在背后的空白页上写稿。为了节约纸张,写得密密麻麻。她在封笔之作《可贵的痕迹》里说道:"当我拿起笔来写东西,就忘记了自己的年龄及一切——几种难过的疾病:患坐骨神经痛,坐硬板凳坐不住;但腰椎骨增生,必须坐硬板凳;双脚浮肿,需要搁在一块高低倾斜的木板上——专请木工师做的;刚搁上木板,脚好过一点,但搁上一会儿,这块木板就在脚底下渐渐离去。我患糖尿病:这不能吃,那不能吃。我的日子是这样过的,已经成了习惯,也无所谓痛苦、难过。'人生到处知何似,应是飞鸿踏雪泥。'人生就是这样,留下可贵的痕迹。"

记　者:你母亲在世时,是如何教育你们的?

陈亚男:可以说,母亲特别看重"人格"的塑造。她时常对我们说:"你可以不说,说,一定要讲真话。"经历了那么多的风雨,她非常注重一个人是否谦逊、诚实。

记　者：你们现在还在为母亲做些什么事情？

陈亚男：1998年，浙江文艺出版社出版了五卷本的《陈学昭文集》，而其中还有不少遗憾。比如，《土地》《春茶》这些在特定政治时期发表的小说并未被收录；还有一些书信、诗歌、译文、怀念友人的散文也没有被收录，可以说是不完整的。我们希望能出版全集，将现有的作品都放进去。我们也在搜集母亲的散失作品，陆续也有发现。但是，书信整理这块比较困难，一是有很长一段时间的书信都已被烧毁；二是我个人精力也有限。但我们仍然希望有生之年能完成全集的编纂，使之存于世，不湮灭。

（2013年3月8日首发，2023年6月修订）

钱君匋

(1907.02.12—1998.08.02)

乳名玉棠,后更名瑭,号君匋,生于浙江桐乡屠甸,祖籍海宁路仲。艺术家、书籍装帧家、收藏家,我国现代音乐出版事业的先驱和奠基人之一。

钱君匋有三子:钱大绪、钱正绪、钱茂绪。

> 士之致远,先器识而后文艺,人品高尚才能做好一切,尤为后代择师时讲究以免误入歧途,子孙后代若不能崇尚人品亦是猪狗不如;爱国爱家乡,夜潮秋月相思,钟声送尽流光;取之于社会还于社会,一生所藏遗泽后世;无论如何境地,勿忘爱国,振兴中华;凡事豫(预)则立,不豫(预)则废。
>
> ——钱骏撰《君匋家训》

钱君匋后人:
"能婴儿"和"豫则立",影响祖父一生

■ 陈 苏

2019年5月的上海,"艺兼众美"——钱君匋艺术文献展上,呈现的一行数据,让人印象深刻:

33 000天,钱君匋的生命长度;1700余种,书籍装帧;22 000余方,篆刻印作;100余种,各类学术著作;100余首,词曲创作;105方,赵之谦存世印章的半数为他所藏;4083件艺术珍藏,捐赠给故乡桐乡,1000余件,捐赠给海宁钱君匋艺术研究院;还有无从统计的书画作品……

"老先生才情卓越,艺兼众美。"2019年5月23日,钱君匋唯一的孙子钱骏,在提及这位海派映照下的江南文化大家时,脸上满是崇敬与骄傲。他习惯称祖父为"老先生",在他心目中,老先

生是自己唯一的偶像。

"展览梳理了老先生艺兼众美的多彩人生"

钱骏一见记者就说,原定一个月的展期要延长,"展览通过各种文献记录和影像资料,梳理了老先生艺兼众美的多彩人生"。

钱君匋有"八绝",诗、书、画、印皆擅,书籍装帧、鉴藏、出版、音乐皆通。展览通过"抱华""万叶""迟鸿""无倦苦"四

1991年钱君匋访美时与家人合影,左起长子钱大绪夫妇、幼子钱茂绪夫妇和孙女钱方　摄影　钱骏

个部分来展示。

"抱华"展示其收藏,取自钱君匋书斋"抱华精舍"。抱华精舍堪称博物馆,他一生收藏书画印等艺术精品数千件,捐献给家乡桐乡与海宁达5000余件。他对赵之谦、黄士陵、吴昌硕情有独钟,至20世纪60年代初,共收得赵之谦印100多方、黄士陵印159方、吴昌硕印200方,并取三人别号首字为书斋名"无倦苦斋"。

"万叶"取自钱君匋所创立的万叶书店,展示其音乐创作、出版与书籍装帧成就。钱君匋于音乐创作上造诣颇深,是我国现代音乐出版事业的先驱和奠基人之一。他与五位友人合资的万叶书店,创办于战火纷飞的1938年,地处"孤岛"上海,编辑出版进步文艺书刊。中华人民共和国成立后,万叶书店几经辗转,合并成我国第一个专业音乐出版机构——音乐出版社(人民音乐出版社前身)。1956年,钱君匋又在上海组建上海音乐出版社。

"迟鸿"展示的是钱君匋与友人的书信往来。钱君匋朋友圈大师云集,他因书籍装帧、文艺出版在新文学界名声斐然,有"钱封面"之美称,与鲁迅、茅盾、巴金等文化大家往来频繁。据统计,他累计装帧作品1700余件,他曾回忆:"(当时)许多名家的作品集,差不多都是我经手装帧的。"他以书画印广交朋友,吴昌硕、齐白石、黄宾虹、于右任、李叔同、丰子恺等,仅丰子恺写给他的书信就有三四百封。

"无倦苦"取自书斋"无倦苦斋",展示他各类宣纸手拓和自用印章。钱君匋精于诗书画印,其书"雅致秀逸、汉简隶意";朱屺瞻评其画"魄力很大,极简练处极精到,极奇特处极稳健,极雄厚处极含蓄";篆刻更负盛名,上探秦汉玺印,下取晚清诸家精

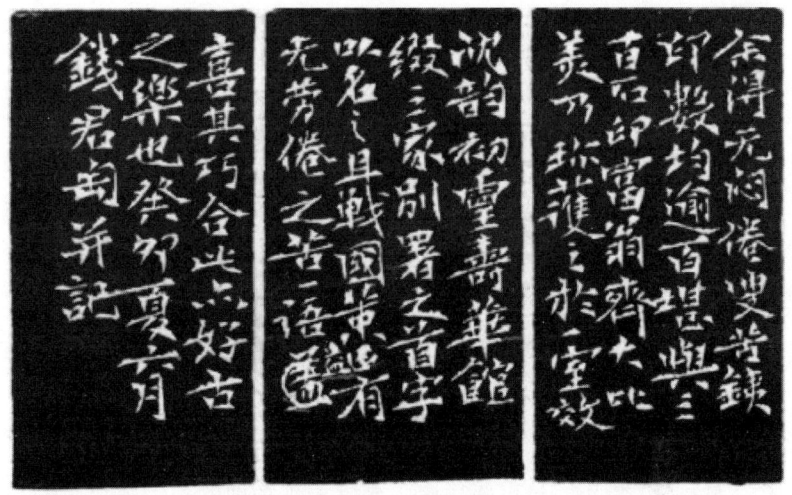

钱君匋艺术文献展,钱君匋篆刻边款　被访者供图

髓,受赵之谦、黄士陵、吴昌硕影响最深,取百家之长,自成一家。展览中,一封1954年丰子恺的手书信件评价他:"钱子君匋,富于美术天才,幼时在艺术师范学画,头角崭然,冠于侪辈。长而技益进,欲穷美术之源,由画进于书法,更进于金石,遂大展其才,自成一家。"

"之所以展示老先生的朋友圈,是一种探究,你跟什么人打交道,非常重要。老先生为什么会有后来的成就,有相当一部分原因是他的朋友圈。"谈及展览的意图,钱骏坦言,展览期间举办研讨会,研究江南文化和海派都市文化的交融,在这个方面,钱君匋是典型。"著名学者胡晓明认为,江南文化精神不只是一种地方认同,更成为一种普遍的文化意义感,是对于什么样的生活更好、更值得追求的主张。就像本次展览的学术主持张立行在序言中所说,今天探讨江南文化,实际上是在探讨一种极其可贵的文明理想。"

"从李叔同、丰子恺到老先生是一脉相承"

"老先生有两个特性,'能婴儿'和'豫(预)则立',这两点几乎影响了他的一生。"在研讨会上,钱骏提出独特的观点。

能婴儿,出自《道德经》"能婴儿乎"。钱骏觉得老一辈成名成家的艺术家,有个共同特征——透着一种婴儿的灵趣。婴儿最具生命力和创造力,不受世俗条规的影响。"老先生艺术创作能常青不衰,'能婴儿'是重要特质,充分表现在他的一生及作品中。"钱骏印象中,祖父年纪很大,却还像个小孩子一样,保持清新纯真,所以他的作品带有一种天趣。

钱君匋有一方常用闲章"豫堂",也是其斋名,出自《礼记·中庸》"凡事豫(预)则立,不豫(预)则废"。钱骏印象中,祖父是个很有远见、有预见性的人,所以他有很好的规划。"这帮助老先生白手起家,以至于最后登峰造极。"

1907年除夕,钱君匋出生于桐乡屠甸,父亲钱希林经营一家小酒馆,勉强维生。钱君匋高小(小学高段,20世纪六七十年代特有,相当于小学五六年级)毕业后做了一年乡村老师,便借债去上海艺术师范学校读书,从吴梦非、丰子恺学西方美术,从刘质平学西方音乐。

对钱君匋,这是一个转折,尤其是遇到丰子恺,钱君匋不止一次说:"我受他的影响最多最深。"

"从李叔同、丰子恺到老先生是一脉相承,是一种艺术理念的传承。"钱骏觉得可分为两个层面,第一个层面是怎样把艺术做好。"他们重视传统,扎根中国传统文化。"钱君匋篆刻的成就不是凭空而来的。他一生刻印 22 000 余方,很大一部分是对秦汉印的学习临摹。没有这个扎实的基础,就没有他后来的篆刻成就。第二个层面是"先器识而后文艺",先学做人,人品好,才可能有好作品。"这点很重要,我在家训里重点讲到这一点,老先生特别重视,当初给我择师就是一个非常典型的例子。"

幼时在乡间读书,钱君匋对中国传统艺术便产生了爱好萌芽。在上海艺术师范学校,他学习的美术和音乐,大多是西方的。他觉得仅仅学西方不够全面。对中国书画印,他几乎都是自学。

"老先生的自学和收藏有关系。他跟大多数藏家不同,他收藏是为了学习,收藏的过程就是学习的过程。"

想学谁,就收谁的作品。赵之谦对他影响非常大,为了收集他的印,钱君匋下了大功夫。他喜欢扬州八怪,尤其是新罗山人和金农的书画,便不计成本地收集他们的书画。"业界有人知道他的喜好,有一次用金农的作品钓他。十开册页,先卖五开给他,后面拆开再卖高价,他也只能认宰。"

他经济条件有限,会把对学习帮助不大的藏品置换掉,所以他的收藏是有系统的。

钱骏最佩服祖父的地方是他完全白手起家。

最初他没钱,只能收藏珂罗版画册。后来做书籍装帧出名了,很多人找他约稿,有了些富余。

在钱骏印象中,祖父很有经济观念,很"爱钱",知道怎么赚钱,怎么运用钱。"他早就预见到想在艺术上更上一层楼,看到更多的东西,必须要有钱。"记得有次吃饭,有人开玩笑说钱君匋十个家。"老先生当时补充了一句:'其实我是个资本家。'然后眯起眼开心地笑。"

钱君匋的第一桶金来自一批藏品。钱骏记得祖母说过,因为战争,藏家有一批藏品急着变现,很便宜,祖父便用积蓄将其全部收进来,不需要的再转手卖出去。不过,真正让钱君匋成"资本家"的是开万叶书店做出版商。"他知道搞股份制,知道资本怎么运营。"

"祖父是我唯一的偶像"

生活节俭,凡物能用再用绝不浪费,一草一木皆不易,衣求蔽体,食取充肠;早睡早起,一生勤奋治学创作,孜孜以求,审慎严谨,无倦苦;内外亲族,皆以礼接之,于困纡者倾力相助;待人接物,以求和善诚信,心胸宽广;君子爱财,取之有道,唯有财力鼎助方能辅佐兴趣爱好,更上一层楼;士之致远,先器识而后文艺,人品高尚才能做好一切,尤为后代择师时讲究以免误入歧途,子孙后代若不能崇尚人品亦是猪狗不如;爱国爱家乡,夜潮秋月相思,钟声送尽流光;取之于社会还于社会,一生所藏遗泽后世;无论如何境地,勿忘爱国,振兴中华;凡事豫(预)则立,不豫(预)则废。

——钱骏撰《君匋家训》

钱骏印象中,祖父祖母受新文化运动影响颇深,家族没有形式上的宗谱家训,对后代教育多是身教,钱骏据此归纳了这份"君匋家训"。

钱骏用草书书写家训,并盖上祖父的闲章"豫堂",这是祖父的号,钱骏沿用了这方印章。"'凡事豫(预)则立,不豫(预)则废',也是我的信条。无论是做人、做艺术,还是从商,这句话很重要。"

屠甸君匋故居进行改扩建,钱骏打算把自己整理并手书的《君匋家训》捐赠给屠甸。

祖父对钱骏影响很深,他说:"我更像祖父。"

他也是钱家唯一承袭祖业的人。初中时,他跟祖父提起,想学篆刻。"当时想学篆刻,只是想逃脱学业的枯燥,还谈不上真正的喜欢。"

听说钱骏要学篆刻,钱君匋很是欢喜。"他对我们从无要求,

钱君匋艺术文献展,钱骏与自己书写的家训

摄影 陈苏

但其实是有希望。一听说我要学篆刻，就要给我找老师。"钱君匋择师非常严格，水平再高，人品不好也不行，最终选定了自己的学生陈辉。

每隔一段时间，陈辉就会带着钱骏，把刻好的章拿给祖父看。"我怕他，不敢自己拿给他看。"那时他喜欢踢球，祖父不喜欢，所以放学回家都是偷偷摸摸上楼，觉得他很严肃，很怕他。"长大后我才知道，我对老先生多有误解。他自己也像个小孩子。"

钱君匋说话的桐乡音很重，钱骏坦言只能听懂一半。他至今还记得，祖父每次看到刻得不错的地方，就说"交关好，交关好"，需要改正的他就比画说"实嘎，实嘎"（意为：这样）。钱骏说："他说不出什么道理，身体力行做给你看。"

钱骏从1982年开始学篆刻，1985年在报纸上发表了"一丝不苟"的印章，在学校名气很大，一有活动，美术老师就找他刻活动用章。"我其实不喜欢（给他们刻），经常逃跑，所以我也有个跟祖父同音的名字'钱骏逃'。"

1986年，钱骏出国读书，这时他对篆刻真感兴趣了，都是有感而刻，最得意的一方印，是失恋时刻的。每次回国，钱骏都带印花给祖父看。"他其实对我是有期待的，提醒我少刻人名，多刻闲章。还跟我说，等我刻到一定数量，给我出印谱，他给我题名。"那时，钱骏很有动力。

在中国传统文化方面，钱君匋并不强求。"我的兴趣是自发产生的。"每次回国，钱骏和祖父都有说不完的话，祖父好奇新鲜事物，外面发生的事情，他都感兴趣。他也会跟钱骏说，要看哪些书。"老先生曾明确说，书房里的藏书全都留给我，中西古今各类书都有，这是我继承的最大一笔财富。"

"可以说，祖父是我唯一的偶像。"钱君匋过世，对钱骏打击很大。"主心骨没有了，精神上的指引塌了。"他拿到印就想到祖父，所以不想再刻；但对艺术，他还是很感兴趣，便开始学习草书。

他给自己取了"思涩"的字，取"一日不书，便觉思涩"之意，祖父当年对他的勉励"逆水行舟，不进则退""读不在三更五鼓，功只怕一曝十寒"，他至今记忆犹新。

【对话】

"艺兼众美，这本来就是他的风格"

记　者：有评论称你祖父是不以开创典型风格面世的篆刻家，也有人说他篆刻面目不够强烈，你如何看？

钱　骏：这话不是没有道理。他有各种各样的创作风格，很难去归纳。也许这正是老先生在成名上吃亏的地方，但这恰恰是他不拘一格的地方，是老先生"能婴儿"的天趣，随心所欲。这并不影响他在篆刻上的成就，专业的人还是能够从他的作品中看出端倪，比如赵之谦、吴昌硕的影子。其实，老先生的艺术本来就很难统一，所以他艺兼众美，这本来就是他的风格。

记　者：艺兼众美，这很难做到，和时代有关吗？那是个大师辈出的时代，有许多学贯中西的大家。

钱　　骏：跟天赋有关。老先生天赋极高，对艺术的领悟能力强，可以做到无师自通。那些大师，除了天赋以外，有个东西是相通的，（那就是）学识都很深，传统文化的根基非常牢。和时代有一定关系，但我还是认为主要是和个人修养有关。老先生毕业找工作，写信给丰子恺，丰子恺说："你的信还有错别字，你让我怎么给你推荐工作。"受到批评之后，他马上奋发图强，把一本字典都背下来了。只归咎于时代，太消极了。

记　　者：他的篆刻受赵之谦的影响很深，包括许多印学理念，比如"以书入印""有笔尤有墨""印外求印""注重边款"等，他自己的印学观点是什么？

钱　　骏：他肯定有自己的理念。他和叶潞渊合作《玺印源流》，里面讲了很多他对印学的看法（1998年出版的《玺印源流》是钱君匋重要的印学著作之一，1962年前后，香港《大公报》编辑陈凡邀请钱君匋、叶潞渊为《艺林》副刊撰稿）。

记　　者：谈谈钱氏后人的情况。

钱　　骏：爷爷有三个儿子。

长子钱大绪，（20世纪）30年代生，大学学电机，在马鞍山钢铁厂做工程师；80年代初赴美。他有一女钱立，华盛顿大学森林系毕业。

次子钱正绪，（20世纪）30年代生，大学学海洋物理，毕业后在青岛海洋研究所；80年代中期赴美，在圣地亚哥做海洋研究。他有两女，钱远和钱敏。

幼子钱茂绪是我父亲，1937年生，上海师范学院物理系毕业，后赴美，于华盛顿大学物理学博士毕业后从事材料研究。有一子一女。我是1968年生,华盛顿大学电机工程系毕业,从事医疗设备营销直到2017年,后来从事证券行业。经商和证券都是自学。我妹妹钱方,1974年生,佐治亚理工学院电机工程硕士毕业,后在亚马逊做技术开发工作。

老先生不希望孩子学艺术,觉得很穷。当时,中华人民共和国刚成立,(他认为)学理工出路比较好。

记　者: 你祖父捐赠了数千件藏品,能谈谈捐赠细节吗?

钱　骏: 老先生收藏不易,落实政策归还也不易,这笔很宝贵的艺术财富,他怕散落。与其传给后人,最终流散,他更希望能够系统整体地保存在一个妥善的地方,所以他选择了捐赠。他希望这些藏品能惠及更多人,供更多人学习、借鉴。这不是他个人的财富,是艺术的财富,所以他捐赠时就提出开门办馆。

我在网上看到一种说法,说老先生是集艺术、社会、政治于一体的艺术家,他确实才情卓越(既有才华又有情商),这跟他一辈子的信条有关,"豫(预)则立",他的捐赠与此有关。(记者:他不仅是艺术家,还是社会活动家。)是的。

记　者: 中国知识分子讲究风骨。

钱　骏: 其实是有骨头的,但有些是聪明的骨头。"文化大革命"时,他刻的鲁迅印谱被抄掉了,他就偷偷再刻一次。"文化大革命"后,有一次他要出境办展,他去理发,理发师说"低头",老先生非常生气:"我为什么要低头?"奶奶安抚好一阵子,他才平复下来。

补记: 近年来,钱氏后人正积极推动钱君匋著作的出版,全集因其艺术涉及面太过广博而暂时搁置,但钱骏已授权浙江人民美术出版社，打算再版钱君匋著作，《中国玺印源流》明年有望再版发行。他们还加强了与家乡的联系。新冠疫情防控期间，钱骏也常回国参加各类纪念活动，屠甸镇新建君匋文化广场，名字由其题写。不过，岁月更迭，近几年，钱君匋长子大绪、次子正绪，相继离开人世，只有幼子茂绪健在。

（2019年5月31日首发，2023年7月修订）

吴世昌

（1908.10.05—1986.08.31）

字子臧，浙江海宁人。词学大家，文史通才。他以训诂学成名于燕京大学，以红学著称于世。

吴世昌与夫人严伯昇育有两女：吴令徽、吴令安。

> 父亲不管我的学习,对我最重要的教育,也是影响我一辈子的,是爱国主义。
>
> ——吴令安

吴世昌后人:
影响我一辈子的,是爱国主义

■ 沈秀红　陈　苏

"爸爸很不喜欢别人称他'红学家'。"2018年11月4日,北京,中国科学院物理研究所,吴令安谈起父亲吴世昌,对这一点记忆颇深。

然而,不管喜欢与否,说起吴世昌这位词学大家,人们的第一反应是——红学家。

在他身后,吴门两代再续传奇,三代人求学燕园:吴世昌大学就读于燕京大学,他的小女儿吴令安和女婿郑伟谋,都是北京大学物理系毕业,现均为物理学家;第三代吴昭、吴昉,分别毕业于北京大学和清华大学,都在世界一流名校获得博士学位,吴昉还出版了推理小说。

吴门三代，造就了一个外人眼里的"学霸家族"。

"爸爸的爷爷叫什么？"

"爸爸的爷爷叫什么？"2018年9月15日，海宁高级中学吴世昌的生平展板前，吴昭出题考自己的一双幼子吴闽元和吴闽阳。他是吴世昌的长孙，此次和父亲郑伟谋一起，带着孩子来海宁参加吴世昌110周年诞辰纪念活动。

郑伟谋是理论物理学家，从事统计物理、量子力学和生物信息学方面的研究，他指着展板上吴世昌的照片，对两个孩子说：

2018年9月15日，吴世昌后人在海宁　摄影　王超英

"这是太爷爷。"

9月15日,海宁市举办"文化传承与创新——纪念吴世昌先生诞辰110周年学术研讨会",郑伟谋和长子吴昭全家,以及吴世昌侄女吴令华带着女儿,出席活动。吴令安因赴美参加学术会议,未能回来。

海宁高级中学吴世昌纪念室,吴氏后人细细观看吴世昌藏书、信件、诗抄、旧物。

在吴其昌、吴世昌故居,吴氏后人看着门前静静流淌的小河,似乎透过岁月在寻找着那个熟悉的身影。吴闽元和吴闽阳兄弟则围着四合小院里的一缸金鱼研究开了。

与吴世昌共同生活过多年,郑伟谋对岳父吴世昌印象最深的,是吴世昌于1946年抗战后写的部分政论文章。"今天来看,还是很有现实意义。"

毕业于金陵女子大学中文系的吴令华是《吴世昌全集》的主编,她母亲是吴世昌五姐,后吴令华被过继给四哥吴其昌。

在她印象中,叔父吴世昌知识丰富,说话俏皮,跟他在一起,常常如沐春风。"他待人诚恳。对不讲理的人,他说话尖刻;但对真正跟他讨论学问的人,他很有耐心。"

1947年,应牛津大学邀请,吴世昌赴英,任牛津大学高级讲师兼导师,一待15年。其间,他用英文写下《红楼梦探源》,正是这部著作,使他成为人们心中著名的红学家。但吴世昌最心仪的是词学。

1962年,听从祖国的召唤,吴世昌放弃国外的优渥条件,偕全家回国。数十年后,仍有人对他此举表示不解。

吴令华觉得叔叔吴世昌是真正爱这个国家,他希望祖国好起

1955年许，吴世昌一家四人在牛津　被访者供图

来，而不是出于个人利益驱使。

1986年8月吴世昌去世时，他的《全集》还未整理好。"令安的中文比较差，他们又在美国（读书），我刚退休，就接过来了。"

编全集的过程，是吴令华逐渐认识叔叔的过程。她觉得叔叔在学术上敢于求真，独立思考。"他一直说自己是打先锋的，不立学派，但开先锋。"

吴世昌古典文化根底很深。"但他又很自觉地用西方理论、方法论研究中国古典文学。"吴令华记得王瑶主编《中国文化研究现代化进程》，将吴世昌与梁启超、王国维等十人同列中国古典文学研究领域开启现代化研究有成就的人。"他在一个新的角度，开启一条新的道路，有独特的成就。"令吴令华印象深刻的是，"他非常热爱中国古典文化,但也非常清醒地看到其中的问题。他对中国文化的认识最深,批判得也最深"。她编入全集的《中国文化与现代化问题》,今天来看依然有价值。

"影响我一辈子的,是爱国主义"

11月4日下午,中国科学院物理所大院,满地的银杏叶,金黄悦目。敲门而入,吴令安从工作间出来迎接记者。见到记者送上的百合,这位年逾古稀的女物理学家脸上绽放出美丽的笑容。

作为中科院物理所研究员,吴令安在国内最早开始量子密码通信实验研究,1995年在国内首次演示自由空间中量子密钥的分发,2000年首次实现1.1km(千米)全光纤量子密码通信实验系统。她现在一周工作80个小时,"不叫辛苦,这是兴趣"。

2009年吴令安退休,但退而不休,目前她手上还有科学技术部、国家国防科技工业局、国家自然科学基金委员会的几个研究项目。

1944年8月15日,吴令安出生在广西,逃难路上,吴世昌为她取名"令安",希望爱女一生平安。一年后,日本投降。"我对这个名字非常满意。"吴令安说。

令安4岁时,父亲吴世昌受聘赴英,她随父母赴英。1962年回国时,她正好高中毕业。

当时,父母曾问她,是否留在英国读书,因为她已获得全英大学奖学金,牛津大学、剑桥大学都能上,但她仍决定随父母一起回国。"不回来，我的中文就完蛋了。"

但最重要的还是父亲从小根植在她心中的念头。"我们早晚要回国，从小这个思想就在脑海里，从没想过留下来。父亲不管我的学习，对我最重要的教育，也是影响我一辈子的，是爱国主义。"

"他一直提出回国，但中国驻英代办宦乡说：'不着急，你在这还能帮我们做很多工作。'"吴令安记得，当有国内去的学者访问代表团，父亲就帮着联络安排他们到牛津，还专门开酒会招待过。

1962年回国后，吴令安进入北京大学物理系，语言沟通虽然困难，但抵不上思想文化的冲击。"我回来想入共青团，却一直没有入成，说我资产阶级思想还没有改造好，我很不服气。"从生活小事到补抄笔记，在同学的帮助下，她很快融入了新的团队。不久，她为学校赢得北京高校女子击剑冠军，还参加了水上运动会的武装泅渡。

也是在燕园，她与先生郑伟谋相识。两人同班，后来同为中国科学院物理所研究员。

不久，一次次的运动，打破了燕园的宁静，打断了令安的学业。她下工厂、去农场，只是偶尔想起她的物理梦。

直到1971年12月，令安被调回北京，在中国科学院报到时，面对外事局和物理所，她毫不犹豫地选择了物理所，在图书资料情报室工作。

她翻译英文、法文资料，还自学德语，同时担任口译。1977年，时任国务院副总理方毅任中国科学院院长后，吴令安被委派为他和其他几位院领导讲授英语口语。1979年，邓小平和方毅访问美国，她担任方毅的专职翻译。

但她仍向往做真正的科研，父母也全力支持她。

1981年，郑伟谋去美国得克萨斯大学奥斯汀分校当访问学者，吴令安因此有机会回到课堂，但她一度胆怯了。"我的英国同学，排我后面的第二名，已是美国大学教授，我才读研究生，太丢脸了。"再说，当时她的小儿子刚满周岁。"父母鼓励我，叫我勇于攀登，孩子他们全包了。"她这才下了决心。

吴令安至今还记得最后一次听到父亲的声音。那是1986年夏天，她从美国打电话回家，报告学位实验成功。"母亲接的电话。父亲一听到消息，就高兴地抢过话筒向我祝贺并给予鼓励。"这是吴令安与导师Jeff Kimble合作的挤压态实验，首次实现以光参量

2018年11月4日，吴令安在北京接受《嘉兴日报》记者采访　摄影　沈秀红

振荡器产生挤压态，实测压缩率高达 4.3dB，创了当时的世界纪录，开辟了以非线性晶体研究量子光学的新途径。

1986 年 8 月 31 日，吴世昌去世。次年 8 月，吴令安和郑伟谋回国，尽管那时她早就接到了 Bell（贝尔）实验室和日本 NTT 公司（日本电报电话公司）的工作邀请。

回国后，她从零开始，花了三年时间，一步步建立起自己的量子光学实验室。2004 年，她被评为"全国三八红旗手"；2013 年获第四届"谢希德物理奖"。

学霸兄弟之"痴"

"博士生廖恒与本科生吴昭共同研制的'高速汉字 Post Script 激光打字机'系统获得全国挑战杯一等奖。"清华大学计算机系 1994 年度的历史上，记下了这样一件事。

吴昭是吴令安的长子，于 1973 年出生，从小跟着姥姥姥爷长大。"我叫他爷爷，他觉得'姥爷'和'老爷'谐音，不喜欢。"

在吴昭的印象中，爷爷脾气倔强，和学生讨论时，有时会拍案而起，有时很和气，个性很鲜明。

"他看过很多书，多多少少会影响我。"他说爷爷记忆力非常好，说到什么，就能翻到那本书，那一页。"他藏书很多，我问过他，他不仅看过，还看过好几遍。"

从小，爷爷教他背唐诗，给他讲故事，但看吴昭兴趣不高，就不勉强了。吴昭从小对动手的东西感兴趣，后来又爱上编程。

"我家的传统不强迫你一定做什么,注重兴趣。爷爷做学问,是兴趣使然,并不是看带来多大回报。"

吴昭找到自己的"真爱",把全部精力投入进去。

吴昭对计算机的痴迷,得以让他免试进入清华大学计算机系。大三时,他和师兄共同研制"高速汉字 Post Script 激光打字机",拿到专利。大四时,他修完五年学分,拿到美国普林斯顿大学的录取通知书,出国留学。

如今,吴昭与朋友在上海创业,从事金融业,利用计算机技术做量化交易。

他有两子,吴闽元于 2008 年出生,吴闽阳于 2013 年出生。

如果在网上搜索"北大吴昉",会弹出不少条目:1997 级北京大学物理系,以"Fang"为名,在论坛上发表了《我认识的七个理想主义者》《中华第一系——物理讲义页边集》《从"北大讲量子力学的烂人"谈起》等一系列神帖,是未名湖畔的"网红"。他还出版了武侠推理小说《冥海花》,豆瓣评分 8.0 分。

吴昉正是吴令安幼子,于 1980 年出生。刚满周岁时,父母赴美,他与爷爷、姥姥生活在一起。

吴昉记得,爷爷的书房有很多书,灯总是点到很晚。三四岁时,爷爷教他千家诗,有国画插图,可能是民国早期启蒙教本。"我没耐性。他说我记一首,就给我花生米吃,我认真背了好多首。后来,我发现即使不背,爷爷也给我吃,我就不背了。爷爷郁闷了好一段时间。"

吴世昌藏书中的《封神演义》《西游记》《水浒》等,吴昉很早就开始看,5 岁就把繁体版《西游记》看完了。

吴世昌去世后，吴昉被带到美国。十个月后，随父母回国。

2001年，北京大学物理系毕业后，吴昉再赴美，于四年后拿到斯坦福大学应用物理博士学位，在金融公司做量化交易的数学建模。

他受姥姥影响，喜欢推理小说。"姥姥从英国回来时，带了好几箱原版书，金岳霖还来借过。我喜欢物理，但痴迷推理小说。我常说，研究推理小说才是我的主业。"

2005年年初，吴昉开始创作推理小说。"我想写中国推理小说，只有在中国场景下才能发生，展示中国特有的人文价值。"他花六年时间创作了25万字的武侠推理小说《冥海花》，于2011年由新星出版社出版。"有时间我还要接着写下去，结尾留了伏笔。"

吴昉共生育两女一子。

【对话】

"爷爷的影响，家风的传承，这就是书香门第的影响"

记　者：说起吴世昌先生，大多数人都知道他是红学家，却不知道他是文史学家。

吴令安：其实，爸爸很不喜欢别人称他"红学家"。

郑伟谋：关于《红楼梦》，他（吴世昌）有一句很有趣的话：我不搞"红外线"。他非常强调研究《红楼梦》首先要（厘清）版本之间的关系，尤其是脂砚斋评语和著作之间的关系，材料掌握好，从材料本身做一些扎实的基础研究，然后才能够做文艺批评。

他的学术贡献，他不认为是红学主导的，他成名是在训诂学，一生最欣赏的是词学研究。

记　者：吴世昌先生在学术上的怀疑精神，在业界好像比较有名，是否影响着你们？

吴令安：这是比较科学的态度，我父亲是比较西方的考究精神。敢于质疑，西方学者都是如此，搞科学都是这样。

郑伟谋：他可能是受燕京大学的影响，可能也是北京大学的传统。科学不承认权威，没有权威，只有对错。那一代青年学生，经过五四运动之后，都是这样的：我要尊重你，没问题，但我不能不说不同意见。

吴　昭：爷爷给我印象比较深的是他的治学精神。他书屋有两副对联，篆书写的，我不认识，他便一个个教我，"学问只如此，真理极平常"。你要追求真理，做学问就是追寻真理。不仅他是这样，我父母后来做自然科学，我后来做计算机，我们都与人文无关，但方法是如此。"平生未作干时计，后世谁知定我文"，后来我才理解是什么意思。做人，如果坚持己见，可能会头破血流；但若为了所谓的人情世故，必然要牺牲个性，迎合他人。这不是我们家族的作风，当然，这是有代价的。

吴　昉：对我的重要影响，讲究真实，做科研、做研究，不要盲目遵从权威，有一说一。爷爷虽然做的是人文研究，但他非常有科学精神。

记　者：您父亲作为那一代知识分子身上最典型的特点是什么？

吴令安： 直，不在乎外界的评价，坚持自己的观点。我记得出国后，我父亲冬天就穿着国内带过去的皮袍子、长衫，我跟我妈就觉得不好意思。他不在乎，说："我本来就是中国人嘛。"

记　者： "文化大革命"时，您父亲也受到冲击？姐姐因而致病？

吴令安： 父亲受到一定冲击。文学所红卫兵先来，给我父亲的书房贴了封条，没有抄没，我父亲的藏书也因此得以保存下来。后来捐到海高的那批藏书中，就有这些书。

姐姐去英国时已10岁，学业不是很顺利，她在牛津大学化学系读到大三，就先回国了。

那时，医学没那么发达，人们不知道她得了抑郁症，也不说她是受了文化冲击，而是说思想有问题。"文化大革命"时，她宿舍的好朋友被"批斗"，这让她很恐惧，整个人因此垮了。后来，她一直住在医院里。

记　者： 您父亲爱国，举家回国，历经"文化大革命"，他仍说即使事先知道有这么一次"革命"，依然会回国："一切事业都得付出代价，爱国是大事，岂能不付出代价？"

吴令安： 我相信是真的，这是那个年代很多科学家的态度。根据我的观察，对回国，父亲从来没有纠结过。他小时候吃过苦头，他不怕苦。

记　者： 吴世昌先生之后，你们家没有人选择文史。您为什么喜欢物理？

吴令安： 父亲是很开明的，尊重孩子的选择。做学问很重要的是要有兴趣。

我觉得物理比数学和化学都容易。母亲希望我学医，但我太不喜欢了，因为要死记硬背。我本来想学天文的，因为数学底子还可以，我特别喜欢实验。

郑伟谋：当时的氛围如此。但是（国内外）有文化上的明显差别。陈之藩《剑河倒影》，讲到那边的文化跟我们不一样，教授不同专业的人在一起碰撞，产生文化的火花，这种文化氛围，在燕京是有的。这种文化冲击和文化交流，实际上对学术进步是很重要的。

记　　者：怎样的家风传承或者家庭教育，产生了你们这样的学霸家庭？

吴令安：就是知识分子家庭。

郑伟谋：潜移默化，很难讲具体。只能说，在这样的家庭长大，骨子里会有影响，想的东西不一样。其他家庭有的烦恼，于我们这儿没有土壤，不会发生。倒不见得说孩子多优秀。

两个儿子都是拿到奖学金出国留学的。当时对他们讲："你们出国学习我们不反对，每个人可以选择（国外）五所大学报名，我们负责这五所学校的报名费，但不会负责你们的学费。"

吴　　昭：一方面是做事情态度一定要认真，要么不做，要做就做好；另一方面是追求真理，尤其是做学问，不能人云亦云，要独立思考。我受他（爷爷）影响很深。

吴　　昉：爷爷有两万册藏书，我从小就在这个书房长大。后来，爷爷虽然去世了，我仍会去书房。有段时间，我就住在书房里，这让我非常喜欢书。如果说爷爷的影响，家风的传承，这就是书香门第的影响。

爷爷曾留下遗言，如果我和哥哥学文的话，就继承他的藏书；如果没有，就将藏书捐给家乡的图书馆。

我也喜欢藏书，现在我家有 8000 册藏书，大部分是推理小说。我把藏书、看书当成我的习惯。我的理想就是有一个自己的图书馆。

（2018 年 11 月 30 日首发，2023 年 7 月修订）

沈祖棻
（1909.01.29—1977.06.27）

　　祖籍浙江海盐，出生苏州。著名词人、诗人、古典文学研究专家。

　　她和学者程千帆志同道合，是文章知己、患难夫妻、文坛佳偶，40载同甘共苦，比翼齐飞，传为佳话。

　　生有一女程丽则，外孙女张春晓（早早）、程雨燕。

> 我母亲是经历过富贵的,因为她家里很有钱。但是在选择爱情或者事业的时候,她就可以安于清贫,这是最不容易的,现代人最不容易做到的。
>
> ——程丽则

沈祖棻后人:
她留下的最大财富是精神财富

■ 沈秀红　高云玲

忆祖棻:"她是温婉而又内心强大的江南才女"

1932年,23岁的沈祖棻以一首《浣溪沙》成名。

> 芳草年年记胜游,江山依旧豁吟眸。鼓鼙声里思悠悠。三月莺花谁作赋?一天风絮独登楼。有斜阳处有春愁。

一句"有斜阳处有春愁",为沈祖棻赢得了"沈斜阳"的美名。当时,她在南京中央大学文学院读二年级。文学院院长兼中文系主任汪东看到这首《浣溪沙》时,大为惊叹。此后,沈祖棻

1975年3月，沈祖棻、程千帆与女儿一家合影于武汉东湖，外孙女早早刚满周岁　被访者供图

专力填词,自1932年到1949年,前后共创作了500多首词,其中400多首创作于抗战期间。这些词便是1949年春,她手定而成的传世之作《涉江词》。

对《涉江词》中的部分作品,汪东评价:"诸词皆风格高华,声韵沉咽,韦冯遗响,如在人间。一千年无此作矣。"黄裳则评:"高出于三百年来的女词人。"

沈祖棻在晚年写出了著名的长篇诗作《早早诗》,被誉为"中国古典诗歌史上空前未有的佳作"。

> 张氏外孙女,前年尚襁褓。
> 八月离母腹,小字为早早。
> 生辰梅正开,学名唤春晓。
> 一岁满地走,两岁嘴舌巧。
> 娇小自玲珑,刚健复窈窕。
> 长眉新月弯,美目寒星昭。
> …………

早早(张春晓)是她的外孙女,当时只有2岁。此诗震动诗坛,朱光潜题诗赞道:"易安而后见斯人,骨秀神清自不群。身经离乱多忧患,古今一例以诗鸣。独爱长篇题早早,深衷浅语见童心。谁说旧瓶忌新酒,此论未公吾不凭。"

她被人们誉为"当代李清照"——20世纪中华诗词界最杰出的女词人。

她与程千帆的爱情婚姻,更有"昔时赵李今程沈"之说。两人志同道合 40 载，直至 1977 年 6 月 27 日，她的生命因一场车祸戛然而止。

当时，程千帆历经 18 年磨难好不容易摘除了"右派"帽子，带着妻子祖棻、外孙女早早，到上海、南京探亲。返回武汉大学时，他们乘坐的车子因司机酒驾撞上了电线杆。

早早当时不足 4 岁，是这场车祸中最小的幸存者和见证者。时隔 37 年，在广州红专厂一家咖啡馆一隅，早早向我们追忆这场车祸时，叹息命运的无常，对外婆充满疼惜。当时，她本来坐在外婆怀里，就在车祸发生的前几分钟，正好转到了爸爸怀里，才没有受伤。

早早的《有斜阳处有春愁——才女的诗心和宿命》于 2013 年 5 月出版后，她曾在接受媒体专访时表示，书中所有才女中，外婆沈祖棻是最令她疼惜的。

早早对外婆沈祖棻，"完全是通过文字来了解的"。

读硕士的时候，她做了外婆的历史小说《辩才禅师》《崖山的风浪》等的研究，学年论文写的就是这个。外婆在小说中所渲染的一些价值观念，如民族情结、艺术等同于生命甚至高于生命等，对她有潜移默化的影响。她的硕士毕业论文，做的是外婆的《涉江词》研究。

1998 年，她为《沈祖棻文集》写的总序饱含深情：

> 长大懂事后，我为她的不幸流过许多泪，因为终于明白了这是一种永不可挽回和弥补的失去。不变的，是她的爱始终萦绕在我们的身边，因为她真正是一个满怀情感地去爱我

们、爱大家、爱生活、爱这个国家的女性，虽然她的一生如此苦难而又如此的平凡。她为我们留下了一笔财富，那是她毕生心血凝聚而成的各种样式的文学成果，诗、词、小说、散文，还有赏析与论文等，它们在几十年后依然墨色鲜明，一版再版。（节选）

但早年，说起家学渊源，早早对其曾有过很大的抗拒。"我出生在武汉，后来一直在南京长大。在很长的一段时间里，因为并没有与外婆住在一起，那种家学总觉得浸染得还不够深。但现在回想起来，那种潜移默化也就是影响了。比如说我在被保送研究生选专业的时候，很自然地，古代文学就是我的首选。从来没想过为什么会这样，也不是怀抱着要继承的愿望。"

在早早的印象里，外婆很有才情，很时尚。"她的才情，我外公是不如她的。外婆喜欢在苏州的生活，与很多朋友在一起，聊聊天，作作诗，看看戏。她年轻时喜欢抹口红，戏称点绛唇。"

"外婆是个很有灵心慧性的江南才女，举止很温婉，内心很强大，有自己非常完整的精神世界，对中国古典文学有非常高的认同。在抗战时，她在信中对老师说：'如果我和我的诗稿分开两地，是保存我的性命还是我的诗稿？我选择诗稿。'她之所以有这样的成就，我觉得和她的某种执着很有关系，不完全是靠灵心慧性可以支撑起来的，不完全是靠才情就可以做到的。"

通过研究，早早发现，外婆的创作分期非常明显，创作文体很丰富，作过新诗，写过新小说，还写过独幕剧。"她的一些新诗在抗战时还被传唱，但是抗战期间她主要写词，中华人民共和国成立以后主要写诗,同时还写《宋词赏析》《唐人七绝诗浅释》,与教学研究是放在一起的。

"当然,她是(将它们)糅合在一起的,在很多词作中看到她的忧国忧民,同时这中间一定寄予了个人的乡愁、爱情,是打成一片的。但是她作品的大背景不是虚化的。从现在的价值观上讲,(正是这点)是比李清照要高出的地方。

"与千帆论及古今第一流诗人无不具有至崇高之人格,至伟大之胸怀,至纯洁之灵魂,至深挚之感情,眷怀家国,感慨兴衰,关心胞与,忘怀得丧,俯仰古今,流连光景,悲世事之无常,叹人生之多艰,识生死之大,深哀乐之情,为天地立心,为生民立命,夫然后有伟大之作品。其作品即其人格心灵情感之反映及表现,是为文学之本。"

女儿程丽则跟母亲沈祖棻在一起的时间最长。在她心里,母亲"是一个非常谦和的人,温柔的人"。"我觉得,'温良恭俭让',这五个字她全部占据。脾气极好,性格极好,非常谦和,乐于助人,而且也很忍让。同时她又是一个学者,一个才女。"

续佳话:独生女培养出一对博士姐妹花

1972年春天,美丽的女儿程丽则出嫁,沈祖棻作诗回顾母女20多年的相依相伴:"娇憨犹忆扶床,甘载相依共暖凉。春径看花归日暮,秋灯拥被话更长。每夸母女兼知己,聊慰亲朋各异方。喜汝宜家偿凤愿,眼前膝下几时忘。"

程丽则 10 岁时,父亲被打成"右派","下放劳动",她与妈妈相依为命。由于"家庭成分"不好,丽则没有读高中,中专毕业后就到了工厂工作。

1966 年春,"文化大革命"到来之前,在珞珈山一隅,有碧桃盛开,沈祖棻与在工厂实习的女儿留影花下,留下了温暖的瞬间。她赋诗纪念,并在诗中鼓励女儿好好工作,服务国家。

程丽则说:"我现在这么喜欢拍照,特别是喜欢被拍,可能也受我妈妈影响,因为小时候她会带我去照相馆,每年我生日都照相留念,有时候不是生日也去照。"在丽则心里,妈妈和天下所有妈妈一样,慈爱温和,尊重女儿的选择,不会长篇大论地教育女儿应该如何如何。她觉得妈妈对她的影响是点点滴滴的、潜移默化的。

父母都是古典文学的研究者,程丽则很小就开始读诗了。她也喜欢作诗,写过旧体诗词,也作过新诗,作品曾在诗刊上发表过,而且还自印过一本诗文集《绿水青山入梦来》。

程丽则的性格和母亲很像,喜交友,善言谈。退休后,她利用许多时间整理父母的照片、日记。去年(2013),南京大学举办了程千帆先生百年诞辰纪念会,程丽则编写了一本《千帆身影》,以照片为线索,讲述父亲的学术生平。此书一共收入照片 300 多张,每张下面都有说明。她精心查找筛选撰文,花了近一年时间。她还整理父母的日记,把手稿一一输入电脑。程丽则说,虽然不知何时能出版,但机会不会光顾没有准备的人。这也是她一直用以教育两个女儿的"训言"。

由于时代的原因,程丽则没有机会读大学,一生以之为憾,

2003年6月，雨燕（右）硕士毕业，与父母及博士姐姐春晓合影于南京大学校园　被访者供图

但她培养了两个名牌大学的女博士。大女儿张春晓（早早），是复旦大学的文学博士；小女儿程雨燕是武汉大学的法学博士，现在是广东省委党校的教授。

在暨南大学，张春晓任文学院副教授，在中文系时主要教授影视剧写作，被调到古籍所后主要教授"中国古代文学"。

在南京大学读完本硕后，早早选择考复旦大学文献博士，以让自己浮躁的心能够静下来，但她对小说的创作喜好一直没变。她表现出与外婆相似的灵性才情。本科毕业时，早早即发表了第一部长篇小说《风雨情缘》（贵州人民出版社1996年版）；读博期间，她又完成了另一部武侠小说《雨中花》，并于2002年出版；她还先后在文学杂志《钟山》《作家》上发表了中篇小说《记忆的门半开半掩》《阳关三叠》。

"从这方面来讲，也算后继有人吧。因为我走的也是她（外婆）的一种创作路线。"早早说。所不同的是，外婆写的是短篇小说，她写的是中长篇。

她的小说主要写历史人物、事件。她说："我喜欢把历史的、野史稗抄的，或者笔记里写不到论文中的，但让人内心很激荡的一些题材，尤其在战争时代，一些可歌可泣的细节，写到小说里。"她得意地说："写到后来，我不知道哪些是我自己创作的，哪些是拷贝了别人笔记里的。"

2012年，早早到哈佛大学做访问学者，这也是得自外婆的因缘。因为她后来的合作导师王德威对沈祖棻研究比较感兴趣，两人在2005年南京大学举办的一次国际会议上有过一面之缘。早早说，在哈佛的一年，人生上的收获、视野上的收获大于学术上的收获，对她影响很大，比如她又有动力写小说了，之前已经停了七八年；她还决定重新修改博士论文。

她感叹："自己虽然也努力，但是你会发现前人留下的因缘是很奇特的。"

2014年，早早的女儿8岁，她对女儿非常注重家族传承方面的教育。2009年，海盐举办纪念沈祖棻先生百年诞辰暨学术研讨会，早早带着3岁的女儿去了；2013年，南京大学举办程千帆先生百年诞辰纪念会，她又带女儿回去参加了，她还特意指着外公程千帆写的字"如山若水"对女儿说："这是你太爷爷写的字。"

然而，让早早无奈的是，女儿认为自己是广州人；而且随着家人都离开南京，与南京的联系越来越少，不知道这种维系还能保持多久。

沈祖棻去世的第二年，雨燕出生了。机缘巧合，祖孙两个的生日居然是同一天。程丽则说："她的性格像我爸爸，做事比较严谨，对自己的人生有设计，而且她设计好了以后就去做，目标很明确，一桩桩地做完。"

雨燕说："我外公说他最大的理想是当个大学教授，我说那我就把我的人生理想也设定成当一个教授，当不了像外公这么知名的教授，当个普通的教授也可以，也算实现目标了。"她本硕就读于南京大学，学习法学专业。雨燕觉得家里人都搞中文，自己不想沾他们的光，想自立地去学习自己感兴趣的东西，于是学了法律。家人很民主，谁也没反对。

读硕士期间，雨燕受姐姐到西藏支教的影响，去新疆支教半年。硕士毕业后，她没有像姐姐一样继续读博士，而是选择先工作。三年后，她考取了武汉大学的博士，读的是环境法专业。雨燕说："我在硕士期间就开始研究环境法，也是有些理想的成分在里面，觉得现在环境污染很严重，希望能够通过法律的学习，贡献自己的一份力量吧。"

对在党校工作，雨燕的老师曾质疑能否人尽其才，雨燕的回答是："我们对这些领导干部的教育，如果能发挥作用的话，其实比在高校里更有用。如果能给他们一些环境保护的理念，可能这个社会能发生更大的改变。"

在程丽则眼里，这个女儿非常勤奋，很努力，双休日都不怎么休息。家里没有电视机，她也没开通微信。

程雨燕还到广东外语外贸大学在职做博士后，出站后按计划于2016年下半年前往美国伯克利大学做了为期半年的访问学者。

2023年夏，雨燕的女儿小学毕业，在民主开明的家庭中成长为家人的骄傲，雨燕希望自己的女儿能跟自己一样快乐健康。

【对话】

"丰富的精神生活是绝对可以战胜贫困的"

记　者：沈祖棻先生出生在苏州，祖籍是海盐，不知道是第几代搬到苏州的？她有没有回去过？

程丽则：至少我母亲的祖父就在苏州置下了田产。再早我们就不太清楚了。母亲的祖父在苏州买了那个大石头巷的房子。她没回去过（海盐），因为家里都没有人了，而且那个时候又不怎么时兴寻根，大家都生活得很动荡。

旁　注：记者与海盐沈祖棻诗词研究会取得了联系，据负责人王留芳说，沈家自明末一直在海盐居住，沈祖棻的祖父沈守谦在苏州购置田产后，沈家便搬迁至苏州。1949年后，沈家在海盐尚有大片房产，后均收归国有。现已不存。

张春晓：现在，苏州的那房子是个大杂院，跟我们家已经没有关系了（抗战时卖掉了）。最有意思的是，苏州那个写《浮生六记》的沈复，现在传说（那院子）是他的宅子，整个搞错了。

记　者：沈祖棻先生给你们留下的最大财富是什么？

程丽则：精神财富。我母亲是经历过富贵的，因为她家里很有钱。但是在选择爱情或者事业的时候，她就可以安于清贫，这是最不容易的，现代人最不容易做到的。我昨天还跟我爱人谈到，我说其实精神的力量是非常大的，丰富的精神生活是绝对可以战胜贫困的。

我妈妈从来不怨天尤人。我看我爸妈那个时候，可能一点都没学习现在所谓什么心灵鸡汤，他们自己就具有这种学习吸收消化的能力，我觉得跟他们读了很多的书有关。他们读了那么多的古文古书，肯定从中吸取了大量古人的优秀精华，使得他们非常的有涵养。

记　者：您外婆沈祖棻的遗著主要是您外公程千帆整理的，您参与了哪些？

张春晓：外公在外婆去世后整理了《宋词赏析》《唐人七绝诗

浅释》,当时给了上海古籍出版社,1999年时出了全集,那时做了一些补误,是他指导我做的。外公整理的外婆遗著,很重要的有《涉江词》,外公还做过笺注,于江苏古籍出版社出版,被舒芜先生赞为"前无古人的笺注"。我外公后来的太太,也做了很多整理工作。

近几年,我主编整理了《沈祖棻诗学词学手稿二种》(中华书局2019年1月版),主编新版《沈祖棻全集》,即将由广西师范大学出版社出版,新版主要增补了新文学小说、书信、日记等,将原有四卷本扩充为五卷本;同时将外公外婆的四种诗词论著改编为青少年读本《唐诗宋词大师课》,由万卷出版有限责任公司果麦出品。

记　者: 您对外婆的学术研究还在继续吗?

张春晓: 我一直想做正声诗词社研究。这是在四川的时候,金陵大学及其他好几所大学的学生跟着我外婆结的一个诗社,我觉得那段很有意思,也有出《正声诗刊》。这里面最重要的是能够展现从吴梅、汪东他们下承的一种师者的概念,他们承袭传统的知识分子对老师要把所有知识传给学生的这样一种愿望。

2019年,我参与撰写《鼙鼓声中涉江人——沈祖棻涉江词赏析》(张宏生主编,南京大学出版社2019年10月版);撰写了《黄鹤迎春申契阔——小记1977年萧印唐武昌过访沈祖棻夫妇》(刊于《传记文学》2020年第4期);撰写了《手稿辉映下的艺术时空——沈祖棻〈早早诗〉的创作历程与心灵意向》(刊于《新文学评论》2021年第1期)。

但更多的是指导硕士进行相关研究,形成文脉传递。与杨园园合作撰写的《从东南文脉传承到传统文化普及——以沈祖棻〈唐人七绝诗浅释〉成书为例》,刊于《东南大学学报》2023年第1期;指导李秀如写作《词苑播芳猷,彩笔久钦干气象——夏承焘与程千帆、沈祖棻交游述略》,刊发于《古典文学知识》2023年第1期。

正声诗词社的研究内容已成为目前二年级硕士熊安娜的硕论方向。

记　者:《有斜阳处有春愁》,怎么想到写这本书?

张春晓:我的书都是人约稿的。这本书定题目时都是自己比较有兴趣的,提纲都是我自己写的。我自己觉得比较好的就收,把考证的东西融合进去。我的写作手法是通过文学作品解读他们的人生,诗史结合,通过他们自己的文学作品带出他们的命运。

记　者:书中绝大多数是古代才女,写您外婆外公的爱情主要是出于什么考虑?

张春晓:把我外公外婆写进去是为了圆我个人的梦,是我个人的意愿,况且他们两个人从事古典文学的创作和研究,选进去也是和谐的。

记　者:两个女儿这么优秀,程老师平时对她们有没有特别的要求?

程丽则:绝对的民主。包括她(雨燕)生孩子,她生不生,我们都没有意见。

程雨燕:没有。包括我们学习的时候,都没有,都是我们自己在那儿学习,反而我爸妈说,你休息一下。对什么专业的选择啊,婚姻的选择啊,都可以说是完全由着我们,充分地信任我们。他们这种思想我觉得肯定也跟我外公外婆对他们的教育有关。我妈从小就受这种很自由民主的教育,所以她才会这样教育我们。所以就一脉相承到这里了。

程丽则: 是,他们(父母)是很民主。比如说我跟我爱人结婚,我爱人也就是个普通的复员军人,然后在工厂工作,他们也没有干涉。

(2014年11月7日首发,2023年7月修订)

张乐平
（1910.11.10—1992.09.27）

浙江海盐人。漫画大师，被誉为"三毛"之父。

与夫人冯雏音育有七个儿女：长女张娓娓、次女张晓晓、长子张融融、幺女张朵朵、次子张建军、三子张苏军、四子张慰军。

做个好人。父亲做事低调,他也希望我们不要太张扬。我们对外从来不讲父亲是谁。我们的子女也都十分低调,许多朋友不知道他们的家学渊源。

——张慰军

张乐平后人:
父亲希望我们做事不要太张扬

■ 陈 苏

深深呼吸少有的安详和宁静,雨打着梧桐树枝,哗哗地响着。

五原路288弄3号,张乐平旧居,在这里,七个孩子陪伴张乐平度过他人生最后40余年。斑驳的老洋房,雕花的天花板,脚踩在辗转的木质楼梯上,咯吱作响,满布蓝印花布的画室,一切如昔。时间,似乎从未流逝。

2012年,张乐平逝世20周年。2月10日,海盐张乐平纪念馆新馆开馆,陈列了各个版本的张乐平作品。

2012年初春的下午,张乐平上海旧居的画室里,张乐平次女张晓晓、长子张融融、小儿子张慰军,接受《嘉兴日报》记者采访,追忆父亲和家族往事。他们坐在父亲大大的画桌旁,一如半

1959年张乐平全家在上海的旧居（从左到右：张建军、张娓娓、张朵朵、张融融、张乐平、张苏军、张晓晓、张乐平夫人冯雏音、张慰军） 被访者供图

海盐张乐平纪念馆，新馆于2012年2月10日开馆 摄影 袁培德

个世纪前,依傍着父亲。

重义轻利　在大事上胆子很大

在我们的印象中,他对名利看得非常淡,处世为人小心谨慎。长大后,我们才知道,他在大事情上胆子很大。

——张融融

在张家兄弟姐妹的印象中,父亲一直是小心谨慎地做事。"他开会都躲在后面,加工资、分房子,他都主动不要。"但长大后,尤其是父亲去世后,他们通过有限的资料才知道,父亲在大事上胆子很大。

《三毛流浪记》超过三分之二的画稿,是张乐平在嘉兴姚庄路北望云里19号完成的。许多人不知道,当时张乐平为何举家迁到嘉兴。

"父亲画三毛,收到恐吓信,里面有子弹,因此躲到嘉兴。"张晓晓依稀记得,当时,父亲带着母亲、5岁的自己和大姐张娓娓、弟弟张融融,举家住进那座木结构的三开间两层小楼。"朵朵(张乐平的第四个孩子)就是于1948年出生在小楼里。"全家在这里住了两年多,直到1949年11月,一家人离开嘉兴定居上海。

受到威胁造谣,是家常便饭,但张乐平没有停止创作《三毛流浪记》。张融融记得,当时,每隔几天,父亲或者母亲就到火车站邮局,将画稿寄往上海《大公报》。

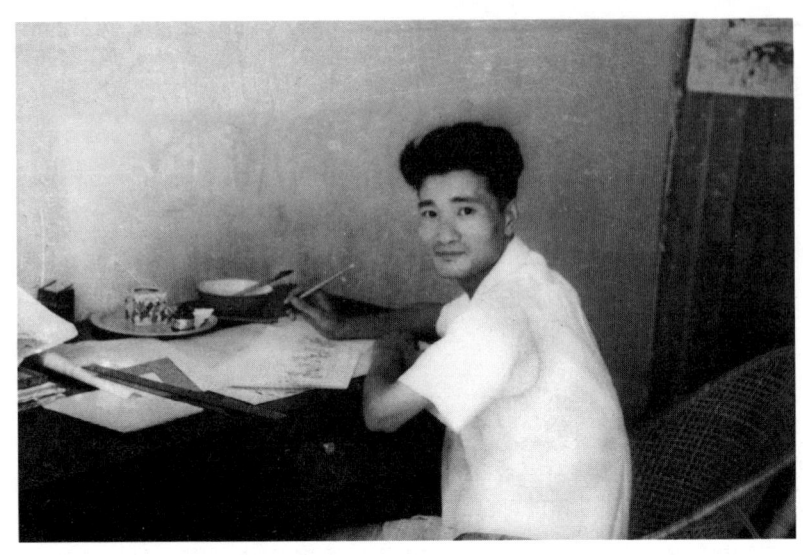

《三毛流浪记》超过三分之二的画稿是张乐平于1947年至1949年在嘉兴创作的　被访者供图

"抗战那段经历,以前他不愿意多讲。实际上,这段经历非常了不起。"张家兄弟姐妹在父亲身后,通过资料才知道,抗战时,父亲一直在抗日第一线。"当时,上海漫画家组成抗战漫画宣传队,父亲是副领队。他为画抗日宣传画出生入死。他深入基层,辗转各地,坚持到抗战胜利,这从我们兄弟姐妹的出生地就能看出来。"张乐平大女儿张娓娓,于1941年出生在江西上饶,二女儿张晓晓于1943年出生在江西赣州,大儿子张融融于1945年12月抗战胜利后出生在广东省梅县。这就是张乐平在抗战中的足迹。"因为他在国统区,所以对我们不大提。《三毛从军记》就是他这一时期生活的一个体现,里面军队有抗日的一面,也有腐败的一面。"张乐平去世后,张家子女整理出版了《三毛之父"从军"记》,专门讲父亲在抗战中的事。

"要雪中送炭,不要锦上添花"

我父亲善良、老实、本分,他做人低调、平易近人,和工人、农民、老百姓都可以成朋友。"三毛"很出名,父亲是被"逼"上名人的位置。父亲喜欢雪中送炭,不喜欢锦上添花。

——张融融

张乐平始终关心弱势群体,张晓晓觉得这可能与他的苦出身有关。"中华人民共和国成立前,这(张乐平旧居)都是洋人别墅,北面的院子,以前都是平房、汽车间。后来,那里住着不少工人。"张慰军记得,父亲和他们的关系非常好。"他们家里有事也都和父母商量。"直到现在,他们的子女和张家子女关系依然非常好。"'文化大革命'时,有红卫兵来'抄家',他们还出来阻止。"张融融记得,父亲在单位扫地,工人对他非常好。"'造反派'走了,他们就说:'老张,你不要扫了。'那时,工人阶级的一声'老张'多么难得啊。这与父亲平常的为人有关。"

1957年,张乐平差点儿被打成"右派",许多朋友成了"右派",对他冲击很大。"漫画家张文元,被打成'右派',去宁夏时,父亲送他很多宣纸和毛笔,一切尽在不言中——不要画漫画,画国画。那时父亲很苦闷。"张融融记得,当时,父亲带着他到嘉兴、海盐、杭州兜了一圈。之后,渐渐转向儿童漫画创作,三毛漫画也多表现日常生活。

刘海粟被打成"右派"后,张乐平常去看他。平反后,他反而不去了。张晓晓曾问父亲原因。"他说:'要雪中送炭,不要锦上添花。'这句话我印象很深。"

父亲一直都是雪中送炭。张融融记得,20世纪50年代时,父亲一幅漫画能卖25元到30元钱,父母生活很节俭,但仍存不了钱,常去帮了别人。"对那些'有问题'的人,他总是能帮就帮,特别是对他们留在上海的家属。"

当时,画家任微音在路边修鞋,一般人看到,都不敢理他。在张慰军印象中,父亲每次见到他都和他说话。"任微音女儿曾在上海媒体平台上谈到我父亲,还掉眼泪,说她父亲平反,也是我父亲做的证明。"

张乐平的许多作品都以孩子为题材。他曾说:"大家总喜欢称我是'儿童漫画家',我也乐意接受这个称号。有人问我:'你的儿童漫画令小孩子那么喜欢看,有什么诀窍吗?'我想来想去没啥诀窍,就是有一点,我爱孩子。"他有很多编外儿女。"上官云珠阿姨在'文化大革命'中被迫害致死,父母视她一双儿女如亲生。我有个同学,父亲抗战时被日本兵迫害失踪,只有外婆照顾他。外婆去世后,父亲就让他住在我们家,直到小学毕业。另外,还有工人的孩子。父亲很少画画送给我们,我们的朋友却有。"最出名的还要数台湾地区著名作家三毛。陈懋平因为酷爱《三毛流浪记》中的小三毛,把笔名改为三毛。1989年,她"千里寻父",与张乐平见面,传为文坛佳话。

齐心合力　续建"三毛王国"

张乐平喜欢孩子，妻子冯雏音生了七个儿女，张娓娓、张晓晓、张融融、张朵朵、张建军、张苏军、张慰军。这是个热闹的大家庭。

七子女及后人没有承袭父亲衣钵，但不乏从事艺术、设计者。

大女儿张娓娓，学美术师范，也学服装设计，在澳大利亚从事美术基础教育，现已离世。其女孟晶，1978年生，学建筑设计，是墨尔本小有名气的建筑设计师。

二女儿张晓晓，在上海一家企业技术部退休，其子1974年生，

张乐平长子张融融（左）、小儿子张慰军在父亲画桌旁接受《嘉兴日报》记者采访　摄影　袁培德

在国企做外贸。

长子张融融,在上海一家自动化研究所退休,其子1981年生,是上海某著名高校艺术设计专业老师。

小女儿张朵朵,生于嘉兴,卫生防疫部门医务工作者,已退休。其子1976年生,是香港地区一家报刊的编辑。

这四个孙辈的名字是张乐平亲自取的,寄托了他的欣喜和期待。他们出生时,他还给每个孩子画了肖像,惟妙惟肖。(修订时,应张氏后人要求,删去第三代的具体信息。)

次子张建军,1950年生,小提琴手,已退休。其女毕业于华东理工大学学艺术设计,某大型网站编辑。

三子张苏军,1952年生,曾继承父亲画笔,从1997年1月7日起在《新民晚报》上连载《三毛奇遇记》,以普法、道德教育及针砭时弊为主,持续一年,香港地区媒体以"三毛复活""三毛新生"为题关注。

四子张慰军,1954年生,毕业于上海交通大学美术系,学油画,在上海做室内设计。2012年2月开馆的海盐张乐平纪念馆新馆,室内设计和展览陈列是他亲自做的。其子1990年生,南京大学学哲学宗教学。如今,他又重返校园继续深造。

这些年,张家七子女协力构建父亲的"三毛王国"。

1996年,三毛形象著作权无形资产被评估为5.9亿元人民币。

从2006年开始,央视陆续播出根据张乐平原作改编的动画片《三毛流浪记》和《三毛从军记》,也有以现代题材为故事背景的新编作品《三毛奇遇记》《三毛历险记》和《三毛旅行记》。

2007年,世界夏季特殊奥林匹克运动会,阳光三毛被用作吉祥物。

2010年，上海世博会，三毛作为世博系列图书的重要形象，与海宝携手，共看新上海，在上海馆"永远的新天地"中，"三毛"成为代表上海的文化符号。

2010年11月10日，张乐平百年诞辰，大型动画系列片《三毛》在人民大会堂举行首发首映发布会。

2011年，音乐剧《三毛流浪记》由著名音乐人三宝主创，甫一推出，就在广东省的艺术节上得了九个奖项，当年成功巡演50场。

2012年2月10日，海盐张乐平纪念馆新馆开馆，建筑面积1900多平方米，陈列了各个版本的张乐平作品。

近十年来，三毛频频走出国门，在保加利亚、俄罗斯、韩国、法国、毛里求斯、比利时、澳大利亚、德国、巴基斯坦等国举办三毛漫画的展览，向世界人民展示三毛漫画的魅力。

2015年，《三毛流浪记》和《三毛从军记》合编的法文版 SAN MAO《三毛》荣获第42届法国昂古莱姆国际漫画节文化遗产奖，这是世界最著名的漫画节之一，SAN MAO 是迄今为止唯一得奖的中国漫画家作品。《三毛流浪记》和《三毛从军记》被认为在世界漫画史上有里程碑式的意义。

同年11月，中国驻比利时大使向欧洲最大的漫画博物馆布鲁塞尔漫画博物馆赠送三毛雕像，将永久展出。

2018年，世界无字书大奖评委会将首个"特别贡献奖"授予张乐平先生，向张乐平先生高超的艺术造诣，尤其是其对社会底层人民的关爱表达敬意。这也是中国画家第一次获得世界无字书大奖的专业大奖。

2019年4月,《三毛流浪记》成功入选联合国"无贫穷——可持续发展目标读书俱乐部"首批推荐书单,《三毛流浪记》是中国入选的三本书中唯一的图画书。

…………

这长长的时间表,每一个都有张氏子女努力的身影。

每当张乐平的重要纪念日,全国各地举办的各类纪念活动,也都有张氏子女的身影。

2017年6月15日,在上海图书馆举办的"穿梭在马路弄堂——纪念《三毛流浪记》发表七十周年图片文献展",展出了许多当时读者捐赠的物品和文件等,让读者和观众了解了当时三毛的巨大影响。

2020年11月10日至2021年2月28日,"回眸——张乐平先生诞辰110周年纪念特展"在上海中华艺术宫(上海美术馆)举办,展出包括三毛漫画在内的张乐平漫画、水彩、剪纸、年画、素描、速写、小说插图、服装设计、国画等众多领域的作品,多维度呈现张乐平的艺术世界。

张乐平最早的漫画是何时?最早的三毛漫画是何时?这些曾经的疑问,在张氏子女的努力下,也都找到了答案。

"父亲最早的漫画,有各种说法,我们发现早在1932年,有上海媒体称父亲是国内第一流的画家,至少,那时他已画了很多画,现在我们知道他1929年已经在画漫画。"张慰军说,他们还在努力寻找,看是否有更早的作品。"最早的三毛到底在哪儿?黄永玉叔叔写的是1935年9月,父亲模糊记得是春夏之交,又说11月。目前我们找到的是1935年7月28日。"

他们整理父亲留下的资料,出版相关书籍,有"《三毛之父

'从军'记》《永远的三毛》《上海张乐平画笔下的三十年代》等很多版本"。

张氏子女主要做的是将画稿整理出来，重新出版。"《三毛流浪记全集》和《三毛从军记全集》。《三毛流浪记》以前出的都是选集，我们整理出全集，以《大公报》连载为主，篇幅从170多幅变成260多幅。"还有其他作品，包含父亲曾提到过的作品。"父亲在'文化大革命'写检查时提到，帮美国人画抗日漫画；他提到1938年，中国飞机飞到日本本土撒传单，这是第一次外国飞机飞到日本本土，传单中的漫画，就是父亲领导的漫画宣传队所画。"

他们整理老照片，维护旧居，保留画室原貌，参加各类活动，配合所有的演出和拍摄。在父母将《三毛流浪记》《三毛从军记》《三毛翻身记》的原稿捐赠后，2009年，他们又将张乐平与巴金等名人的通信信札，《三毛学法》——张乐平最后一部作品原稿，捐给上海图书馆。

"这些年，我们一直在做，没停过。"

2011年到2012年的一年多时间，张家子女一直在忙海盐张乐平纪念馆。"所有陈列内容和资料都是由我们提供，文字整理花了很多时间，都是中英文。"新馆的室内装修设计、陈列是张慰军做的。"我们还捐了一些生活用品，各版本的父亲作品、画具文具和漫画家画父亲的部分原稿。"

早在1995年旧馆开馆时，张家已经捐赠了几百幅漫画和年画画稿，包括《三毛迎解放》原稿一套、《三毛爱科学》的大部分画稿。

2016年2月6日，位于上海五原路200弄3号的张乐平故居开放。张乐平曾在此生活了42年。

开放后的故居一楼为展厅,呈现"百年乐平""大师漫画""艺苑掇英""朋友画我"四个展览主题;二楼则复原了20世纪五六十年代张乐平居住时的样貌,包括画室、主卧、子女房间等。

院内花园葱葱郁郁,西南角矗立着三毛雕塑。

张氏子女向故居捐赠了285件遗物,又有相当数量的文物精品,非常完整地再现了张乐平当年的工作环境,是研究先生生平和他所处时代的重要载体。

他们与家乡海盐也一直保持着密切的互动,积极参与家乡举行的各类纪念活动,如张乐平纪念馆举办的纪念画展及纪念活动、两年一届的全国"三毛杯"漫画比赛,以及2022年9月27日张乐平先生逝世30周年纪念活动等。

目前,海盐县正在筹划恢复和修建张乐平出生地,已对张乐平故居周边进行平整和规划;江西赣州市的"张乐平旧居"正在装修。

他们对嘉兴市姚庄路张乐平旧居的被拆感到惋惜,这是张乐平绘制大部分《三毛流浪记》作品的地方。他们很希望能够恢复,成为青少年爱国主义教育基地和艺术培训基地。

【对话】

"努力让三毛品牌发扬光大"

记　者:父亲对你们影响最大的是什么?

张融融:老老实实做人,本本分分做人,清清白白做人,不要害人，这是最基本的道理。这些影响是潜移默化的。对名利金钱，我们看得都很淡。

张慰军：做个好人。父亲做事低调，他也希望我们不要太张扬。我们对外从来不讲父亲是谁。我们的子女也都十分低调，许多朋友不知道他们的家学渊源。

记　者：三毛众所周知，除此，你们父亲还取得哪些成就？

张融融：父亲即使不画三毛，也很了不起，正因为他了不起，所以才能画出三毛。

一般人来看，父亲的成就似乎就是三毛。三毛太出名了，掩盖了父亲的其他成就。我们整理出20世纪30年代的几百幅漫画，其中很多时事漫画很有深意。如果父亲没画三毛，也会是了不起的画家。

张慰军：父亲画的自画像，美术评论家叶冈叔叔曾说："乐平不画漫画的话，也会是一个很有成就的画家。"叶冈叔叔当时也在漫画宣传队，他后来回忆，当时的宣传画，起稿的肯定是我父亲，他的透视、解剖都很好，在他的画、剪纸中都表现得很好。父亲的剪纸是一流水平，很多复杂的画面，他不打稿都能剪出来。黄永玉叔叔也说过不止一次。

他的年画、速写、小说插图、素描、水彩画、国画都很好。他的年画曾在全国美术作品展览会上获得过一等奖。

记　者：兄弟姐妹七人，无人承袭父亲衣钵。据说，你们父亲认为画漫画有风险，不希望你们画漫画？

张晓晓：我们都会画几笔，但画画要用功，父亲很用功，每天关着门画画。我们天赋是有，但用功不到。后来反右、"文化大革命",不可能画画了。

张慰军:反右以后,父亲不主张我们画漫画。1957年后,他在很长时间内,不画漫画,只画儿童画。他其实很苦闷。但父母绝对不是"虎爸虎妈",更多是让我们自由发展。

记　者:你们从何时开始整理父亲的资料,出于什么考虑?

张慰军:最初是1991年,我到上海图书馆去找。当时父亲还在,但已经生病。1998年重新开始,陆陆续续。父亲去世前,很少讲自己的经历,现有的书中也很少提到。我们想了解父亲到底做了些什么。他去世后,我们在有限的资料中看到父亲做了很多事情。

张融融:当时漫画队、演剧队还有些老人,叶冈叔叔、殷振家叔叔等人还在,可以向他们了解情况。上海图书馆也给我们看了很多资料。对父亲,我们觉得可以用"伟大"这个词。有些大师去世了,子女不整理资料,时间长了,就都散失、忘记了。作为子女,目前能做到的事,就是努力让三毛品牌发扬光大。

(2012年4月13日首发,2023年7月修订)

谭其骧
（1911.02.25—1992.08.28）

浙江嘉兴人。历史地理学家，我国历史地理学科的主要奠基人和开拓者之一。中国科学院院士。

他有四个子女：长子谭德睿、长女谭德玮、次子谭德垂、次女谭德慧。

> 在我心中,有八个词可以形容父亲:坚持真理、刚正不阿、艰苦求索、无私奉献、趣味高雅、淡泊一生、豁达乐观、宽厚仁慈。
>
> ——谭德睿

谭其骧后人:
在我心中,有八个词可以形容父亲

■ 沈秀红　高云玲

坚持真理,求真务实

1987年,谭其骧的论文集《长水集》由人民出版社出版,在自序中,他解释为何要以长水为名:"这并无深意,不过因为我是嘉兴人,据六朝人记载,嘉兴在秦始皇以前本名长水。"

谭其骧去世后,葛剑雄为老师写传记《悠悠长水》,也以长水为名。葛剑雄的理解是:"半个多世纪以来,先生在历史地理这块处女地中经过辛勤耕耘,取得了丰硕成果;他孜孜不倦,夜以继日,为祖国,为学术,为下一代无私地贡献一生,正像那长年的流水,始终在滋润大地,催人奋进!"

1967年在复旦大学宿舍,谭其骧夫妇与四子女一孙儿一外孙及谭其骧岳母(中坐者) 被访者供图

在学生眼里,谭其骧一生孜孜不倦,无私奉献,如涓涓细流,滋润大地。在子女心中,父亲又是什么形象?

2014年5月,谭其骧的长子谭德睿在上海接受《嘉兴日报》记者采访时说:"在我心中,有八个词可以形容父亲:坚持真理、刚正不阿、艰苦求索、无私奉献、趣味高雅、淡泊一生、豁达乐观、宽厚仁慈。"

谭德睿说,父亲一生主要的成就是主编八卷本的《中国历史地图集》。这部地图集从20世纪50年代开始编绘。编绘缘起是毛泽东看《资治通鉴》时,发现书里很多古地名和现在对不上,就和时任北京市副市长、历史学家吴晗讲,希望有一个图可以对照。"吴晗和我父亲是燕京大学的校友,他知道我父亲研究历史地理,建议让我父亲负责。"

吴晗原计划把清末杨守敬编绘的《历代舆地图》修改一番,在一年内完成。但是,开始编绘后,遭遇很多具体的技术难题,发现无法在杨守敬原图基础上修改,因为现代的地图和古代的地图对不上。地图上每个朝代的每个城市、每条河流的变迁都要经过考证,中国的幅员又大,还要从夏商周编到明清,编绘的难度规模可谓是一个大型系统工程。谭德睿说:"本来只是父亲一个人,后来搞了个班子,最后牵涉到中国科学院社会科学学部(今中国社会科学院)下属的历史研究所、地理研究所,还有南京大学、云南大学等多所大学,明确以复旦大学谭其骧为主,编绘《中国历史地图集》。"

《中国历史地图集》从1955年开始编绘,八册内部本于1978年出全,又从1980年开始修订,至1988年12月八册公开本终于出齐,前后历经30多年。为完成这套里程碑式的图书,谭其骧呕心沥血,历经曲折。

地图集的内部版在"文化大革命"期间要出版,谭德睿说:"当时是工宣队和军宣队主持,地图集上连谭其骧的名字都没有署。一些极'左'的思想不顾历史事实,把原来有些画法、有些结论都改掉了。父亲作为被批判的'反动学术权威',没有发言权。"内部版虽在内部发行,但也流传出去了,据说有些外国使馆

谭其骧新铜像，2017年5月20日在秀州中学揭幕落成

摄影 芷扬

照会中国，提出抗议。

"文化大革命"结束后，开始对地图集进行修订并出版谭其骧任主编的公开本，谭其骧再一次遭到中央有关部委和学术界一些人诸种极端干预。面对逼他篡改历史事实的势力，面对倾注了30多年心血的科研成果，谭德睿说，父亲撂下一句话："你要改的话，我这个主编不当了。"地图集的争论惊动了中央有关领导人，领导人表示是"谭其骧任主编，应尊重谭先生的意见"，最终才得以出版。这件事后来在学界被传为美谈。

但书生意气的谭其骧并不是一个埋首故纸堆、皓首穷经的书呆子。葛剑雄在《悠悠长水》中写道："他写的论文、作的报告都是复原过去，却关系今天的生态环境、防灾减灾、国土整治、经济开发、文化建设和学术繁荣，关系到黄河、长江、海河、运河、太湖、洞庭湖、鄱阳湖、渤海湾、上海沿海的未来。"

不附权贵，上下求索

谭其骧一生从事学术研究、教书育人，留给儿女们最深的记忆是他忙碌的身影。

他共有四个孩子：长子谭德睿、长女谭德玮、次子谭德垂、次女谭德慧。

长女谭德玮在谭其骧百年诞辰时撰文回忆道："他是一个一生都刻苦勤奋的人，从我们记事起，爸爸就夜夜都工作到凌晨。""年三十这样，节假日这样，在医院里病床上不管时间、地点、场合，只要是能抓住的时间他都在思考问题、研究学问，安排学生的研究计划或给学生上课，因为在他的内心深处，他时时都在穿越千年的时光，在触摸祖国的山川河流。他以此为己任，终身以此为乐。"

"父亲一生对我们子女影响深远。"谭德睿说。

"父亲什么运动都挨到了。他性格好，豁达，不管是政治上、工作上、生活上家庭里面的事情，烦扰不堪，他都撇开，专心干自己的事情。这一点我有些像他。可是在智慧与勤奋上差远了。"采访中，谭德睿平易坦诚，正像他说的，这点也是受父亲影响，做人不端架子。"我父亲很反对为人张狂，他非常低调，并且任何时候都不附权贵。"

"受政治影响，我们兄妹四人只有我和大妹两个人正儿八经是大学本科学历。大妹毕业于吉林大学，学经济管理，在杭州电子工程学院任教，有两个儿子。弟弟高中毕业后，我母亲响应党的号召，安排他到新疆石河子财经学校读了专科，后在上海动物园退休，有一个女儿。小妹妹比我小10岁，她先被上海体育学校选中，让她练投掷，结果还没培养成就碰到'文化大革命'，插队到上海崇明旁边的长兴岛。她有一个女儿，后来去了美国，在航空公司做商务流通。"

谭德睿于1956年考入交通大学机械工程系，大二时被戴上"右派"帽子，大四时"摘帽"（当时学制为五年），改学铸造专业，是交通大学铸造专业第一批毕业生。后任上海博物馆研究员。

大学毕业后，谭德睿被分配到上海仪表电讯工业局，在仪表局系统工作了20年。先在上海无线电技术研究所任技术员，后因

"政治不合格"被调到仪表局下属的上海仪表铸锻厂。他刻苦钻研，得到工人的认同，"文化大革命"期间还受到工人的保护。这也得益于父亲为人的影响。

谭德睿主要从事现代精密铸造技术工作，他兢兢业业，取得了多项成果，闻名业界。其中一项是对西汉"透光镜"的研究。1967年，周恩来视察上海博物馆，博物馆展示了一面西汉铜镜。谭德睿说："光线照到镜面投影到墙上原本应该是一束光，可是这面镜子很奇怪，把镜背的花纹都映到墙上了。北宋沈括在《梦溪笔谈》里专门讲到这种现象，给镜子取名'透光镜'。"周恩来看了后，指示要研究透光镜的"透光"原理。"文化大革命"期间条件十分艰苦，在上海科协任职的阮崇武组织复旦大学光学系、上海交通大学铸造专业，以及在工厂的谭德睿一起合作，研究透光镜。1975年，终于将透光镜的原理弄清楚并复原成功，研究成果在1978年全国科学大会上获奖。

"日本在明治年间也有这种镜子，叫魔镜。我们在2000年前的西汉就有了。通过这个透光镜我接触到了中国古代青铜器，发现老祖宗真了不起，很多青铜器上的技术，我们现在还真做不了，或者做出来也不如那时的好。这样，我就来兴趣了。我发现自己不适宜在工厂，更喜欢做些研究。"

1981年，谭德睿从仪表局调到上海博物馆，专门从事古代青铜技术、铸造史和艺术铸造研究。

他在博物馆也工作了20年。他说："这个20年，是我科研上比较自由得意的20年。我在博物馆系统创造第一家古代金属技术实验基地，出了多项科研成果，还开辟了一个新学科，提升了我国的一个产业，叫艺术铸造。目前，中国这个产业的规模和产量已居世界之首，相关企业在全国有好几百家，有几家企业已发展成国家文化产业示范基地，产值一年好几个亿，而且（将名声）打到国外去了。"

谭德睿完成的多项中国古代青铜器成形与装饰技术重要研究课题，全部模拟古法复原成功，多次获文化部和国家文化局科技成果一、二等奖。其中一项科研成果，是研究出2500年前古越国的越王勾践剑是怎么做出来的，并按古法复原成功。

谭德睿在上海接受《嘉兴日报》记者采访　摄影　沈秀红

【对话】

"越王剑的研究与复原还是要由浙江人来完成"

记　者： 谭家是嘉兴人,最早于明初从湖南迁到绍兴,明朝弘治时期迁到嘉兴。但此前听到有种说法,谭其骧是嘉善人,是否源自你曾祖父谭日森的次女家骥嫁给了嘉善监生孙家?

谭德睿： 我父亲的姑妈嫁到嘉善孙家。谭家当时在(嘉兴市区)芝桥街24号。原来在勤俭路以南,现在没有了。

海盐的绮园以前是冯家花园,我父亲4岁到7岁,就在冯家。到我祖父那一代就家道中落了,那个时候冯家的夫人就是我父亲的姑妈,姑妈就一个女儿,让他(谭其骧)待在那里,待了三年,想过继给冯家。后来不知道是姑妈还是姑父死了,这个事情就算了。20世纪80年代后,海盐文化局方志办请我父亲去,重游冯家花园,还题了字。

记　者： 谭家住在嘉兴城内芝桥街24号,是谭日森置下的一幢两层楼房,有二三百平方米。外界一直感觉谭家是世家大族。连邻居唐兰(著名古文字学家、考古学家)也印象深刻:"我家怎么能与他家比呀,他家摆出来的马桶都有一长排。"您去过老宅吗?

谭德睿： 我是进了文物考古界才知道唐兰是古文字方面的大家,造诣很深。我父亲出生在奉天(沈阳),家里父辈人称呼他奉哥、奉弟。当时我祖父在皇姑屯当火车站站长,就是张作霖被日本人炸死的那个皇姑屯火车站。

我出生在北京，去过好几次嘉兴，没过夜，所以印象不深。

谭家的房子我没去过，在市区的谭家祠堂我倒是去过，江南古典园林，蛮高雅的。不是很大，可是很美。还有杭州灵隐寺正后方曾有"谭氏墓道"，松柏常青，松鼠跳跃其间，很气派，是清朝嘉兴谭家最富裕时期兴建的，父亲曾带我们去扫墓。可惜都被毁了。

记　者：说起来您祖父谭新润与《嘉兴日报》有渊源，他在20世纪20年代曾担任了一年多由嘉兴商界主办的《嘉兴日报》主笔，您知道吗？

谭德睿：葛剑雄《悠悠长水》里谈过，我父亲跟我也谈起过。我祖父那一辈家道已经中落，祖父又在皇姑屯火车站站长任上中风而返乡失去工作，经济非常困难。我父亲兄弟六人，还有两个姐姐，一共八个。八个兄妹，我父亲排行男性老四，前面三个哥哥和两个姐姐都没有念大学，因为没钱。后来因为谭家祠堂还有一些地产，就拿地产的租金和利息，供谭氏后人的子女去念书，正好我父亲挨上了，他是第一个，老四、老五、老六都念大学了。

记　者：您父亲做了一辈子学术，平时有哪些兴趣爱好？

谭德睿：父亲是昆曲票友，还是上海京昆剧团一个业余组织的会长。他还爱听评弹。

记　者：后来，您为什么潜心研究越王勾践剑？

谭德睿：这是因为我祖籍是嘉兴，我想，越王剑的研究与复原还是要由浙江人来完成。越王勾践剑上八个字（鸟篆）"越王勾践　自作用剑"是唐兰考证出来的。越王勾践剑古人怎么做的，是我研究出来的。都是嘉兴人，这是因缘巧合。上海博物馆还专门开了国际青铜技术学术研讨会，把当时做过相同研究的专家包括外国专家都请来了。我宣读了研究成果,展示了复原出来的青铜剑,他们都承认我的结论是对的,后来在国内外也发表了研究成果(后来还获得了国家文物局科技奖)。曾有好几家企业找我合作研制。我担任过中国传统工艺研究会会长,我想祖先如此高超的技艺应当传承,先是想与浙江的生产厂家合作,没合适的,假冒伪劣产品倒是出了不少。如果做出来,我要送一把给故乡嘉兴。送给嘉兴就是奉献给古越国之地浙江。(2023年6月,记者电话回访谭德睿,他回复:非常遗憾,越王勾践剑到现在还没做出来。)

记　者: 听说您让人在做父亲的雕塑,做得怎么样了?

谭德睿: 雕像泥塑稿已经做好了,我们决定将最后铸好的铜像捐赠给嘉兴。

补记:市区现有一尊谭其骧雕像在勤俭路某银行门前(靠近谭家祠堂旧址),一些不明所以的人误以为谭其骧是银行老板。经过谭家后人呼吁,嘉兴市建设局决定将谭其骧雕塑迁址至秀州中学初中部(1923年至1926年谭其骧就读于秀州中学),与省身亭做伴。2017年5月20日,谭其骧后人捐赠的谭其骧新铜像在秀州中学揭幕落成。

(2014年6月13日首发,2023年6月修订)

陈省身

（1911.10.28—2004.12.03）

　　浙江嘉兴人。数学大师，"微分几何之父"，首位获得世界沃尔夫数学奖的华人。他被杨振宁誉为继欧拉、高斯、黎曼、嘉当之后几何学又一里程碑式人物。

　　陈省身有一子一女：儿子陈伯龙、女儿陈璞。

> 父亲留给我们的最大财富,我觉得很重要的一点就是做人的方式。还有一点,我父亲很成功,但我觉得他不一定在一开始就知道自己会成功。我们每个人在选择自己的路时,你不知道自己会不会成功,何时会成功。但不管怎样,还是应该想办法做点事情,不变成社会的负担。
>
> ——陈璞

陈省身后人:
父亲留给我们的一大财富是做人的方式

■ 沈秀红　陈　苏

2014年10月20日早上,秋日的暖阳正好。8时10分,《嘉兴日报》记者穿越半个嘉兴城,如约赶到市区的一家酒店,陈璞已在大厅等候。

陈璞是陈省身的女儿,现居美国,此次和先生朱经武应邀来禾参加嘉兴学院百年校庆。

在这座小城,在嘉兴学院,嘉兴之子陈省身已然成为一种精神的化身。陈省身纪念馆、陈省身奖、省身讲堂……他题写的校训"方正为人、勤慎治学"被镌刻在嘉兴学院大门口一块石碑上,至今10年,激励了无数学子。而他和他女婿朱经武(世界物理学家)相继成为嘉兴学院名誉院长,传为佳话。在他少时所求学的

20世纪50年代初,陈省身一家在美国芝加哥合影　被访者供图

秀州中学,一尊省身雕像、一座省身亭是对他永远的纪念。

齐耳短发,棉质灰竖条纹白上衣,藏青色裤子,脚上一双运动鞋。陈璞的穿着简单素朴,待人亲切平和。1948年2月,她出生于上海,12月31日因父亲接受普林斯顿高级研究所邀请,全家赴美。此后,她在美国长大并接受教育,能说一口流利的中文。

儿孙在各自领域精彩

"天衣岂无缝,匠心剪接成。浑然归一体,广邃妙绝伦。造化爱几何,四力纤维能。千古寸心事,欧高黎嘉陈。"这是杨振宁为陈省身写的一首诗,他对陈省身的评价为业界所认同。在许多人眼里,陈省身等同于20世纪下半叶的几何学。

但在一双儿女眼中,作为父亲的陈省身,既是个普通人,又与一般人不同。儿子陈伯龙曾说:"我的父亲是个普通人,只不过恰好具有数学天分。"女儿陈璞则曾跟父亲说:"你是很特别,才可以成功。"

1911年,陈省身出生于嘉兴秀水县下塘街(现建国路665号)。与辛亥革命爆发同年出生的他,数学天分在少年时就已显现。1920年,这个只上了一天小学的9岁孩童,跳级考取了秀州中学高小部,当时,他已经能做相当复杂的算术题。

11岁那年,少年省身随父离开故土,前往天津。15岁,他跳了两级考取南开大学,数学是全体考生中的第二名。91岁,已是国际数学大师的陈省身,在出席中国少年数学论坛时题词:数学好玩。

儿子陈伯龙和女儿陈璞都继承了陈省身过人的智商，但都没有"玩数学"。

陈伯龙 1940 年 8 月出生于上海。正值烽火连天的抗战，陈省身在国立西南联合大学，不仅未能见儿子出生，而且直至 1946 年抗战结束后才见到儿子。

陈伯龙曾经是数学专业的研究生，后来转学精算，进了保险业。他在本科时曾经修过微分几何，遇到难题也曾向父亲请教。读研究生时，他自然而然地选了数学专业。但在参加第一个数学讨论班后，他就意识到自己成不了数学家。父亲建议他尝试精算学，认为商业世界或许更适合他。

陈璞和我们聊起这段往事时笑着说："对我父亲来说，数学一直很简单，他觉得每个人应该都可以做。但通过哥哥这件事，他发现并不是每个人都适合做数学。"

对儿女来说，陈省身是一个"标准的父亲"，不幽默，也不严厉。女儿谈恋爱了，他托老友杨振宁打听朱经武的为人。结果杨振宁说："朱经武很聪明，但陈璞更聪明。"陈璞记得儿子朱俊杰学设计，想见见华人建筑大师贝聿铭，作为外公的陈省身很快满足了外孙这一愿望。

陈璞起初选择学物理时，父亲也觉得蛮好的，还跟他说："有吴健雄可以做榜样。"谈到改学经济，陈璞笑了："结婚后，觉得一个家庭有一个物理学家就够了。选经济，也是父亲以前说过，一个普通小孩，学一个东西觉得简单的话，可能会学得好一些。"陈璞发现经济很简单，因此她决定改学经济，并获得经济学博士。

一双儿女，虽然没有继承陈省身的衣钵，没有像陈省身一样

1990年全家福，陈省身、郑士宁夫妇（第二排右一和右四）、朱经武、陈璞夫妇（第二排左一和左四）和他们的一双儿女（前排右和左），以及陈伯龙夫妇和他们的一对双胞胎女儿　被访者供图

在30多岁就发表了《闭黎曼流形的高斯－博内公式的一个简单内蕴证明》《Hermitian流形的示性类》这样划时代的理论成果，成为一代数学大师，但他们在各自的领域内同样精彩。

陈伯龙后来进了保险业，做精算师。现在退休了。

陈璞博士毕业后，先在一家大银行工作了五年。她发现在银行做的东西完全可以自己做，便自立门户。此后，她认识了一批台湾地区的企业家，想在美国开个银行。"因为在美国开银行规矩比较多，他们不知道怎么办，我就帮他们做。几十年来，我都在金融界。"

对陈省身来说，除了一双儿女，他还有第三个孩子——南开大学数学研究所，这是他最后的事业。他和夫人早早立下遗嘱，将遗产一分为三，除给一双儿女外，还加上了南开大学数学研究所这个"幼子"。

从1972年起，时隔23年后，陈省身第一次回国，他就希望为中国数学的发展做点事情。

南开大学数学研究所，于1985年10月17日呱呱坠地，是他一手"拉扯"成长的。

2001年，陈省身建议在南开大学建一所世界一流的国际数学研究中心，他的提议得到南开乃至国家的大力支持。2003年7月，南开大学国际数学研究中心大楼施工。他曾说，从规模和配套设施上来看，这座大楼已可称得上是"世界数学中心的No.1"。那里离他晚年居住的宁园很近，他常常坐轮椅去看。

2005年，这座大楼被正式命名为"省身楼"，投入使用。

陈省身一直希望南开大学数学研究所能成为国际数学中心。他的另一个心愿是，21世纪中国成为数学大国。他曾写下这样的诗句："一朝数学大国日，家祭无忘告乃翁。"

2004年，陈省身病重住院，仍牵挂着中国的数学。"我就是不放心，我们能不能做出好的数学来。"这是他最后交代的事情，第二天就昏迷了，之后，他再没有说出一句话。

陈省身被葬在"省身楼"旁河边一处绿树掩映的斜坡上。不知他是否知道，他的墓碑是外孙朱俊杰设计的。

这方高2.1米、一面凹、一面凸、一面平的墓碑，整体横截面为曲边三角形，象征陈–高斯–博内定理的最简单情形，正面犹如一块黑板，上半部为陈省身证明高斯–博内公式的手迹，下半部写有陈省身夫妇的生卒年月。四周用黑白相间的石条铺成了一个呈不规则菱形的广场,数学大师就长眠在菱形一角的地下。黑板前有23个矮凳,令观者仿佛置身一个露天教室。

朱俊杰用自己的专业完成了外祖父生前的愿望:百年后,和夫人的骨灰一起埋在南开大学校园,上面盖个亭子,没有墓碑,没有坟头,却有一块黑板,供后学演习数学。

陈璞于2014年在接受《嘉兴日报》记者采访时,展示儿子朱俊杰设计的皮夹

摄影 陈苏

【对话】

"父亲一直看得很远、很宽"

记　者：您父亲从小就表现出数学上的天赋，后来成为一代数学大师，您从子女的角度看，主要原因是什么？他的几次选择（考取南开大学，就读清华大学，负笈汉堡，访学巴黎，后来到普林斯顿，最后从伯克利大学返回南开大学）都很关键，显示出他的远见。

陈　璞：一方面，父亲一直看得很远、很宽。他一直对全国乃至世界学界的情况比较了解，他有世界视野。同时，他没有限制，不一定非得这样那样。另一方面，他不跟人走，不随大溜，时髦让别人搞去，他不会跟。那时很流行去美国留学，他却退一步考虑应该往哪边走，他主要看自己想要跟的老师——布拉施克教授，所以他去了德国汉堡大学。在思维上，他也是不跟着别人跑的那种人，他常常突破方法和方向，他总有新的想法。

记　者：作为女儿，您对父亲的印象最深的是什么？

陈　璞：他对所有人都非常好，平等、尊重，不会在乎他们的背景。

记　者：在家庭教育上，他对你们子女是否像媒体报道的，很"放纵"？

陈　璞：（大笑）是的。父亲对我们一直很放松，让我们选择自己的路。但他也想帮忙，比如说我们遇到什么问题，他也会帮我们想怎么来解决问题,包括以后走哪条路。

记　者:他留给你们最大的财富是什么?

陈　璞:我觉得很重要的一点就是做人的方式。还有一点,我父亲很成功,但我觉得他不一定在一开始就知道自己会成功。我们每个人在选择自己的路时,你不知道自己会不会成功,何时会成功。但不管怎样,还是应该想办法做点事情,不要变成社会的负担。可以帮助社会做多一点更好,少一点也无妨。另外,想问题多往新的方向想。每当有新的想法产生,最有意思了。

"陈省身奖"会一直颁下去

记　者:您在管理您父亲的基金会,做了很多工作,包括和国际数学家联盟合作推出"陈省身奖",能谈谈这个基金会吗?

陈　璞:父亲其实有两个基金会,一个从20世纪90年代就设立了。父亲有个企业家朋友,当时,中国经济还不是那么发达,这两个老头儿谈起来,想为中国做点事情,就设了这个基金会。主要是帮助中国数学发展,就是将国外的数学家请到中国来,帮助中国留学生和教授出国参加会议。

现在国内经济发展了,无论是请国外数学家来,还是送中国学生和教授出国都有条件了。我也在考虑,怎么样运用这两个基金会继续帮助中国数学发展。有一年我在香港,邵逸夫奖颁奖,朱经武就说:"我们也应该以父亲的名字设个奖。"当时,很多权威数学家都来香港参加邵逸夫奖颁奖,我和他们交流,他们都说很好。

这个奖当然不是由我选颁奖对象。当时,世界数学家大会刚在西班牙举行，2002 年在北京开会时，父亲还在。我就想，国际数学家联盟每四年开次会，已经有几个数学大奖由他们管理，如果我们也交给他们的话，会很专业，基金会则负责提供基金。奖金 50 万美元，四年一次，我的压力也没有那么大。

当时，有朋友建议，50 万美元奖金不全给获奖人，而是给"个人＋机构"，一半用来奖励数学家，另一半由获奖人用来支持数学发展，给哪个机构，由获奖人自己决定。我很喜欢这个想法，不是全部为自己，而是为数学界。父亲生前一直很支持数学的发展，也捐赠很多钱为数学，所以这也是他的一贯做法。（2009 年 6 月 2 日，国际数学联盟宣布设立"陈省身奖"，这是国际数学联盟首次以华人数学家命名的数学大奖。"陈省身奖"为终身成就奖，授予"凭借数学领域的终身杰出成就赢得最高赞誉的个人"，奖金分配正如陈璞所希望的。）

这一次我们很高兴，于今年（2014）8 月刚颁完第二届"陈省身奖"，今年世界数学家大会是在韩国首尔举行，获奖者是普林斯顿大学高等研究院的名誉教授菲利普·格里菲斯。他近一二十年里一直对非洲的数学发展很有兴趣，他将奖金的 25 万美元给了非洲。我觉得很不错，这正符合我父亲的做法。

记　者：您虽然没有继承父亲衣钵，但在您的努力下，"陈省身奖"正是在达成您父亲的心愿？

陈　璞：是的。这个奖会一直颁下去。

记　者：除此之外，您还帮父亲做哪些工作？

陈　璞：美国加利福尼亚州有个数学研究院，也请我当董事。

名门家风

"每个人都应该找自己的路"

记　者：您的中文说得挺不错的，听说这得益于您的母亲，您的母亲为家庭付出很多。您孩子的中文如何？

陈　璞：对不起，我的中文不太好。我的母亲主要操持家庭。父亲平时做事很忙，没有办法顾全家庭。

我的儿子不大会说中文，女儿说得还行，他们的孩子就比较麻烦些。不过，现在美国学中文比较容易，只要对中文感兴趣，在中学就可以学。以前我们都是中文学校，周六在学校学三个小时，剩下靠父母。我是靠我的母亲，但我这个做母亲的靠不住，所以我小孩中文就……（大笑）

记　者：您和哥哥发展得都很不错，能跟年轻的朋友分享一下你们的经验吗？

陈　璞：每个人的个性不同、长处不同，家里情况也不同，每个人都应该找自己的路。怎样去找？我想这不是一个magic（魔术），不是一下子就找到的，是个逐渐的过程。

记　者：您和哥哥都有两个孩子，他们在做什么？他们了解您父亲吗？

陈　璞：我有两个孩子。大女儿朱永真40岁，学医，现在是眼科医生，她有两个儿子。儿子朱俊杰33岁，设计师。最初学建筑，后来没有做建筑，他自己开公司，从设计到缝制，从帆布袋到皮袋，也包括钱包（陈璞欣然拿出自己用的钱包向记者展示，正是儿子设计的，很注重细节），商标也是自己的，主要在网上销售。现在他还在洛杉矶一家世界性的大型广告公司做设计师，下班则设计自己的产品。

我哥哥领养了一对双胞胎女儿,一个在(美国)东部做康复,一个在西部做房产经纪。

我的孩子与父亲相处的时间多一些。以前,我们住在休斯敦,夏天很热,就去加利福尼亚州我父母那儿避暑,他们对我父母更了解一些。我哥哥他们住在东部,相处少一些。

记　者：您的父亲11岁离开嘉兴,但对故乡很有感情,晚年曾多次回嘉兴,1988年还写过文章《嘉兴,我的故乡》。他回来过几次您知道吗?您和哥哥来过几次?您对嘉兴有何印象?第三代呢?

陈　璞：他回国后,常常来嘉兴。我印象中,他似乎每隔一年就回来一次(1999年至2004年,陈省身每年回一次嘉兴)。我来过(嘉兴)三次。头一次是1972年,那是父亲头一次回中国,我跟父亲来了嘉兴;之后是2000年,秀州中学百年校庆。对嘉兴我不是很熟悉,因为每次只待几天,车来车往,连方向我都还不十分清楚,而且中国一直在变,我每次(回来)间隔也比较长,感觉很不一样,变化非常大。我的孩子回过中国很多次。

(2014年10月24日首发,2023年6月修订)

朱生豪

（1912.02.02—1944.12.26）

浙江嘉兴人。诗人、莎士比亚戏剧翻译家。
与夫人宋清如生有一子：朱尚刚。

> 父亲对翻译工作精益求精的态度、他的爱国情怀，以及他在贫病交加时锲而不舍、握管不辍，甚至"早知一病不起，拼着命也要把它译完"的殉道者精神，都让我们后人铭记。
>
> ——朱尚刚

朱生豪后人：
父亲的殉道者精神让后人铭记

■ 朱梁峰 沈秀红

2012年2月2日，暖阳不时钻出薄薄的云层。嘉兴市禾兴南路73号朱生豪故居的院子外，来往的人们步履匆匆，门口的白玉兰随风摇曳。

每天下午，朱生豪故居管理所的名誉所长朱尚刚都会来到这幢五开间的两层小楼。100年前的今天，他的父亲——朱生豪，就在这样一个寒冷的冬日出生；68年前，他也在这里出生，并在此度过了艰辛、懵懂的婴童时光；40年前，朱尚刚的儿子出生时，特意取名为"之江"，以纪念父母的爱情起点，作为家族爱的传承；五年前，朱生豪的曾孙朱汉威在美国呱呱坠地。

朱生豪夫人宋清如在世时，曾告诉儿子，他的父亲是"杭嘉湖的儿子",一生中"北没有过长江,南没有过钱塘江",吸收的是长江三角洲的营养。与朱生豪沉静少动的个性不同,他的后代脚步显然跨得更大:朱尚刚曾在新疆一待就是九年,后来又踏遍了大半个中国;而孙子朱之江大学本科毕业之后,前往芬兰工作了三年,后远赴美国。

在暮鼓晨钟声中,一段由祖辈和后辈们共同历经的风云激荡百年,并逐渐定格为历史。为了纪念朱生豪百年诞辰,嘉兴市政府把朱生豪翻译莎士比亚的31部戏剧的手稿,以影印本的形式结集成册,出版发行。

朱生豪与宋清如结婚照　被访者供图

译莎,呕心沥血

1944 年 12 月 26 日,朱生豪病逝于嘉兴西南湖畔东米棚下的老宅,其时幼子朱尚刚才出生 13 个月。因此,父亲的形象在朱尚刚脑海里很长时间都是一片空白。及至四五岁光景,朱尚刚不时会看到母亲对着世界书局版《莎士比亚戏剧全集》出神,每到伤心处,便黯然涕下。

再大一点儿,宋清如仿佛讲童话一般,将《威尼斯商人》《仲夏夜之梦》等莎士比亚戏剧故事讲给年幼的儿子听。

从那时起,朱尚刚知道了莎士比亚,也依稀明白父亲选择了一条荆棘密布的道路,做了一件了不起的事情。

一切开始于 1935 年。朱生豪在写给宋清如的信件中说:"你崇拜不崇拜民族英雄?舍弟(朱文振)说我将成为一个民族英雄,如果把 Shakespeare(莎士比亚)译成功以后。因为某国人曾经说中国是无文化的国家,连老莎的译本都没有。我这两天大起劲……"

"作为一个手无缚鸡之力的文弱书生,发现自己的工作可以和为民族争光、抵抗日本帝国主义文化侵略联系起来,无异于黑暗中的船只看到了灯塔。虽然明知这是一项非常艰苦的工作,自己又资历尚浅,弄得不好,将会吃力不讨好。但在这一点上,父亲充分显示了他外柔内刚的性格,义无反顾地走了下去。"朱尚刚一点点回忆父亲。

朱家世居嘉兴城南,曾经从商,颇具规模,但到朱生豪祖父一代,家道已然中落,开办布店、油瓷店和小型袜厂都连续亏空。不过,朱生豪打小就聪慧,家人也不令其从商,支持他求学。

1943年，当朱生豪再次回到嘉兴时，家中已是一派破败景象。他每月翻译莎士比亚戏剧的稿费，还不够买一石米。家中无钱买牙膏，只能用盐代替。有时，宋清如夜半醒来，听到朱生豪在低声抽泣。次年6月初，朱生豪被诊断患有结核性胸膜炎且并发肺结核和肠结核，贫病交加。而像青霉素、链霉素这样对结核病比较有效的药极为昂贵，差不多需要40万元（相当于当时一石米的价格）一支，还不一定能买到。病中，朱生豪仍不忘译莎之事，躺在床上，有时口中念念有词，背着莎剧的原文。

就是在这样困顿的情况下，朱生豪译出了31部莎士比亚戏剧。但他至死都没有看到自己的译作出版。直至1947年年中，世界书局的《莎士比亚戏剧全集》一辑至三辑才出版。所得版税按当时物价，可以购买20石大米。

"父亲的一生，践行着自己的壮言：肩上人生的担负，做一个坚毅的英雄。"

1954年，朱生豪翻译的《莎士比亚戏剧集》由作家出版社出版发行。出版社寄来了一大笔稿费，宋清如觉得钱太烫手，曾经两次退还稿费，但出版社坚持支付。

世界书局版朱译《莎士比亚戏剧全集》

朱尚刚供图

"最后,母亲还是接受了。她捐了5000元给嘉兴市建设有线广播网,捐了1000元给秀州中学,另外买了12000元经济建设公债。《人民日报》为此登了一篇报道——《宋清如买公债的故事》。有位志愿军还把他获得的朝鲜三级国旗勋章寄给我母亲,我对整个事情印象很深。"朱尚刚说。

"之江",爱的传承

朱尚刚的青少年时代,在杭州度过。他将大学毕业之后最美好的九年时光,都奉献在了沙砾遍地、寒冷干燥的新疆和田戈壁滩上。

即使在最艰苦的岁月,他依然保持着对知识的渴望和对文学的喜好。此时父亲的形象,已经在朱尚刚心中逐渐丰满。他曾看过一些简单的莎士比亚英文读物,尝试着去了解父亲为之燃尽生命的莎翁戏剧,尝试着在一个不很合时宜的环境下,尽最大努力去了解父亲和母亲所做的一切。

1962年,朱尚刚进入浙大电机系热能专业。大学时,学工科的他爱看一些英语简易读物,包括莎士比亚作品的简写本,还读过英国兰姆兄妹改写的《莎氏乐府本事》。这本书在朱生豪读中学时就是教材,巧合的是,朱尚刚读中学时在杭州的旧书店买到了这本书,上大学后还试着翻译过两篇。

1972年5月1日,朱之江出生。这一天,正好是朱生豪与宋清如结婚30周年纪念日。因此,孩子的外公给他取名"之江",就是为了纪念家族"爱"的传承。

1990年，朱之江高中毕业后被保送北京外国语大学英语系。

"之江有着属于自己的人生道路。父亲没有留过洋，我大学没有考入文科，之江也算圆了我们的理想。从小，我们并没有刻意培养他的英语，但是冥冥中似有天意，孩子很自然地延伸着一条熟悉的轨迹：1984年小学毕业之后，考入了杭州外国语学校，毕业后被保送北京外国语大学，在专业选择时，也是按照他的喜好，填报了英语专业。"

1992年，朱之江作为朱生豪的后人，应邀参加中国莎士比亚研究会在上海举办的纪念朱生豪80周年诞辰的研讨会。

大学毕业之后，朱之江在外经贸部工作了一段时间，又被派到驻芬兰大使馆做了三年外交官。之后前往美国攻读MBA（工商

2009年夏，朱尚刚夫妻和儿子之江、孙子汉威　朱尚刚供图

管理硕士），毕业后进入美国AT&T电信公司做管理工作，接着娶妻生子。

在梅湾街那幢五开间古色古香的小楼里，朱尚刚时常会想念起远在大洋彼岸的儿孙。2009年上半年，他和夫人专程去美国看望。

2006年和2011年，朱之江曾两次回国探亲，前往朱生豪故居和泰石公墓祭奠爷爷奶奶。朱生豪的31部译著手稿和夫妻两人的300余封书信早已捐献给嘉兴市政府，剩下还有近100件遗物，朱尚刚表示也会捐献出去，儿子之江只带走了四件手迹作为对祖辈的纪念。

接棒，未竟事业

宋清如没有放下丈夫未竟的事业，带着儿子朱尚刚，用她晚年的时光，来完成朱生豪来不及做完的事情。嘉兴文史研究者范笑我清楚记得，20世纪80年代，嘉兴市总工会曾经举行过一次全市职工知识竞赛，数千人中，只有两人知道朱生豪是谁。如今，朱生豪已成为嘉兴城市文化的符号之一。他认为，朱生豪拥有今天这样的影响力，宋清如功不可没。

"1978年，我被调回嘉兴，在嘉兴毛纺厂供销科干了一年，之后到厂里的电大和职工大学当老师，教英语和理论力学。后来我又想起了我的文科梦，于1982年报考了嘉兴电大的文科班进修中文。后来，一些朋友和文化界人士建议并鼓励我母亲写一些回忆材料，为我国的文化事业留存一些宝贵的史料。我也常利用出差的机会,帮助母亲寻访父母亲的一些同事、同学、熟人。"

朱尚刚对父亲的了解由此越来越深。

1983年暑期,朱尚刚与母亲宋清如一起到上海图书馆找中华人民共和国成立前朱生豪发表在《中美日报》上的《小言》。那时候,宋清如的身体已经很虚弱了,但还是坚持要去。图书馆不让全部看,只给了一个月的报纸。于是,朱尚刚找了个录音机,照着报纸上念,然后录下来,回来再整理。烈日酷暑,又没有电扇和空调,两人每天都像在蒸笼里面一样大汗淋漓。

母亲宋清如过世后,朱尚刚开始整理母亲的遗物,受到极大震撼。他仔细翻阅了母亲精心保存的一件件材料,深感父母亲的一生反映了一个时代的历史。"作为千千万万中国知识分子中的两个普通成员,他们的品质代表了我国一代知识分子的品质,他们的人生道路也反映了我国一代知识分子在过去的那个世纪中所走过的路,包括所取得的成就和遭遇的种种不幸。他们的生平业绩和作品都是中华民族珍贵的文化遗产,理应将它们整理保存下来,才不至于被湮灭在历史的长河里。"朱尚刚感觉到自己肩上沉甸甸的责任,开始承担起整理父母亲生平和遗作的责任,力求通过自己的努力,尽可能完整地保留下这笔珍贵的文化遗产。

从1998年开始,通过多方面整理和收集材料,朱尚刚走访了许多当时还健在的父母亲的老同学、朋友、学生等,着手撰写传记文学《诗侣莎魂——我的父母朱生豪、宋清如》。此书于1999年年底由华东师范大学出版社出版后,获得了1997—1999年度浙江省优秀文学作品奖和首届南湖文学艺术奖银奖。朱尚刚由此完成了从工程师到作家的身份转换。

接着，2003年，他整理的父母亲的诗词集《秋风和萧萧叶的歌》由人民文学出版社出版，《朱生豪情书》由上海社会科学院出版社出版。

2012年，他整理出了中国青年出版社为纪念朱生豪100周年诞辰出版的系列丛书之一——《朱生豪情书全集（手稿珍藏本）》，书中共收录308封书信，增加了一些之前未曾面世的内容，于2013年2月出版。

此后几年，他修订再版了《诗侣莎魂——我的父母朱生豪、宋清如》（商务印书馆2016年版），撰写了《朱生豪在上海》（上海书店出版社2019年版），整理出版了《伉俪（朱生豪宋清如诗文选）》（中国青年出版社2013年版）、《朱生豪小言集》（商务印书馆2016年版）、《中华翻译家代表性译文库——朱生豪卷》（浙江大学出版社2019年版）等；还撰写发表了《朱译莎剧的原译本、修改本和校订本》《关于朱译〈终成眷属〉中两首诗的校订及其他》等论文。

"出版的这些书在故居都有收藏，而故居的存在，也是对我父亲很好的告慰。我在这里为父母亲接待了许许多多跨越时空的知己！"

这些年，朱尚刚还应邀去浙江大学、复旦大学、东南大学、嘉兴一中、上海育才中学等高校、中学和国家大剧院、浙江省翻译协会、杭州名人讲堂、上海"海上博雅讲坛"等社会场所做了30多场以"诗侣莎魂"为主题的讲座。其中，在浙江大学尤多，自2015年至今，每年都做一场。所到之处，无不感受到受众对父亲朱生豪的热情与敬爱。

【对话】

"朱生豪首先是一个诗人,是一个爱国者"

记　者:朱生豪先生去世时,你只有13个月大,对父亲的形象,以及他所做的工作,并没有具体的概念。你心中,父亲的最初印象来自哪里?

朱尚刚:现有最早的记事是在我五六岁,那时,母亲在秀州中学任教,我渐渐从周围人的话语中领悟到这个"莎士比亚"和我家有着某种特别的关系。读书之后,懂的事情多了起来。母亲一有空,我就让她讲莎士比亚的故事,《威尼斯商人》《第十二夜》等一个个带有异国情调的故事就那样进入了我少年时期的记忆。父亲在我心目中的形象也就随之变得具体起来。

记　者:你母亲宋清如的后半生一直在为你父亲的事业操劳,有人说朱生豪先生拥有如今的影响力,你母亲功不可没。

朱尚刚:父亲去世之后,母亲最早是为世界书局《莎士比亚戏剧全集》的出版而奔波;中华人民共和国成立初期,又带着我专程去上海找出版单位洽谈,后来又写信给人民文学出版社。母亲接到冯雪峰社长表示愿意出版父亲译作的回信时,那个兴奋和激动,我印象十分深刻。1955年到1956年,母亲还特地请了一年事假,补译完了父亲未能译完的那五个半莎剧。"文化大革命"之后,又是她不顾年事已高,重新开始整理父亲的书信、手稿,搜集有关父亲的所有资料。可以说,如果没有我母亲前期所做的这些努力,现今的一切都很难想象。

记　者：朱生豪故居是在你的住宅原址重建，你现在也是朱生豪故居管理所的名誉所长，经常会来这里坐坐，你对这里有着一种特殊的感情吧？

朱尚刚：我父亲在这里出生，在这里翻译《莎士比亚》，又在这里过世；我母亲的晚年也居住在这里。我曾经对这里的一草一木都很熟悉。故居的修复也经历了不少的周折，能重新修复后向公众开放，从一个侧面展现嘉兴的历史文化风采，确实是很令人欣慰的。

记　者：你觉得你父亲留给后人的价值主要体现在哪些方面？

朱尚刚：中国的文化事业进入了新时代，我国文化和世界文化的交流有了进一步的发展，父亲以毕生心血换取的翻译成果，在这一交流中的先驱作用也得到了进一步的肯定。同时，父亲对翻译工作精益求精的态度、他的爱国情怀，以及他在贫病交加时锲而不舍、握管不辍，甚至"早知一病不起，拼着命也要把它译完"的殉道者精神，都让我们后人铭记。

记　者：从2012年至今，11年过去了，这11年您为朱生豪先生整理出版了这么多书，还撰写了论文，想必您对父亲有了更全面的认识。能不能说说，您眼中的朱生豪先生是怎样一个人？

朱尚刚：朱生豪现在最为人知的，当然是一个卓有成就的莎士比亚翻译家。但我母亲曾经强调说过："朱生豪首先是一个诗人，是一个爱国者。诗人的功底和气质使他能在莎士比亚的艺术星空里自如地翱翔，而爱国者的本性使他能在极端艰苦的条件下锲而不舍，最终用他年轻的生命为中华民族留下了这份精神美食，为我们民族争了气。"我认为母亲的这一评价是十分精当的，也是我整理和理解父亲生平的指导思想。

近些年来,在各种媒体上经常出现"朱生豪一生只做了两件事"的说法:"翻译莎士比亚"和"说情话"(或者"给宋清如写情书"之类)。这个说法最早源自哪里已经无法考证了,也许是因为比较"刺激"或是能迎合一些人的胃口吧,喜欢引用这个说法的人特别多。有不少人写和朱生豪有关的文章都引用了这句话,我曾在一些场合表示了不同的看法,但这个说法还在不断泛滥。

朱生豪的主要成就自然是译莎。他写给宋清如的信也因其充沛的感情和出色的文采而能给人以美的享受。但是作为诗人和翻译家,他的性格中有多情婉约的一面,也有着刚毅豪放的一面。而在民族危亡的关头,他虽然只是一个文弱书生,出现在侵略者面前的,却是一个"金刚怒目"的文化战士。他以"屈原是,陶潜否"的鲜明态度投身抗日事业,在被日伪势力笼罩的上海"孤岛"(上海沦陷后的租界区)上,在随时都有可能被绑架暗杀的恐怖中,他以笔为武器,和日伪法西斯进行了短兵相接的战斗,写下了一千多篇旗帜鲜明的时政短论,为我国的抗战文学留下了浓墨重彩的一笔。这是他短促生命中另一个足以彪炳后世的篇章,怎么能说他除了译莎就只会写情书呢?我估计首创这个说法的人主要是出于无知和希望以"惊人"之语来邀宠的变态心理,但这确实是对朱生豪人格的曲解。

记　者:他对您产生了怎样的影响?

朱尚刚:从我记事起,父亲就已经不在了,不过冥冥之中好像还是有影响的,比如我对文学和英语一直比较感兴趣,后来由于历史的原因上了理工科大学,但原来所学的专业一直没有碰过,到头来还是在厂里的职工大学做了英语教师，后来又在技术改造工作中负责涉外的工作，包括担任翻译等。1982年电视大学办文科，当时我觉得教英语也需要增强一些文科的理论基础，所以就报了并完成了全部学业。其实在内心深处也还有另一层意思，就是希望能有助于我进一步理解父亲及他的事业。

从企业"内退"并开始投入整理父母亲的生平和作品的工作以后，我对父亲的理解自然就更深入全面了。这些工作自然也是有各种困难的，但是父亲为民族文化事业奋不顾身的精神确实鼓励着我，也时刻提醒着我，自己对民族文化事业所承担的责任，所以不敢马虎松劲儿，尽自己最大的努力完成这份责任。

（2012年2月3日首发，2023年7月修订）

蒋礼鸿
（1916.02.09—1995.05.09）

  字云从，浙江嘉兴人。著名语言文字学家、敦煌学家、辞书学家。《汉语大词典》副主编、《辞海》编委兼分科主编。

  与夫人盛静霞生有一子一女：儿子蒋遂、女儿盛逊。

父亲对我最大的影响是做人要正直。爸爸在写《敦煌变文字义通释》时，就讲过一句话："知之为知之，不知为不知。你做人要诚实，做学问，知道的东西可以讲，不知道的东西不能装懂。"

——蒋遂

蒋礼鸿后人：
父亲一生为人为文都贯穿一个"朴"字

■ 许金艳

杭州松木场西溪路56号，杭大新村。蒋遂指着面前两层砖木结构的小楼说，这是老村，他们家于1957年至1975年曾住在这里。1957年，蒋遂和姐姐盛逊跟着父母搬到此地。"当时我5岁，我姐10岁。"

蒋家当年住的是一楼，最好的南向房间是父亲的书房。"要保证爸爸的工作。"

如今看起来有点儿荒凉的杭大新村，当年却是杭州大学专为教职员工们所建。这里曾学者云集，入住过大批学术泰斗，附近居民如今依然会把这些小楼称为"教授楼"。除了蒋礼鸿，一代词宗夏承焘、国学大师姜亮夫、化学史和分析化学研究的开拓者王

1943年9月,蒋礼鸿与妻子盛静霞订婚照片

被访者供图

珊、心理学家陈立、历史地理学家陈桥驿、动物学家董聿茂、数学家徐瑞云、教育学家陈学恂、化学家周洵钧等都曾在此居住。在蒋遂记忆里,不论是不是一个专业,教授们在一起总会讨论学术问题。"他们之间总是互相谦让。"

曾经的谈笑和论道,随着老教授们的离开也已走远。一路之隔的是浙江大学西溪校区(原杭州大学),也是蒋礼鸿和妻子盛静霞工作过的地方。

如今,蒋遂一家住在街对面的杭大新村28幢,房子是1982年建的。"我父母在这住了很长时间,我不舍得离开这里,感觉父母总在身边。"

2016年3月,为了呼吁保留杭大新村,蒋遂收集了一些杭大新村子女,包括杭大师生写的回忆文章,《烟雨西溪:杭大新村记忆》于2022年由浙江大学出版社出版。"我姐姐也写了篇文章。这书是属于我们集体的,也属于我们父辈。"

当年,盛静霞因蒋礼鸿在"文化大革命"的遭遇,反对蒋遂从文。这些年,他工作颇多坎坷。"我学的是数学、计算机,换了很多工作。"退休后,他没想到自己会开始做些文字工作。

"我和爸爸差不多,没什么兴趣爱好。"这几年,蒋遂将自己的精力主要放在父母年谱的编撰上。

自我评价是个"狷者"

嘉兴北丽桥坛弄秀水兜62号,是蒋礼鸿的出生地。在他的自传里,他说自己是个城市贫民的儿子,父亲蒋洪曾为袜厂伙友和

1982年9月,蒋礼鸿全家福,左起女儿盛逊、蒋礼鸿、妻子盛静霞、孙子蒋凝、儿媳郭敏珊、儿子蒋遂　被访者供图

桂圆行雇工，40多岁因病去世。

蒋礼鸿兄弟姐妹六人，他排行第五，家人唤他"五弟"。

蒋礼鸿从小聪明，邻居、亲戚都和他家人说要供他读书，借钱也要去读。"父亲自传里说，他是靠借债、工读、奖学金读书的。所幸他读的秀州中学、之江大学是教会学校，很注重勤工俭学，他才能把书读下去。"

蒋礼鸿后来写《秀州梦影》回忆母校秀州中学，说它有较为开放的气氛，离开母校50多年了，母校的印象在他脑海里却还是那样清晰美好，那样值得自豪。

蒋礼鸿的中学时代，少语寡言，语必惊人，以"蒋怪"闻名。那时，他除看些新旧文学作品外，还看了胡适的《中国哲学史大纲》、冯友兰的《中国哲学史》、梁启超的《中国历史研究法》《清代学术概论》《墨子学案》等，初窥乾嘉学者训诂校勘的门径。

1934年，18岁的蒋礼鸿被保送进入杭州私立之江文理学院（后改称之江大学）国文系。"奶奶抗战时去世。因为战争，父亲离开嘉兴后，家人联系不到他，他一个人无依无靠。"

幸运的是，在之江大学，蒋礼鸿遇到了影响他一生的师友。他受业于钟泰、徐昂、夏承焘三位先生。钟泰先生反复涵泳、细究文章脉理的读书方法，夏承焘先生谦虚乐受的治学态度，徐昂先生诚挚不已的治学精神都对他产生了影响和启发。他还与后来成为语言学家的任铭善结为终身挚友，为了怀念中年早逝的任铭善，他将书房取名为"怀任斋"。

蒋礼鸿在自传里说自己是个"狷者"，有时也有些"狂"。他不想做文学家或哲学家，而把兴趣移在"考证之学"上；但又觉得当时学者著作凿空附会的太多，他不愿在这种旋涡里讨生活，又把重点移到校勘和语言文字。他认为这种学问是科学分析，又是研究历史文化必须打通的第一关。

从专业选择上，可见蒋礼鸿"有所不为"的性格；而从情感选择上，则显出他性格中痴情的一面。

盛静霞1940年毕业于中央大学，当年曾流传："中央大学出了两位女才子，前有沈祖棻，后有盛静霞。"蒋遂记得，母亲曾跟他们讲过，她当年还是中央大学重庆沙坪坝多所大学的十大美女（之一）呢。自幼喜爱古典诗词的盛静霞，对赵明诚、李清照夫妇"归来堂"斗茶的故事很向往，认为得一"文章知己"作为终身伴侣是人生最理想的志趣。

给他俩牵线的是盛静霞的老师、同乡钱子厚，也是蒋礼鸿湖南蓝田国立师范学院的同事。

抗战期间，蒋礼鸿随老师钟泰到湖南蓝田国立师范学院任助教。在蓝田，蒋礼鸿有"小圣人"之称，钱锺书也是他的同事。很少赞扬别人的钱锺书对蒋礼鸿评价很高："云从小字如簪花好女，人品亦如之。"

烽火连天的岁月，蒋礼鸿和盛静霞书信交流，但两人第一次在重庆见面，理着小平头、木讷寡言的蒋礼鸿并不为盛静霞满意。恋爱受挫，蒋礼鸿以血书写诗词寄给盛静霞，让盛静霞大为震撼，她后来写文回忆："我和蒋云从尚未见面到通信、恋爱，也经过一些曲折，但被云从真情流露的诗词打动，最后结为连理。"

1957年，杭州以浙江师范学院为班底成立杭州大学，蒋礼鸿与盛静霞都成了杭州大学中文系老师。执教30余年，蒋礼鸿教古代汉语,盛静霞教古典文学。

　　盛静霞在生命的最后时光,念兹在兹的是她与蒋礼鸿的诗词合集出版。《怀任斋诗词·频伽室语业合集》后在蒋礼鸿弟子资助下出版,"频伽"是佛经中的妙音鸟,盛静霞以此比喻夫妇诗词唱和。盛静霞写过多首怀念丈夫的诗词,其中,"茫茫遗体早无踪,犹有衣冠向晚风。何日碑头朱变墨,云阶月地会相逢",这首《怀云从》说到遗体捐献一事——这对学界佳偶,共同签下了遗体捐赠的协议。

一生讷言,嗜好读书

　　在蒋家阳台,挂着蒋礼鸿29岁时获得的第一个全国性奖状。当时,他在重庆写了《商君书锥指》,校释《商君书》,获得中央政府教育部颁发的学术著作三等奖,凭此升任中央大学讲师,萧公权在审查报告中说:"而允当朴实,一洗穿凿之弊,尤为难能可贵。"

　　时隔40多年,这部"少作"被中华书局列入《新编诸子集成》第一辑。

　　奠定蒋礼鸿敦煌学家学术地位的是他的代表作《敦煌变文字义通释》,这本书被国外汉学家称为"步入敦煌宝窟的必读之书""研究戏曲小说的指路明灯"。

　　蒋遂幼时常听父亲讲敦煌故事,"观音菩萨""九色鹿""飞天"这些敦煌文学中的题材,使他从小对敦煌心向往之。但是,当时他并不知道父亲正在为解开敦煌之谜进行着巨大的努力。

敦煌，中国古代文化的宝库，更是中国古代民间文学瑰宝，人们对这一文化宝库的发掘和研究，逐渐形成中国独具特色的"敦煌学"。敦煌文献僻词、怪体多而难识，加上时间久远，大量的字音转变和词义变迁，几乎成了有字"天书"。蒋礼鸿认为，如果人们因为读不懂敦煌文献而弃之，那将是历史的遗憾。

《敦煌变文字义通释》于1959年出版问世，不断增订，到1996年蒋礼鸿逝世，先后共出了六版，字数从5.7万字增加到43.6万字。此书解释的虽是敦煌变文中的词语，但所引材料并不限于敦煌变文，而是广泛涉及唐宋诗词、史书、笔记等。

蒋礼鸿提倡"知之为知之，不知为不知"，他在自传中提及《敦煌变文字义通释》时说："就方法而言，我用的还是顾亭林、钱竹汀以来的那一套，没有也不能把他们一拳打倒、两脚踢翻，我不过是把场地转移了一下而已。"他在《读书隅见》一文中告诉读者："《敦煌变文字义通释》，这本小书谈不上什么博，可是除常用的经书、四史、名家诗文以外，在第二次修订时，也牵涉到130种左右的书。"

蒋礼鸿一生讷言，嗜好读书。蒋遂记得年幼时，父亲过年也把自己关在书房里看书，直到喊他才出来吃饭。"到了晚年，他每天至少工作到晚上十点半。"在孙子蒋凝童年的记忆中，爷爷总是整天坐在他那间并不是很大、光线并不是很好的兼做书房的卧室里看书、写字，很少出来。

蒋礼鸿认为，读书贵在沉潜，深入钻研就是沉潜，高明是从沉潜中出来的。他也渴望在课堂上教出一些有为有守的青年，他教育后学："唯一方法就是抓紧30岁以前的时期才能打好基础。

拳拳相勉无他意,三十年前好用功。"

蒋遂知道,父亲研究的训诂学又被称为朴学。父亲这位朴学家一生,为人为文都贯穿一个"朴"字。

晚年,蒋礼鸿在墙上贴上"穷窠"。他坐在窗前,看着窗外的院子写下:

小庭未有半分赊,儿植蕉葵妇乞花。
我享其成望窗外,牵牛吐蔓上丝瓜。

"穷窠"来过不少"贵人"。蒋遂记得,季羡林穿着一套洗得发灰的中山装,脚上是一双布鞋。"季羡林和爸爸都是搞学问的人,是钻在学问里出不来的人,两个人并没有很热烈地交谈,他们很礼貌地坐在那里。爸爸说:'我也没什么了不起,我就是写了一本小书。'季羡林就说了:'司马迁也只写了一本书。'"

蒋遂还记得,20世纪60年代钟泰先生也来过。"父母照例要

蒋礼鸿所著《敦煌变文字义通释》六个版本　被访者供图

我喊他'太老师',太老师看到我坐无坐相,就对我说'站如松,坐如钟',并亲自示范给我看,让我印象很深,终身受益。"

"父亲这个人很执着"

2012年蒋遂退休,他开始翻起家里的老古董,看到了父亲朋友写来的书信及父亲的一些书法。

在蒋遂眼里,父亲本来只是一个教学工作者。"后来了解了他的工作,对他的印象越来越深。"

蒋礼鸿的研究生曾写过一篇纪念文章,说蒋礼鸿有个学术问题一直没有解决掉,在脑子里放了28年;28年以后,问题终于解决了。"父亲这个人很执着。"

蒋遂还记得钱锺书曾给父亲写过一首诗。"劝我爸爸稍微通融一点,世俗一点。我父亲回了一首诗,意思是'我绝对不世俗'。我爸爸在(湖南蓝田)国立师范学院的时候,和钱锺书他们都很要好。"

2011年,杭州市书法家协会、南京大学敦煌学研究中心联合主办蒋礼鸿友朋书法展,蒋遂将父亲共六版《敦煌变文字义通释》全拿去展览,在第三版中发现钱锺书写给蒋礼鸿的信。《敦煌变文字义通释》三版出来后,蒋礼鸿寄给钱锺书;钱锺书看后,对一些条目提出不同意见。

蒋礼鸿去世前,写下遗嘱,把家里藏书捐赠给杭州大学中文系古典文献专业。"送了约5000册,家里有两架书保留下来。"

留下来的那两架子书，蒋遂精读泛览过一部分，但训诂学，他觉得像天书，还是不敢碰。

父亲去世后，蒋遂编了几本书，这也成为蒋遂退休后的精神寄托。

《书魂》是杭州大学编印的蒋礼鸿教授纪念文集。"书名是我取的，这是父亲去世后，请父亲友人、学生写的纪念文章，资料都是我收集的。"

《之江大学的神仙眷侣——蒋礼鸿和盛静霞》则是在《书魂》基础上扩大了主题。

"有句老话，人死如灯灭，这个事情如果我们不记录下来，以后就消失了。"

编辑蒋礼鸿和盛静霞年谱的是三人小组。蒋遂说，如今年谱已经编到22.9万字，"还有5万字的文字记录，我们还在删减。估计全书25万字左右"。

蒋遂主要负责提供资料。"做这些工作，说实话是大海里捞针，但编年谱你是不能着急的，即使出版以后可能还会有新的资料出现，但要把资料尽量收齐。"

蒋遂经常失眠，往往凌晨三四点就会醒来，睡不着就继续找资料。"到了我们这个年纪，回忆就成了主旋律，也有种紧迫感，记忆、精力都不如以前了，现在不搞，以后怕搞起来更难。"

【对话】

"看着爸爸,我觉得仿佛是在读一本书"

记　者:关于父亲,印象最深的一幕是什么?

蒋　遂:爸爸在我的印象中,从来手不释卷,读书之余,爸爸会喊我一声"小猪猡"。仅有一次爸爸将我背在他宽宽的背上。成年后,我上山下乡、进厂工作,父子间没有多少在一起的时候。只在爸爸病中时,我才能坐在他身边。静静地看着爸爸,我觉得灵魂是那样的纯净;看着爸爸,我觉得仿佛是在读一本书,一本我从未读懂、从未读透、从来也读不完的书。

记　者:小时候父亲会带你去拜访他的师友吗?

蒋　遂:有,很少。我记得(20世纪)70年代拜访陆维钊,陆先生家我记得很清楚,住的是老式房子,风从房间缝隙里吹进来。陆先生琴棋书画样样皆通,家里有古筝。他曾经给我爸爸写过一封信,这封信还在。

(他们)关系好到什么程度呢?搞运动,我爸爸妈妈经常下乡,就把我姐姐托在他家里,住在他家里,吃在他家里,一直到爸爸妈妈回来。

父母和朱生豪夫妇是认识的,他们还诗词唱和。宋清如在杭州师范学校教书,家在文二街,1975年我们也搬到河东宿舍,爸爸妈妈带我去过她家里。老太太这一辈子真不容易。

记　者:父母对你们姐弟俩的影响是什么?

蒋　遂：父亲对我最大的影响是做人要正直。爸爸在写《敦煌变文字义通释》时，就讲过一句话："知之为知之，不知为不知。你做人要诚实，做学问，知道的东西可以讲，不知道的东西不能装懂。"

父亲的学生郭在贻，就住我们隔壁。爸爸70岁生日时，郭曾经写了一幅书法：无所不知，有所不言。说我爸爸知道的东西很多，但嘴里讲出来的东西并不多。他要把基础打扎实了，认为是对的，他才讲。这一点对我影响是最大的。

第二点，可能也是受父母的熏陶和基因的遗传，我退休后，能静下心来，做些文字工作。

记　者：没有继承父母的专业，会不会遗憾？

蒋　遂：我姐姐说："你太可惜了。"你说遗不遗憾，也可以说很遗憾，如果我一直从事文字工作的话，可能际遇会比现在好得多。但我始终觉得，妈妈当时出于对我的关心，出于对社会形势的一些误解，不希望我学文科，不希望我们继承爸爸的事业，因为吃的苦头太大了，这也是为我好。我这辈子活得也蛮充实的。

记　者：介绍一下你们家人都从事哪些行业？

蒋　遂：我的第一份工作是在工业企业，曾做过企业办公室主任、质量管理体系负责人，老字号企业协会管理总监，《江南游报》副刊办公室主任、编辑部主任，在浙江大学西溪校区宿管办退休。儿子蒋凝也学计算机，现在在培训公司。

姐姐盛逊当年下乡去了北大荒，就此留在北方，做过出纳，下岗后做个体缝纫。她有一子一女，儿子王悦做计算机营销，女儿王圆从事美发行业。

记　　者：有父母带你们回老家的印象吗？

蒋　　遂：1957年，我四五岁，回到秀水兜，房子是临河的，窗户一打开下面就是河，河道里有船，有渔民，船上有鹭鸶。我看到以后很激动，一下趴到窗台上，上面两块砖扑通掉到水里，水溅了我一脸。这个我印象很深。

记　　者：让人感动的是，你父母都把遗体捐献了。

蒋　　遂：他们是浙江省第一对共同把遗体捐献给医学教育事业的夫妻。遗体捐献需要家属签字，当时我们也不理解，但父母的心愿我们要达成。他们是只向社会奉献，不向社会索取的人。他们希望即便是过世后，能够对社会起到一些促进作用，他们的思想很朴实。这对我们影响很深，我和妻子郭敏琍也把遗体捐献的协议填好了。2019年12月15日，妻子敏琍在逝世前再次表示要继承我父母亲的行为捐献遗体，我为她办成了。

父母一生从事教学和学术研究。对我们正面的教育很少。但是我从他们的行为上、语言上学到了许多东西。如父亲对学术的态度："治学要有好成绩，首先有个态度问题，这个态度就是不欺——不骗人，首先不骗自己。"让我知道诚实是做人的基本条件。"三年困难时期"我偷了家里买麸皮馒头的票子，母亲用袜底板把我的小手打得鲜血淋漓，也是教育我要诚实。

父亲在重病期间半夜里爬起来写文章，说明他具有不畏生死、奋斗一生的精神。他们就是我人生道路上最好的老师。

（2019年2月22日首发，2023年6月修订）

徐肖冰

（1916.09.13—2009.10.27）

　　浙江桐乡人。摄影家，2006年被授予"中国摄影大师"称号，中国革命电影开拓者之一。

　　徐肖冰与侯波，这对为中国新闻与纪实摄影留下大量珍贵影像的伉俪，育有两子：长子徐建林和次子徐小惠。

> 父母不要求后代继承父业。遗嘱里写得很清楚,要求我们做自食其力的劳动者、遵纪守法的公民。
>
> ——徐建林

徐肖冰后人:
父亲是个不拿枪的勇敢战士

■ 陈 苏

提到徐肖冰,许多人首先想到红色摄影家。从延安到北京,他的镜头聚焦了开国元勋们的生动影像,映现了苦难中国人民的抗争,见证了中国革命风风雨雨的历史。

2018年冬,北京家中,父亲徐肖冰那峥嵘岁月中的往事,那生活中的点滴,徐建林娓娓道来,手边是他写下的要点,清晰、明确,父亲的"认真",被他继承得淋漓尽致。

1949年10月1日,徐肖冰(左一)手抓栏杆,在天安门城楼上拍开国大典
摄影　侯波

"父亲是有坚定信念的人"

"父亲是有坚定信念的人,他不怕死。"这是徐建林对父亲徐肖冰最深的印象。

"七七事变前后,老爷子和老师吴印咸从上海到西北影业公司,这是阎锡山出资在太原创办的。"徐肖冰受命到前线拍摄阎锡山部队抗战,路遇去前线采访的《大公报》记者沈逸千和俞创硕。

遇到从雁北前线下来的败兵,"他们讲明身份,败兵却把他们洗劫一空"。徐建林听父亲不止一次讲过,"他们沮丧地前行,遇到八路军特务团,团政委邱创成听了他们的经历,让人给他们打水洗脸、热饭菜,讲八路军抗战的道理……这么鲜明的对比,对父亲影响很大"。

回到太原,徐肖冰决定参加八路军。

他找到八路军太原办事处,接待他的是秘书赵品三。"当时延安不具备拍电影的条件,父亲又原属阎锡山部,让他回去等消息。"徐肖冰不死心,三天两头去磨。一天,赵品三告诉他,周副主席要见他。"老爷子不认识'周副主席'。周恩来说:'欢迎你,现在我们没有条件搞电影,但将来我们会有电影的。'"就这样,徐肖冰成了八路军。

徐建林留着一张父亲穿国军军装的照片,英姿飒爽。"他在国军待遇其实很好,但老爷子认准的事情,死不回头。他有坚定的信念。"

徐肖冰的镜头记录了弥漫的硝烟,穿越枪林弹雨是家常便饭。

战场上,一位战士头部血肉模糊,牺牲在敌人机枪的扫射中。距离他仅一米之地,徐肖冰哭着按下快门,记录了战争的残酷,也留下战士最后的影像——八路军129师386旅16团的排长张义周,牺牲在百团大战榆社战役中。徐肖冰给这张照片起名为《不能忘记他》。

1940年百团大战前夕,徐肖冰奔赴刘邓所率129师。当时,延安电影团拍摄第一部大型历史纪录片《延安与八路军》。陈锡联和陈赓分任385旅和386旅旅长,徐肖冰跟着参加了多场难忘的战斗。

"枪一响,老爷子就往前冲,陈赓派了战士看着他。后来他还跟老爷子开玩笑：'徐肖冰，我看你不要拍照片了，跟我带兵打仗吧。'""文化大革命"后，人民大会堂开会，"陈锡联一看到父亲就喊：'我给你们介绍，这个徐肖冰是个不怕死的家伙。'"

《彭德怀在百团大战前线》的照片被引用过数次。当时，彭德怀是八路军副总司令，他坐在掩体上，端着望远镜指挥战斗，"离前沿就几百米，子弹飞来飞去，老爷子在他跟前，是冒着生命危险拍的"。彭德怀对战地拍摄十分关心，"他曾写诗送给老爷子和电影团，勉励他们：'摄取战争的真相，不怕鬼子的刀枪，踏遍了华北战场，几经寒暑来到太行山上，有了你这样的英勇战士，中华民族绝不会亡。'我觉得这是老爷子这辈子最大的荣誉，这是多高的评价"。"文化大革命"时家里被抄，徐肖冰将这张照片卷起来，拿油纸包好，再用蜡封上，放在厕所水箱里，才得以保留。"底片不在老爷子手里。彭老总警卫员来看父亲，看到照片，泪流满面。"

直到去世，徐肖冰都在念叨为百团大战出画册。"老爷子连封面、里头的照片都选好了。这是他到走都不忘的事情，非常遗憾。"

父亲的战地生涯中，有件趣事让徐建林津津乐道，但也惊险非常。1945年日本投降后，徐肖冰所在延安电影团接到奔赴东北接收敌伪电影机构的任务。"父母是电影团先遣部队，母亲还怀着弟弟。当时，国军已开始封锁前往东北的道路。到了山东惠民，弟弟出生在行军的马车上，所以叫徐小惠。"

1946年10月，伪满影（1937年伪满时期日本人建立的"满洲映画株式会社"）更名为东北电影制片厂，这是党领导下的第一个具有较完备规模与设施的电影制片基地。徐肖冰的第一个任务是拍摄新闻纪录片《民主东北》。

当时,满北最大的土匪是谢文东,座山雕原型之一,心狠手辣。承担剿匪任务的是当年在南泥湾开荒的359旅。"冷得不得了,零下三四十摄氏度,最后把谢文东逼到庙里,老爷子端着相机跟着战士冲进去了。谢文东一看这么大口径,不知道是什么先进武器,对着电影机投的降,被老爷子拍了下来。"

徐肖冰为中国革命留下了宝贵影像,那些硝烟中的日子,也透过一幅幅珍贵的照片让后人得知。"这张老爷子躺在乱草堆里,头枕着石头睡着了的照片,是陈赓在太行山给他拍的,他太累了。"徐肖冰穿着军装,腰间缚着枪与子弹,与普通的八路军战士并无不同。"中华人民共和国成立60周年时,摄影家协会让他写回忆文章,他写《我是一个兵》。父亲就是在共产党领导下的革命队伍里的一个战士,一个不拿枪的勇敢战士。"

"父亲是有情有义的人"

徐肖冰曾说:"我和侯波感情这么深,是因为我们经历过战争年代血与火的考验,经历过'文化大革命'是与非的考验。"

徐肖冰和侯波相识于延安,自1942年成婚,相互扶持走过67载,是志同道合的摄影伉俪。

徐建林作为长子,对父母情义体会深刻。"父亲是有情有义的人。"2009年,他遵照父亲的遗愿,亲手将父亲的骨灰撒入京杭运河乌镇段。八年后,母亲的骨灰也被撒入运河。

1952 年，徐肖冰、侯波和儿子徐建林、徐小惠　徐建林供图

他记得，母亲在"文化大革命"中被打成"反革命"，"新华社摄影部保存母亲作品 4773 幅，公开发表 637 幅。毛主席生前公开的 700 多幅照片，有 400 多幅是母亲拍的，江青却说母亲没给主席拍过一张好照片"。

"母亲被下放到'干校'，在中条山上背大石头，她又瘦又小，连人带石头滚下山，遍体鳞伤，是房东用自行车把她驮到医院；帮电焊师傅扶东西不给护具，得了电光性眼炎，没有药，是房东儿媳用乳汁点眼，才治好……父亲当时情况好些，省下粮票寄给母亲，并在棉鞋里偷偷藏糖果，还写诗鼓励母亲，告诉她要相信党和人民会搞清楚。"

除了父母间的深情,令徐建林感动的还有父亲与饰演《英雄儿女》的田方伯伯近半个世纪的友情。

两人相识于少年时。1932年,徐肖冰母亲托娘家兄弟,把16岁的徐肖冰送到上海天一影片公司做学徒,从此与影像结缘。

在这里,他认识了20岁小有名气的演员田方。因为跟田方去抓蛐蛐,被天一公司开除。

有段日子,徐肖冰没有工作,没地方住,和田方挤一个铺位。

后来,徐肖冰受司徒慧敏邀请,加入有左翼背景的电通公司。在这里,他参与拍摄中国第一部有声电影《桃李劫》,以及《自由神》《都市风光》《风云儿女》等在中国电影史上有重要影响的影片。也是在这里,他在思想上受到左联影响。

徐肖冰和田方重逢于延安,又相继到了北京。"田方伯伯比我父亲大,两人是亲兄弟的感情。"

徐建林记得,1974年父亲因胆结石手术遭遇医疗事故,"主刀大夫是'反动学术权威',手术台上护士就能跟医生叫板,两小时的手术,四小时还没做完"。手术后,徐肖冰发生高位十二指肠瘘,引发各种并发症,导致败血症,学医的徐建林和爱人朱清宇请假回来陪护。"40℃高烧不退,心率出现奔马律,医院说准备后事吧。"因徐肖冰是全国人大代表,他的情况被报到全国人大常委会办公室,值班的卫生部副部长徐运北指示全力抢救,经著名中医赵炳南治疗才退烧。

徐肖冰病重时,田方天天来看他。"他坐在那里不说话,两个大眼睛,就那么看着。田方伯伯眼睛真有神,老爷子说不了话,身上插了七条管子,你看着他,他看着你,摸摸手,走了,第二天再来。千言万语都在眼睛里。"

那时,田方已确诊为胆管癌晚期。徐肖冰住院时,家里辗转买到一只甲鱼和一个西瓜。"我们花200块钱买了小冰箱,每次弄些给父亲吃。吃甲鱼时,老爷子说把一半给田方送去。"侯波把半个甲鱼炖好,送过去。"他手已经拿不了勺,我妈喂他,一边吃,两个人一起掉眼泪。"

徐建林记得田方伯伯走时,父亲还在住院。"他穿着医院的拖鞋、医院的衣服,拄着棍,出了医院,母亲在后面追。一进北京电影学院的院,就喊'田方,田方',一直到他家。"

"做事认真,是受父亲影响"

桐乡徐肖冰侯波纪念馆有件藏品,是77岁的徐肖冰亲手包装,送给儿子50岁的生日礼物。

"拿报纸非常认真地包装,上面写着给我。"接受采访时,徐建林76岁,和父亲当时的年龄相仿。26年过去,这件礼物他没打开过。捐给纪念馆时,被问要不要打开。"我父亲亲手封上的,我不愿意打开,留着吧,我不知道里面是什么。"

1943年3月13日,徐建林出生在延安,曾与父母辗转东北。

1949年,徐肖冰随军开进北平。4月20日,在原国民党电影机构基础上成立了北平电影制片厂,徐肖冰调入北京电影制片厂,主要从事电影拍摄,后又担任中央新闻电影制片厂副厂长,妻子侯波接过摄影"接力棒",成为毛泽东的专职摄影师。

2009年，全家祝贺徐肖冰93岁生日（前排右一为徐建林） 徐建林供图

徐建林随父母来到北京，因父母身份特殊，他不仅能透过镜头见证历史，还能听他们讲述历史背后的风云际会。

弟弟徐小惠出生在1946年6月16日。"1986年弟弟因车祸去世，对二老打击挺大。到老了，我成了独子了。"弟弟去世后不久，父亲带他回了次家乡。"那是我第一次去桐乡。"

"做事认真，是受父亲影响。"徐建林记得父亲离休后，为了拍长城，一人跑到金山岭，跟知青睡一个炕，吃一锅饭，直到拍到满意的照片。在家没事时，他就戴着老花镜，拿笔修老照片，一点点修。"老爷子无论给谁写信都认认真真。给人家题字，为了写在一条线上，专门拿纸刻个框套上。"

受父亲影响，徐建林做事井井有条，家庭档案保存得系统完整。笔记本中，记录着父母在60周年国庆前接受的48次采访，每次采访时间、媒体，他都记录得清清楚楚。

父母虽然都是著名摄影家，后代却没有人从事摄影。

徐建林毕业于上海第二军医大学，在位于张家口的中国人民解放军第二五一医院从实习医生到院长，工作18年，转业到保利集团，退休前是保利集团党组副书记、副总经理。

弟弟徐小惠去世前是北京一二〇一印刷厂普通工人。

徐建林的女儿徐楠，1980年生。徐小惠有两子，1972年出生的徐涛、1978年出生的徐雷。"他们三人任职国有企业，都是普通员工。"

徐肖冰有两个重孙女，徐芊茜在加拿大读大学，徐芮婕在读小学。"我外孙女罗徐述宣在幼儿园。"

父母不要求后代继承父业。"遗嘱里写得很清楚，要求我们做自食其力的劳动者、遵纪守法的公民。"

1999年，"从延安到中南海"摄影展，徐肖冰夫妇自费制作210幅巨幅照片。影展最后一站是桐乡，结束后，他们将照片全部捐给了家乡。

早在1993年，桐乡已建成侯波徐肖冰摄影艺术馆，徐肖冰夫妇捐献电影作品、摄影作品及收藏品2700多件。2014年12月纪念馆新馆开馆，徐氏后人捐献摄影、图书、信件等资料7000多件。2018年10月17日，徐建林将一批资料分别捐赠给侯波徐肖冰摄影艺术馆和桐乡档案局。"我这里片甲不留（笑）。基本上全捐了，交给他们可留下个完整的东西，我觉得这是对父母最好的纪念。

"只留了20万元，这都有法律公证。他们制作照片，到全国乃至世界展览，都是用的他们的积蓄。"

但父母却留下了更珍贵的财富。"离休后,父母相继在全国各地及日本、法国、德国、意大利等国举办摄影展。"说起这些,徐建林言语之间全是自豪。

2003年,法国阿尔勒国际摄影节,侯波徐肖冰"伟人毛泽东"摄影展成为摄影节上最轰动的展览。"父亲身体不好,没去,母亲去了。介绍作者时,全场起立鼓掌数分钟,非常轰动。"法国有线电视台2台和5台专程来中国采访侯波、徐肖冰,并制作成了两小时专题片《侯波、徐肖冰与毛泽东》在摄影节首映。

2005年,"在毛泽东的那个年代"摄影作品展在台北开展,这是毛泽东照片首次出现在台湾地区。"都是我父母拍摄的,他们虽然没去,但影响很大。"

徐肖冰聚焦乌镇　苏惠民摄于2003年冬

【对话】

"出生入死跟着共产党,到走了还是那颗心"

记　者:您父亲留下许多精彩之作,他生前最骄傲的是什么?

徐建林:我没听他说起过。他拍照题材广泛,有领导人、战士、普通老百姓,前线也好,后方也好,我觉得任何一张他都特别珍惜。

我讲讲自己的体会。

这张拍的是,他化装到敌后,通过当地伪保长混进敌人据点,拍到八路军便衣在铁路线的侦察。

这张拍的是,太行解放区妇女自卫队,全部是小脚妇女。这样一些人都扛起枪打鬼子,日本人能不垮吗?

好多这样的照片,我印象深刻。

记　者:您父母作为历史见证者、记录者,历史观是怎样的?

徐建林:他们的观念中,人民是历史的创造者,是历史的主人。这一点,非常明显,他们大部分时间随着部队,大量作品是战争与普通民众。这张第一届政治协商会议妇女代表合影是我母亲拍的,这么多妇女代表,主角却是"子弟兵母亲"戎冠秀。老两口常教育我们,不能忘本。因为他们都是穷苦人家出来的,最困难时是老百姓帮他们、救他们。

记　者:"文化大革命"中您父亲遭遇冲击,是周恩来的一句话才改变了境遇?

徐建林：父亲刚直不阿，敢讲真话。1957年反右时，他是全国人大代表，写了《救救纪录电影》的提案，还是毛主席说"徐肖冰敢讲真话，反映的是实际情况"，才逃过一劫。

"文化大革命"中还是没跑了。

一开始挂着牌子游街，全家被赶了出来，住在一间破房子里，蝙蝠、老鼠、跳蚤都有，东西都放院子里。我回来，没地方睡，只能睡箱子上。

父亲在"文化大革命"时，有个问题说不清楚：怎么从国民党到共产党的。老爷子不想给总理找麻烦，那就这么着吧。后来，军宣队汇报情况，总理问："新影厂来了吗？徐肖冰怎样了？"汇报说："他怎么参加革命的，没搞清楚。"总理说："是我介绍他参加八路军的。"就这样，父亲得以解放。

他们从来不谈这个事情。出生入死跟着共产党，到走了还是那颗心，没有变。

（2019年1月11日首发，2023年7月修订）

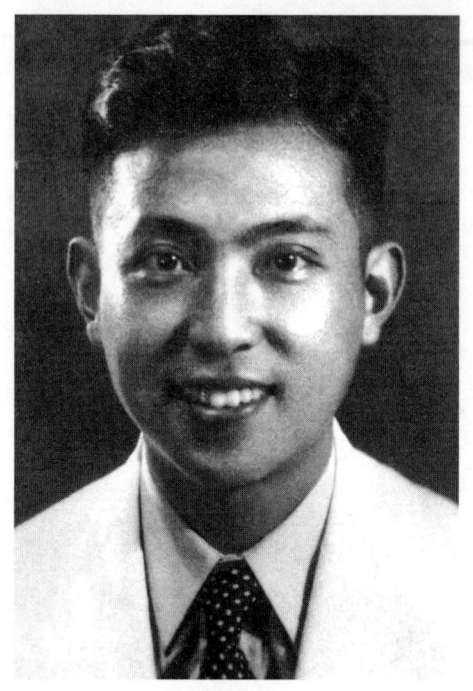

穆旦
（1918.04.05—1977.02.26）

原名查良铮，生于天津，祖籍浙江海宁。诗人、诗歌翻译家。

穆旦与夫人周与良（生物学家）育有四个子女：长子查英传、次子查明传、长女查瑗、次女查平。

父亲身体力行树立的做人典范和生前的谆谆教诲更胜似一份遗嘱……父亲始终是我们的榜样,他的言教意传至今指导我们如何对待生活,规范我们待人处世的言行。

——穆旦子女

穆旦后人:
父亲为理想活着而津津有味

■ 陈 苏

15岁,他拆"查"取谐音,用笔名穆旦,发表诗歌。他弃文从军,参加"中国远征军",投身缅甸抗日战场,被困在原始森林野人山,断粮八天。

无论是穆旦,还是查良铮,在儿子查英传心中,父亲是个"为理想活着而津津有味"的人。

"现在想来,他的人生哲学就是将信仰努力落实在行动上。他认定要做的事情,即便看不到对自己有何直接的好处,也会拼命去做。"查英传说。

名门家风

诗人穆旦：拳拳爱国心

直到他逝世后，我们才逐渐知道，父亲一生追求光明和正义，对祖国和人民有着深沉的爱。自少年时代起，他就关心国家的前途，体念人民大众的疾苦，写诗著文歌颂祖国和人民；在国家危难之际，他又离开大学讲台，毅然登上缅甸抗日战场……中华人民共和国成立之后，当时在美国的父亲和母亲，谢绝了亲朋的挽留和邀请，克服了重重阻拦，毅然回国参加国家建设……这些都是父亲一颗爱国赤子之心的最好写照。

——穆旦之子1987年撰文《忆父亲》

1965年秋，查良铮、周与良夫妇与子女（前排左起：查瑷、查平、查明传和查英传）合影于天津，这是全家最后一次合影　被访者供图

1987年2月，穆旦逝世10周年，查英传和弟妹联袂撰文《忆父亲》：1973年，父亲老友、美籍华人王宪忠来访，受到贵宾般的招待。"我们议论这件事时，流露出抱怨情绪。"当时，穆旦已出"牛棚"，但每天依然要"自愿"打扫厕所。"一天，他把我们叫到一起，问我们是不是羡慕美国的物质生活。他对我们说：'物质不能代表一切，人不能像动物一样活着，要有抱负。'"

"1958年以后，父亲虽然受到不公正对待，但他丝毫没有因从美国回来而后悔。他只是想通过认真学习，努力劳动，深刻反省，能把自己改造成新人，能够重新用他的译笔为广大读者服务。遗憾的是，父亲的愿望在他生前未能实现，1959年以后，他再也没能看到自己的译诗出版。"

2013年，查英传在接受采访的电邮中说："父亲1942年3月离开国立西南联合大学英语教师职位，参加中国国民革命军第五军入缅抗日，任随军翻译。他与军部参谋长罗友伦在古代和欧美诗歌上很谈得来，缅甸战后回国得到罗的就业帮助。"查英传觉得这是父亲在1959年被监督改造，并被定为"历史反革命"的原因。"我在业余时间一直关注中国抗日远征军的历史和近来的纪念活动，并与当年参战军人后代保持联系。"他还在电邮里提到，看到近年来云南纪念抗日远征军活动，父亲于1945年为远征军五万死亡将士写的《森林之魅·祭歌》被引用：

> 在阴暗的树下，在激流的水边，
> 逝去的六月和七月，在无人的山间，
> 你们的身体还挣扎着想要回返，

而无名的野花已在头上开满。

那刻骨的饥饿,那山洪的冲击,
那毒虫的啮咬和痛楚的夜晚,
你们受不了要向人讲述,
如今却是欣欣的树木把一切遗忘。

过去的是你们对死的抗争,
你们死去为了要活的人们生存,
那白热的纷争还没有停止,
你们却在森林的周期内,不再听闻。

静静的,在那被遗忘的山坡上,
还下着密雨,还吹着细风,
没有人知道历史曾在此走过,
留下了英灵化入树干而滋生。

穆旦的诗是中华民族在抗战中最真实的身影,苦难和忧患孕育了穆旦的诗。而穆旦诗中的血性、汗味、泥土和干草味,也将他对祖国深沉的爱,烙印在儿女心中。

翻译家查良铮:沥血译《唐璜》

1985年5月28日,一个雨后的上午,我们把父亲的骨灰安放在香山脚下万安公墓的一块朴素无华的刻着"诗人穆旦之墓"六字的墓碑下,墓室中同葬的,还有一部《唐璜》。我们心中轻轻地说:爸爸,您安息吧,让《唐璜》陪伴着您……

——《忆父亲》

英传和弟妹记着父亲最后的日子:"嘱咐我们保存的唯一遗物,是一只帆布小提箱。他在入院前几天,曾对小平(他最小的女儿查平)说:'你最小,希望你好好保存这些译稿。也许要等你老了才可能出版。'"

箱子里整整齐齐放满译稿,"每部译稿的封页都清楚标明了题目或是哪一部译稿的注释"。其中,最大最厚的是《唐璜》和《唐璜注释》。"这部千余页的译稿虽然纸张粗糙且灰黄,但文字工整,有许多修改,封页上有一行字:'1972年8月7日起三次修改,距初译约11年矣。'"

1962年,早已抛舍"穆旦"诗人身份的查良铮,开始这一生"耗工费时最巨,花费心血最多"的《唐璜》翻译。

他在南开大学图书馆做职员,白天劳动,翻译几乎占据了他所有休息时间。三年后,他沥尽心血,译稿终于完成,却逢"文化大革命"。此后,他多次修改《唐璜》。儿女们《忆父亲》:"父亲在天津郊区的大苏庄劳改……父亲可以每隔一周回家休息两天。在这两天时间里,他除了为我们采购一些生活必需品之外,全部用来译诗。在那间闷热的、挤得满满的小屋子的一角,堆放有酱油瓶和饭锅的书桌就是他工作的地方。晚上我们都休息了,一盏小台灯仍伴着他工作到很晚。"

1973 年，查良铮终于将《唐璜》全部整理、修改、注释完毕，写信询问能否出版，收到"寄来看看"的回信。"他紧握着那封信，只是反复说着：'他们还是想看看的……'"查良铮亲自买来牛皮纸将译稿仔细包好，寄出。但直到1976 年"文化大革命"结束，都没有得到消息。

12 月，查良铮身残卧病在家，托朋友去出版社询问才得知，因为他的译者身份，《唐璜》不能出版，但编辑有意保留。"他在很少写的日记本上写道：'(19)76.12.9，得悉《唐璜》译稿在出版社，可用。'这部父亲倾注最多心血、花费最长时间所译的译稿送出版社三年多后，他第一次得到它的消息，也是他所知道的最后消息。两个月后，他就永远离开了我们，没能看到《唐璜》的问世。"

查良铮去世三年半后，1980 年秋，《唐璜》出版。

类似遭遇的还有《丘特切夫诗选》，被"冻结"20 余年才得见天日。1985 年秋，查家接出版社通知，《丘特切夫诗选》出版，让他们去领稿酬。家人以为弄错了，去信核实，无误。"译稿是父亲20 多年前，即1963 年寄给出版社的。"

儿女记忆中，父亲最后的日子依然在译诗。"他在每天十几个小时的紧张译诗工作中，度过了生命的最后一年。直至他离世的前两天——1977 年 2 月 24 日，父亲将《欧根·奥涅金》的修改稿的抄写工作全部做完，才最后也是永远停止了工作。"

言传身教，人活着应该有所作为

父亲虽然已离我们远去，去到他诗中所说的地方，在芦苇的水边。但20年来，父亲好像依然活在我们身边，不时告诫我们要努力学习，珍惜时间，不说假话，善以待人。可以告慰父亲的是，我们兄妹四人都先后受到良好的教育，获得了高等学位，成为他所希望的有用的人。

——穆旦子女1996年撰文《言传身教，永世不忘》

"父亲身体力行树立的做人典范和生前的谆谆教诲更胜似一份遗嘱……父亲始终是我们的榜样，他的言教意传至今指导我们如何对待生活，规范我们待人处世的言行。"穆旦子女谨记父亲生前

2012年12月穆旦子女合影，前排左起：查英传、查明传，后排左起：查平、查瑗　被访者供图

对他们说过的话——"人不能庸庸碌碌地活着,应该有所作为。"

他们回忆:"父亲1953年回国至1958年,短短五年,竟高质量地译出10余册俄罗斯诗人普希金的诗集和其他文学论集。"这些全都是在查良铮工作之余完成的。他在被"管制"期间,译出俄罗斯诗人丘特切夫的100多首诗。1962年起,又开始翻译《唐璜》。

他虽然工作紧张,却十分重视孩子的学习。穆旦夫人、南开大学微生物学科主要创建人周与良在文章中回忆:"良铮非常喜爱子女。"儿女们也记得:"我们年幼时,他给我们买来能够启发智力的玩具;开始学写字时,他手把手地纠正我们的写字姿势;他常常要检查我们的小学作业本,教导我们要认真改正错误。受过正规教育的父亲,希望我们也都能够受到良好的教育,将来成为对中国有用的人。他曾严肃地对我们说:'不想吃苦是学不到知识的。'言传身教,勉励我们刻苦学习。"

父亲最喜欢外文书店和古旧书店。"父亲买了许多俄文、英文的书籍,也常常为小英买做无线电的书和杂志,还买《十万个为什么》给我们读。"次子明传喜欢摄影,每天花很多时间冲洗照片,查良铮督促他"不要把时间用于这些无用的事,多去读读书"。英传在内蒙古插队,"父亲总是告诫他要利用这段时间学习英语"。长女查瑗在塑料厂当检验工,"父亲逐字逐句给她讲解英文原著,从未因小瑗的轮班而缺一次课。直到他逝世前,讲授完《林肯传》和几百页的欧洲史"。小女儿查平学琵琶,孩子们都不愿听练琴声,父亲却说他喜欢听,让小平去他房间练习。"20世纪80年代再版的父亲所译诗集,正是他在小平的琵琶声中修改的。"

但儿女们或多或少地受到父亲牵连,命运受到影响。

英传品学兼优,对各种电动模型和半导体收音机,小学时就做得相当精巧。插队落户到内蒙古,因吃苦耐劳被选为生产队副队长。"1973年,公社推荐他参加大学招收学员考试。"却因父亲的"历史问题",不能被录取。"父亲几天都一言不发,除了上班和吃饭,他都把自己关在屋里,埋头译诗,也许是想让他的笔来分担一些痛苦。有时,他好像是在惩罚自己。他不再吃鸡蛋,要留给小英回来吃;用了近10年的一条洗脸毛巾也不让换,他说:'等小英能够回来之日再换。'"

父亲去世前,英传受到的正式教育仅有小学五年,中学和高中都是自学;明传是唯一的高中毕业生;查瑗和查平只接受过中学教育。

但子女们通过努力,都取得不俗的成绩。

长子查英传,1953年生于天津,1978年考入内蒙古大学电子学系,1986年获美国迈阿密大学生物医学工程专业硕士学位,后在美国生物医学、航天、航空电子仪器设备研制领域工作。

次子查明传,1955年生于天津,1984年天津中医学院毕业,留学加拿大麦吉尔大学人体营养系,获医学营养学博士学位,后在加拿大从事营养学研究和中医诊治。

长女查瑗,1957年生于天津,1977年考入北京大学化学系,1986年获美国哥伦比亚大学化学博士学位,后在美医药研究和检验管理领域工作。

次女查平,1960年生于天津,1986年天津外语学院毕业,1989年获美国罗吉斯大学幼儿教育系硕士学位,后在美从事幼儿和小学教育。

【对话】

"父亲在世时,我们不知道他是穆旦"

记　者:你们过去不知道父亲是著名诗人穆旦?

查英传:父亲在世时,我们不知道他是穆旦。他去世十年后,通过他的同学、好友的回忆,我才知道他在诗创作上的工作。此前,我们仅知道在图书馆上班的父亲和在生物系上班的母亲,尤其是小学至中学毕业的20世纪70年代,我们只知道出身"不好"。

记　者:您父亲在"文化大革命"后曾写了几十首诗,母亲不希望他写诗,您看到过他偷偷写诗吗?

查英传:家人发现他在1977年前留下的字条,有59首诗的名字,找到的少于这个数字。这是母亲的回忆。我记忆中,父亲下班和周末的多数时间都用来读书写字,稿纸总是很厚一摞放在书桌上,是在译诗(那时,他译诗是公开的)。如果母亲怕他写诗招致政治问题,那父亲一定不会让家人看到他在写诗。1976年(也许早在1975年)至1977年2月的诗作是背着家人写的。

记　者:您父亲在"文化大革命"及更早时受了很多委屈,他可曾后悔过回国?

查英传:他受到政治困扰,开始于1954年,直至去世,历时23年,他没少写"历史检讨"。那个时代,家长大都不会告诉小孩此类政治敏感的事情。我想,他曾经避免说那些可能会影响我们。

记　者:曾看过报道,说您父亲不让孩子学文。而你们四人,除查平为教育硕士,其他三人均为获得硕士或博士学位的高级理工人员,是父亲的要求吗?

查英传: 父亲没有不让我们学文。他逝世时,大学还没有恢复考试招生。我们的家庭出身,不能成为"工农兵学员",看不到可能进大学的机会。父母也不可能去想我们该学什么专业。我自小就爱好业余无线电,1977年恢复高考,我自然学了电子工程专业。我印象中,我小学同学中,凡父母是文科,被打成"右派"和"有问题"的多些。我自己觉得不学文科会好些。

记　者: 父亲对你们的教育有何特点?

查英传: 我们自觉得到好分数,不需要父母帮助。父亲放手支持我们去做自己喜欢的事情。我16岁时想骑自行车往返津、京,父母并不反对。我喜欢业余无线电,父亲也很支持。

（2013年7月19日）

米谷

（1918.11.04—1986.10.20）

  原名朱禄庆。浙江海宁人。漫画家。

  米谷有七个子女：长子朱尧森，次子朱尧洲，三子朱尧山，长女朱星娴，四子朱小谷、五子朱小米是双胞胎，幺女朱忆林。

父亲要求我们无论做哪一行,都要负责任,为国家做贡献。艺术对他来说就是他的事业,是他的追求,他尽职尽责,用一生的行动,给我们做了典范。

——朱忆林

米谷后人:
他用一生的行动,给我们做了典范

■ 陈 苏

2012年夏天,海宁斜桥镇西街12-16号,一幢百年老宅修缮竣工。这是著名漫画家米谷出生及青少年时代的居住地。

2011年11月,海宁动工修缮包括米谷故居在内的一批名人旧宅。修缮完成的米谷故居整体占地1100多平方米,后进三楼三底,还保持着百年前的原貌。落地隔扇、雕梁镂枋,美观大方。

2012年9月下旬,初秋的北京,阳光暖洋洋地照在身上。《嘉兴日报》记者采访了米谷的次子朱尧洲和幺女朱忆林,与他们共同回忆他们的父亲米谷。

1956年,米谷(后排右二)全家合影　被访者供图

小时候，我们把他当外人

　　那热情爽朗的笑声，那锁紧眉头的沉思，那眯缝双眼审视作品的神态，那长期趴在画桌上而微微驼了的背……还有那卧床八年呆滞而无助的目光，这一切都深深地铭刻在我们的心头，永远不能忘怀。

　　　　　　　　　　——米谷七子女所述《回忆父亲》

　　朱尧洲是米谷次子，1937年10月出生于海宁斜桥镇。他和母亲、祖母、兄弟姐妹一直在海宁住到中华人民共和国成立。

　　"我出生一个月，父亲就走了，辗转去了延安。"朱尧洲小时候没见过父亲，"我6岁才见到父亲。"从出生到上小学，他对父亲没有什么概念。"祖母、母亲带着我和哥哥生活，家里没有男人。"

　　"他偶尔回家住一两天，马上就走，国民党还要抓他，好几次都抓到我们家来。"朱尧洲记得，一个特务是父亲的发小，有一次，他到家里打探时发现父亲在家，准备去告诉另一个特务，他们碰巧在窑洞发现死人，两人便急急忙忙去办案。"父亲因此逃过一劫。这事我有印象。"

　　朱尧洲小时候跟父亲不亲。"看他回来，我还不高兴，觉得他打扰家里平静的生活，把他当外人。"不止朱尧洲，朱家子女在《回忆父亲》中记述："中华人民共和国成立以前，父亲在我们心目中的形象是很淡薄的。"

　　再大一些，朱尧洲听母亲悄悄跟他说，父亲干革命。"对父亲的印象，一个是画画的，一个是干革命的。"什么是革命，他并不

2008年3月,米谷长女朱星娴、幺女朱忆林及女婿江文(从右到左)在海宁斜桥米谷故居　海宁图书馆供图

知道,只知道父亲很少回家。在朱尧洲的记忆里,从1941年父亲被派来沦陷区,一直到他1947年逃亡香港地区,都是危险不安定的年份。"又要躲追捕,又要斗争,又要维持生计,他到处跑,画漫画、画广告,做教员、记账员……"

1947年,形势特别紧张。米谷曾在《自传》中回忆:"只能每画一幅画就改用一个笔名,这些笔名都是临时随便写的,现在已经无法回忆了。"朱尧洲记得,那年冬天,父亲去了香港,他和祖母、母亲及兄弟全靠祖产维持生计。

年仅10岁的朱尧洲不知道,父亲在香港仍以"米谷"为名继续战斗;他更不知道,1947年冬至1949年6月,父亲在香港时期的政治讽刺画,无论是思想性还是艺术性,都日臻成熟,当时的漫画界将他与华君武并称"北华南米"。

上海解放,米谷从香港回来,全家都迁到上海。"跟父亲住在一起,我知道了他是共产党员,是《解放日报》艺术组组长,是上海市美术家协会副主席。"

而第一次有意识地认识父亲的画,是1950年。《解放日报》给他出了本画册,他主持办起《漫画》月刊。"创刊之初,编辑部就设在我家楼下客厅,靠窗几个旧沙发,中间一个大桌子,父亲、张乐平、张文元、沈同衡……经常在礼拜天聚在我家开会、画画、画版、改稿子。"

朱尧洲中学六年,都和兄弟姐妹们在父亲身边,接触较多,印象较深。《回忆父亲》中有这样一段描述:"父亲给我们的第一个印象就是整天忙碌,一心工作,很少能顾及家里的事……他的热情总是那么高,精力总是那么充沛。这种不知疲劳全身心投入工作的精神给我们留下了难以磨灭的印象。"

朱尧洲记得:"有时候,父亲会把我们中的一人叫到跟前,他画一张画,叫我们说说这画什么意思。他知道画是要给老百姓看的。或者喊我们过去做个什么姿势,他随时随地素描速写。"

在朱忆林的印象中,父亲在家时间少。"20世纪60年代初,是他创作的高峰期,每天都看《参考消息》,每天都在画,都在构思,老处于一种工作状态。"

"归根结底,他是个'画痴'"

父亲对艺术的痴迷,给子女留下了深刻印象,尤其是在"文化大革命"中。《回忆父亲》记述了这段岁月:"父亲对艺术一往情深,达到迷恋的程度。艺术是他的生命。无论政治上被'打倒',正常工作权利被剥夺,还是病痛的无情折磨……一进入艺术创作,他就忘了疲劳,忘了烦恼,忘了痛苦,忘了一切,他就得到了最大的满足。""文化大革命"时,全家挤在一个二居室。饭桌兼画桌,吃完饭一收拾碗碟,父亲就铺开纸画画。夏天特别热,他常常赤膊,擦把汗,扇几下扇子,接着画。

朱尧洲记得,那时父亲被"批斗","好像对他前面30年工作全盘否定,他看不到以后的路"。奶奶也被戴上"地主"的帽子,遣送回原籍,不久,因不堪批斗而自杀。"这些对父亲的打击都很大。"

不久,米谷去了"五七干校"养猪放羊,朱尧洲也随单位搬到河北邯郸的岳城水库。

"直到1972年,父亲才被允许回北京养病,(他患有)高血压、肾结核,身体很不好。"

不顾疾病缠身,1973年,米谷用一年的时间,根据底稿、报刊图片和记忆,把创作发表的重要漫画作品复制,并对家中留存的画稿仔细整理。"尽管他没说出来,我们感觉,他似乎要把前半生的漫画做个总结和了断。"

这些事做完后,米谷开始画彩墨画。他还利用手头可找到的一切材料和工具,捏泥人、泥马,画盘子,做蜡染,烧陶瓷。子女们如此回忆:"总是省吃俭用挤出一点钱购买绘画用品……他谢绝一切馈赠,但有一样东西除外,那就是纸,甚至开口说'不需要任何东西,如果可能的话,请给我买一点高丽纸'。他还用油彩绘瓷盘,为此还凑钱买了一批廉价的白醋瓷盘和砂锅盖。"

1976年,米谷精心挑选最满意的20余件作品,送到唐山烧制,没想到作品全部毁于地震。"我记得,北京也有比较大的震感,我

《新社会,老现象》
1951年米谷漫画

被访者供图

就把父母接到岳城水库。"

虽然住在修水库的工房里，条件简陋，但米谷每天带着小本，四处画。"他画农舍、老农，尤其是画鸭子。"下雨天，鸭子特活泼，"他戴个草帽，裤腿一卷，穿着塑料凉鞋，去观察雨中的鸭子，在小本上速写。不知情的人都说'哪里跑来个疯老头'，他不管这些，脑子里都是画"。朱尧洲记得，到岳城以后，父亲也画过彩墨画，纸和颜料用完后，他就挖泥、摔泥、和泥，捏各种泥塑。"他对各种艺术的热爱和痴迷都显示出来。他在我这儿住了两个多月。"

1976年至1978年6月病倒之前，米谷对彩墨画创作倾心投入，短短两年时间，他画了上百件彩墨作品，禽鸟、花卉、林木、山水，其中尤以鸭子画得最多。

"但命运和父亲开了个玩笑。"1978年，粉碎"四人帮"后，中国美术家协会和人民美术出版社领导到家里来看他，说"历史问题"解决了，商量给他出画集。"一个下午的畅谈，他非常激动，突发脑溢血。当时，他抽的烟头掉了，怎么都捡不起来。"朱尧洲记得，那年父亲60岁。治疗后，恢复到能说话，但没过多久，病情又加重。"他瘫痪在床，不能说，也没有表情，只能吃半流质的东西维持着。我想，他也有感觉，有时朋友来看他，他会掉眼泪。"就这样直到去世。

"父亲非常热爱、痴迷艺术，归根结底，他是个'画痴'。"朱尧洲和朱忆林在采访中不止一次这样说自己的父亲。

言传身教,不虚度时光

父亲对于我们择业是很民主的,从来不多加干预。他知道国家的发展需要各行各业的人才,他也尊重我们自己的爱好和志愿,并不要求我们继承父业……"一定要学门本领,要有一技之长,不能虚度时光。"父亲不仅言教,更是以自己的行动教导我们要全身心地热爱和投入自己所从事的事业。

——《回忆父亲》

米谷与妻子育有七个子女。

长子朱尧森,1936 年生,清华大学电机系毕业,中国科学院南京电子研究所高级工程师,现已去世。有一子,大学毕业后在

米谷

被访者供图

深圳工作。

次子朱尧洲，1937年生，高中毕业后，考取留苏预备部。他被分到保加利亚，在索菲亚建筑工程学院读水利工程。1963年春回国，进水利部，被分配到当时的北京水利水电学院，教农田水利工程，退休时是该院副院长，2022年因病去世。有两子，长子1968年生，学国际金融，大专毕业，节水设备贸易公司经理；次子北京工业大学自动化系毕业，做楼宇自动化。

三子朱尧山，1943年生，北京航空学院（现北京航空航天大学）自控系毕业，时值"文化大革命"，被分配到河南安阳工厂劳动，后从安阳市外经贸公司退休。有两子，长子学医，目前在广州从事与医药相关行业；次子在安阳。

长女朱星娴，1946年生，北京工业大学机电系，未毕业便赶上"文化大革命"。曾在山西农业大学从教，后任中国大百科全书出版社编辑（副编审），现居美国。有一女，学医，和女婿在美国医药开发研究所工作。

四子朱小谷、五子朱小米是双胞胎，1948年生。朱小谷，两三岁时罹患脑膜炎药物致聋，聋哑学校毕业后，赶上"文化大革命"，做环卫工人直到退休，现已去世。有一女，杂志编辑。朱小米高中毕业，上山下乡，后任北京古城中学总务处处长，现已去世。有一子，在中国银行工作。

幺女朱忆林，1953年生，小学毕业后上山下乡。恢复高考后，考上中央工艺美术学院（后并入清华大学，更名为清华大学美术学院）。毕业后，被分配到北京市建筑设计院，做室内设计。有一子，留美攻读计算机硕士，现在美国，高级工程师。

朱忆林是米谷后人中唯一专业与美术相关的，也是七个子女中唯一受到父亲亲自教育的。

朱忆林小学一毕业，就去了黑龙江建设兵团。"文化大革命"后期，她回京。"突然有一天，父亲也回来了，回京看病养病。"

朱忆林天天看父亲趴在桌子上画画。"家里就我们两人。他鼓励我学习。我当时已经20岁。父亲说：'你还是要学习，不能荒废，人要学本领，才能报效国家。'"当时，和朱忆林同龄的青年都在玩闹，朱忆林在父亲的指导下，开始学画。"父亲规定我每天都要画一幅画。"

先学素描。朱忆林记得，当时，买不到石膏像，是借的。一段时间后，学写生。"父亲学西画，很重视素描、速写等基本功，他认为色彩的把握、捕捉形体，必须写生，自然界一年四季的变化，是很好的训练。我天天背画架去写生。"朱忆林每天写生回来，父亲都要对其画作的色彩和形体进行评论。"这段时间，两个人在艺术上有交流。那时，我除非下雨不出去，下雪天都坚持出去写生。"

从回城到1977年高考前，朱忆林在父亲的正规指导与系统训练下，比别人更进一步。"他言传身教，有时，他画得比较得意，也让我观摩，来评价是这幅画好，还是那幅画好。这是一种潜移默化的教育，对我艺术欣赏能力及审美意识的培养，都很有帮助。"

恢复高考后，朱忆林顺利考上大学。1977届中央工艺美院工业美术系，也就是现在的环境艺术设计。"当时，在北京就招九个人。'文化大革命'积攒了很多年考生，竞争很激烈。"

现在回想起来，朱忆林还很庆幸父亲的远见。"这可以说是父亲对我最大的影响和教育成功。当时，都不知道'文化大革命'何时结束，是他督促我学习，不荒废青春。也因此，我的命运和兵团伙伴有很大的不同。"

朱忆林毕业后，被分到北京市建筑设计院——当时中国最大的民用建筑设计院。她是"文化大革命"后第一届室内设计毕业生，被分到室内设计部。"当时，内地室内设计还是零，我们组成了设计班子常驻香港，接触新知识，开阔眼界，和很多名设计师交流学习。"

后来，北京市建筑设计院承接了很多重大工程，朱忆林有机会参加这些室内的改造，1992年人民大会堂室内改造、2007年毛泽东纪念堂改造、天安门广场两个电子屏幕的基座设计……而且很多工程都由她牵头。"1994年，我负责的人民大会堂东大厅改造，做得非常成功，现在已经成为人民大会堂永久保存大厅。人民大会堂一共只有三个厅永久保存。"她两次获得"金厦奖"，这是北京建筑设计院最高设计奖，也多次和自己的团队获得原建设部、北京市颁布的优秀设计奖、工程奖等。她的设计大气、庄重。

朱忆林也记得："父亲要求我们无论做哪一行，都要负责任，为国家做贡献。艺术对他来说就是他的事业，是他的追求，他尽职尽责，用一生的行动，给我们做了典范。"

朱尧洲觉得兄弟姐妹虽然没有从事艺术，但在父亲潜移默化的影响下，在家庭艺术氛围的熏陶下，也都很喜欢艺术。"退休之后，我写写毛笔字，业余爱好篆刻，尧山也画画，幺妹画作也不少。"

【对话】

"他是时势造就的一个战士"

记　者： 怎么看你们的父亲？

朱尧洲： 他是个"画痴"。漫画只是战时武器。他骨子里是个艺术家，他是时势造就的一个战士。他后期放下担子，痴迷于各种艺术形式，全身心回归艺术。

朱忆林： 他最重要的成就是在漫画上，那个时代把他推上漫画，他本质是个艺术家，心里头向往纯艺术，不在乎别人是否认可。遗憾的是，没有完成这个心愿。

记　者： 很多名人之后都从事父辈祖辈的成果整理、研究，你们呢？

朱尧洲： 父亲的画稿，他在的时候已经都整理好了。我们对这块事情做得不多。老照片、父亲的自传都在星娴那儿，她可能有这样的想法。我的小妹夫江文是中央美术学院的老师，写过与父亲相关的文章，海宁出版的《米谷画集》中《千古丹青未尽才》就是他写的。

朱忆林： 这个工作我们一直在做。20世纪90年代，在中央美术学院和中国美术馆都办过画展；1996年，出了《米谷画集》。这本画集，我们花了一年多时间，整理年表、手稿画稿、照片及作品名称。

我们和广东美术馆也有协议，研讨会、画册、展览都不会少。

我们一直想做个全面的回顾展，办个研讨会，出本画册。

补记：2018年11月，纪念漫画家米谷100周年诞辰系列活动在海宁举行，朱忆林姐妹和侄儿回到家乡，这次共展出米谷画作189幅，同时还举行了研讨会。

2022年，海宁出版了《米谷传》。

2023年7月28日，作为"二十世纪中国美术大家系列展"之一的"这是一个漫画时代：米谷的1945—1965"在北京画院美术馆展出，展览由广东美术馆和北京画院合办，展出117幅作品，展览画册的编辑工作正在进行中。

记　　者：你们的父亲整理的画稿现在保存在哪里？

朱尧洲：父亲逝世后，母亲和我们将他重画的438幅作品，全部捐给了家乡海宁图书馆"米谷画廊"。1972年到1974年，他利用空闲时间，将原有作品中的一部分进行重新绘制。后来，我们又将父亲整理留存的1275幅画稿，捐给了广东美术馆。

朱忆林：我们希望父亲的作品能完整地收藏在某一个机构，便于后世的人看到他全部的作品面貌，研究他的艺术历程，我们觉得这是父亲作品最好的归宿。当时想收藏父亲作品的机构很多，但我们经过考虑，全部捐给了广东美术馆。

记　　者：在你们兄弟姐妹七人中，无人承袭父亲的衣钵。"文化大革命"开始后，你们的父亲也不再画漫画，主要是什么原因？

朱忆林：父亲确因漫画，在历次运动中风险很大。他画漫画有历史原因。抗战爆发，他作为热血青年，走入抗战行列。他学的虽是油画，但漫画、版画，更适合表现革命斗争需要。"文化大革命"中不画，是因为不准画。

孩子是否继承漫画，他从没有过这样的想法和要求。父亲从未对我们所学专业提出具体要求，学什么，看自己爱好。

至于我，政治形势不同，个人兴趣不同，我比较喜欢图案，喜欢装饰性的画。父亲生长的年代，漫画唤起斗争；我生长在和平年代，艺术是装饰生活，我考大学时，也没有漫画专业。再说，那时有学上就不错了。

画漫画，特别是父亲画的政治讽刺画，需要政治洞察力，需要创意及深入浅出的表现力，也不是谁想画就能画的。

补记：修缮后的米谷故居已成为海宁斜桥近现代重要的历史遗迹，对外开放，一楼展陈着米谷先生各个时期的代表作品及他的生平简介，二楼则汇聚斜桥 50 多位历史名人的故事，成为乡贤名人馆。

（2012 年 12 月 21 日首发，2023 年 7 月修订）

孙道临
（1921.12.18—2007.12.28）

  浙江嘉善人。电影表演艺术家。代表作品《永不消逝的电波》《早春二月》《渡江侦察记》等。
  孙道临和夫人王文娟育有一女：孙庆原。

> 父亲的善良及做事态度都受到了家庭的影响，但他的思想非常独立。他认准的理，就会坚持下去。
>
> ——孙庆原

孙道临后人：
父亲对自己的信仰从未改变

■ 许金艳　李若愚

2014年8月12日，上海浦东机场，孙庆原为去美国学工科的儿子送行。

1987年，她的父亲孙道临、母亲王文娟曾在上海虹桥机场送别赴德留学的女儿。孙庆原体会到了父母当年送她时心里空落落的感觉。

她以为，这也算是让儿子去完成他曾祖父对他祖父的希望和寄托。

一百余年前的上海，孙道临的父亲孙文耀从震旦学院预科毕业，考取官费留学，赴比利时攻读土木专业。

孙文耀希望子女能学理工，实业救国，孙道临没有听；父亲让他别搞文艺，他也没听。

名门家风

孙道临、王文娟结婚照

嘉善县政协文史委供图

孙道临生于嘉善书香之家,这个孙家的第五个孩子,后来成为中国电影百年标志性人物,亦是中国电影史上代表男演员的一座丰碑。诗人西川说,在孙道临的身上,集合了一个时代的道德、修养、热情、才华。

"父亲是一个很执着、很独立的人"

1940年,深秋,不到20岁的孙道临满怀心事从北平回到故乡浙江嘉善。

当时的北平已沦陷，上海早已爆发了淞沪抗战，他的故乡也处在日军的铁蹄下，嘉善码头上挤满了从苏淮一带逃难来的难民，让这个忧郁的青年触目惊心。

孙道临后来在《鹰之歌》中回忆："那是我首次离开了家，独自住在故乡一个荒凉的小城里面，最初是一点故昔之情浸润着我，使我的心情很平稳，城里面的乡音和街道，和缓缓行过物，都给予我安静的心情。"

孙道临在他的远方姑妈家住了一个多月。一些嘉善人今天依然记得他们的长辈曾说起，当年这位儒雅斯文的孙家少爷如何走过小城的街道。

孙家是嘉善的名门望族，几代人都是江南有名的诗人和书法家。在《燕兜孙氏家乘续谱》中记载着：孙以亮——这是孙道临的学名。他祖父是前清举人，父亲孙文耀13岁就考上了秀才，后到上海法国天主教会办的震旦学院改学西学，与同校的翁文灏、胡文耀并称"震旦三文"，名噪一时。孙文耀留学归国后在北京市政府交通部任技正（今总工程师）兼考工科科长。孙道临的母亲大名叫范念华，长着一张圆圆的脸，来自嘉善一个望族。

1938年，孙文耀病重，家境窘迫，他卖掉房子，供儿子孙道临到燕京大学读书。

在孙庆原看来，孙家很看重教育。"我的爸爸和他的兄弟姐妹都是燕京大学毕业的，都是读书人。爷爷要求子女们自立。你活在这个世界上，要为这个社会做些事。"

孙文耀曾这样告诉他的子女，他不会留一样东西给他们。

1949年6月,在魏塘镇的祖屋病重弥留期间,他留下遗嘱,把祖上传下来的位于嘉善朱家埭的房屋、乡下300亩土地和千余册图书全部捐献给政府。

孙道临的出生地——孙家在北京西安门内惜薪司十八号宅子的垂花门上曾贴着这样一副对联:忠厚传家久,诗书继世长。

孙道临从小就养成了沉思、严谨的性格。他后来选择哲学作为他终生的专业,也与儿时印记不无关系。

他16岁时,在北京崇德中学以集体入党的形式由党的外围组织"民先"转入中国共产党。因为参加学生抗日运动,几次入狱。少年时候的他常为自己存在的价值被践踏、被蔑视而痛苦不已。

在孙庆原看来,父亲是一个很执着、很独立的人。"他16岁就有了自己的信仰,对自己的信仰从来没有改变。这一点让我很佩服。"

1942年6月,脸上都是绷带的孙道临从狱中出来就失学了——燕京大学被迫关闭。家境困难,他接受父亲的劝告独自去养羊,自食其力。这是他一生特殊的经历。一直到1946年夏,他才又回燕京大学读书。

孙道临和女儿讲起过这段放羊的经历。"他说,那个时候送羊奶去卖,跟同学两个人躺在床上,明明说得好好的,明天要去卖多少羊奶,卖给哪些人,但是一到外面市场推销,实际情况完全跟他想象的是颠倒的。"在孙庆原看来,父亲是一个很浪漫的人,更像一个学者。"但正因为他这样的秉性,成就了他在艺术上的造诣。"

影响孙道临走上电影戏剧之路的人叫黄宗江。孙道临和黄宗江同岁,他们是崇德中学校友,两个人的父亲都是留过洋的工程师,又同年进燕京大学。黄宗江进燕京大学后,就开始和同学张福骈一起组织燕京剧社。

孙道临后来回忆，1939年春天，剧社决定排练《雷雨》，原想找他演周冲，因他毫无舞台经验，决定让他当剧务和场记。

那是孙道临第一次参加戏剧活动。他的戏剧生涯就此开始。

1939年，黄宗江邀请孙道临参演自己翻译的话剧《窗外》，这是孙道临第一次上台演出。

孙庆原记得父亲带她去看《永不消逝的电波》，这是她第一次在银幕上看到父亲的形象。

看到电影里父亲受刑的时候，她伤心大哭。"父亲说：'不要哭，我就在你旁边。'"

孙庆原认为他的父亲也许不是一个天生的演员，"但他是个靠自己内心去演戏的人"。

当时的孙道临在银幕和舞台上演了很多罗曼史，还被人称为"台上台下悲伤流泪的孙大雨"，可在现实生活中却迟迟不谈恋爱不结婚。

直到他年过35岁，有一天，突然找到黄宗江和他的妹妹黄宗英，开门见山地说："我想结婚了……"

黄宗江曾说他的这位好友是首诗，是一首舒伯特和林黛玉合写的诗。孙道临的"林黛玉"正是黄宗江做的媒。

王文娟是浙江嵊县人，嵊县是著名的越剧之乡。王文娟自小背井离乡到上海学戏，跟表姐竺素娥学戏，19岁时在《碧玉簪》中就是头肩花旦。

1962年7月2日，孙道临与王文娟成婚。唯一的女儿孙庆原生于1964年。

2006年春，孙道临夫妇和女儿一家在嘉善　摄影　周向阳

"父亲最注重的是我的精神食粮"

孙道临给女儿取名庆原,是为了纪念中国原子弹爆炸成功。按祖传的家谱,女儿应该是"经"字辈。孙庆原的名字是家族中(她这代)唯一没有按家谱取名的,孙道临为此写信给自己的兄弟姐妹,陈述理由,恳请理解。

孙庆原的童年、少年都是在武康大楼的家中度过的。武康大楼在上海淮海中路与淮海西路交接处,楼身侧看很像一艘大船,原来的名字叫诺曼底公寓,由旅居上海的匈牙利设计师邬达克设计。中华人民共和国成立后,上海的一些文艺界名流入住此间。

1965年,孙道临一家住进武康大楼,那时孙庆原才牙牙学语。从孙庆原有记忆开始,家里就一直很挤。"我们一家子好几个人住三间房间,我的舅舅、舅妈和外婆跟我们住在一起。"

女儿是孙道临人生中很重要的一部分,但孙道临继承家风,对女儿非常严格,以至于女儿小时候很怕自己的父亲。

孙庆原清楚地记得这样一件事:"父亲前一天跟我说好今天把琴弹好,他晚上回家带我去看电影,但是我没弹。晚上他回来的时候说,电影票已经买好了,你把琴弹一遍给我听。但是我弹不出来,他当场就把票撕掉了。"

父亲教育她:"你的承诺,你要兑现,要做一个可信任的人,说了话就要算数。"

除了学习,孙道临非常注重对女儿生活能力的培养。

孙庆原小时候身体不好,父亲只要在家,每天早晨不管多冷,都带她一起跑步,六点半准时把她从被窝里拉起来。"从幼儿园一直到小学三、四年级,这个习惯坚持很多年。"

女儿8岁那年,孙道临开始教她骑自行车,用的是孙道临的"老坦克"。黑色的"老坦克"又高又沉,她几乎是站在上面骑。在安静的余庆路上,父亲来来回回扶着车跑。"因为他觉得骑自行车是一门本领,在上海你一定要学会骑自行车。现在想来,那时的爸爸已经年过半百了。"

孙道临的"老坦克"是1964年买的,凤凰牌,黑色车身,28英寸。"文化大革命"的时候,为了这辆自行车不被抢了去,他的母亲遭遇了人生第一次耳光。这辆"老坦克"现在被收藏于上海电影博物馆。

作为艺术家庭的孩子,孙庆原的童年是孤独的,因为父母常年外出演出不在家,她和外婆住在一起。

小时候别的孩子都不愿意去幼儿园,她却盼望去幼儿园,反复问父亲:"你什么时候带我去啊?"因为到幼儿园就可以跟小朋友一起玩了。

孙庆原毕业于上海外国语学院,读的是英文文学专业。大学毕业后,她工作了一年,跟着当时学工科的男友一起去了德国留学,选择的是自己感兴趣的企业管理。

她在德国汉诺威大学念了两年,后找到了工作。"我们当初不像现在的留学生,生活都由父母资助。那个时候,一方面受生活条件限制;另一方面我觉得学的是企业管理,需要实践经验,我可以在实践中学习。"

在德国的九年,孙道临知道女儿喜欢看《新民晚报》,每个月都给她寄厚厚的一摞《新民晚报》。"父亲最注重的是我的精神食粮，母亲更偏重我的衣食冷暖，所以他们两个人给我寄的东西不一样，妈妈会寄些衣物零食和南北货。"

父亲的意思，是希望女儿人在国外，也要关心国内的事情，不要和国内脱节。

孙庆原的性格比较像父亲，做事认真，自律，比较有计划。

她从 2000 年起在美国通用电气公司工作。她的丈夫朱解鸣在一家德国公司做管理工作，他们有一子一女。儿子高中毕业后去了美国留学。"女儿很会写文章，《孙道临自传》一书中的一篇序言就是我女儿在她 9 岁左右写的。"

孙道临不仅是艺坛上的常青树，他还做过不少影视剧的导演。

孙庆原在上海接受《嘉兴日报》记者采访

摄影　许金艳

1996年，这对夫妻还合作了一把——越剧电视剧《孟丽君》由他导演，王文娟主演。晚年，他把更多精力放在播音和朗诵上。

孙道临曾对女儿说，要把对一些问题的思考，用"留言"的形式写下来。可是2005年，他因带状疱疹住了很长时间的医院，记忆力很受影响。

2005年，上海节目主持人曹可凡在医院采访了孙道临，准备做一档《可凡倾听》节目。他让女儿到家里找来烫好的衣服，可是他不满意衣服的色调。王文娟给他换成米色西装、白衬衫、绛红领带。

孙道临一生都喜欢白色。孙庆原说："他要求你出去见人要穿得整齐，这是对别人的尊重。"

孙道临对故乡嘉善感情很深。每次回去，都会去父母的墓前跪拜。

嘉善魏塘镇的下塘街孙宅，曾是孙道临的父亲出生的地方。孙庆原说，好几年前她曾和姑姑去找过，看到的是一地碎片，"后门一条河都平掉了"。她父亲的兄姐和他们的后代，基本在海外和北京。据嘉善县政协文史委的人介绍，留在嘉善老家的，有孙道临的堂弟孙以冕。

2007年春，孙道临电影艺术馆落成，这是中华人民共和国成立以来第一座以个人名字命名的电影艺术馆。落成之日，孙道临应邀回故乡，这是他最后一次回故乡。

当日，当参观者潮水般涌进艺术馆展厅时，他顽强地离开轮椅，在亲人的搀扶下，缓缓走向长廊。当走到母亲的照片前，他停了下来，拍了拍女儿的手说："这是你祖母——我的母亲。"

1966年,他被打入"牛棚",他的母亲快死了,他得不到回家许可。等到他回家,母亲的身体已经冰冷了。

2007年12月28日,这位从燕京大学哲学系走出的艺术大师离开了人世。他去世后穿的衣服,也是他生前配好的,那是他为下一场演出做的准备。

【对话】

"要对社会有贡献,但这并不妨碍我去做个自由的人"

记　者:黄宗江说你父亲是一首诗,是一首舒伯特和林黛玉合写的诗,你怎么理解这句话?

孙庆原:父亲和母亲成长在完全不同的家庭背景里,虽然有如此多不同,但他们合起来就像一首诗一样,那么和谐。这是我对宗江伯伯这番话的理解。

因为爷爷是个留学生,父亲的生活方式比较西化,包括饮食,他会做很多西餐。妈妈小时候生活在浙江农村,喜欢吃的是浙江菜,腌的、咸的、酱的,妈妈的饮食是非常中国化的。虽然生活背景不一样,但他们有一个共同的追求,就是对艺术的热爱,对生活永远有一种积极的态度,所以他们又是非常相像的。

记　者:你觉得父亲一生受谁的影响最深?

孙庆原:父亲的善良及做事态度都受到了家庭的影响,但他的思想非常独立。他认准的理，就会坚持下去。

　　记　　者：作为艺术家的父亲在生活中是什么样的？

　　孙庆原：父亲非常幽默，跟他不熟的人可能会觉得他很严肃，会让人害怕；但在跟他接触以后，你会发现他是个非常有意思的人。跟他在一起时，你会一直笑，但他不笑。他生病的后期，我去看他，我说："你要运动，你老坐着不动，肚子会越来越大。"他说："唉，你不懂，我肚子大是因为我满腹经纶。"

　　记　　者：你后来从事的是企业管理，父母对你的选择是什么态度？

　　孙庆原：父亲觉得没问题，他非常尊重我的选择。只有一次，我在高中选择学文科还是理科的时候，比较关键的时刻，他帮我做了决定，让我去学文。

　　我见的几乎每一个人都会问我同样一个问题，你为什么没有走你父母的那条路？当然，如果你做的事和父母的专业是一样的，可能更容易成功；但你做了不同的专业，虽然不能达到父母那么高的高度，但更能证明自己。

　　记　　者：你是不是不那么喜欢文艺？

　　孙庆原：我觉得从事文艺的人，很少自由，我不是很有欲望去做文艺。其实做演员，很不容易，一直生活在别人的关注中是很累的，他们要比普通人承受更大的外来压力，包括他们的小孩也挺辛苦的。

　　自由做人，做你想做的事情，我觉得这点很重要，也很珍贵。当然，我对人生也有自己的看法，要可信，要自律，要对社会有贡献，但这并不妨碍我去做个自由的人。我的人生观，简单说，我不要在光环下，我要自由，我要老百姓的自由。

记　者：现在有种说法，说从事父母的职业，可以享受"祖荫"。

孙庆原：享受祖荫并不需要从事父母的职业，我平时接触人更容易得到别人的信赖，这就是我享受到的祖荫。

（2014 年 8 月 29 日首发，2023 年 7 月修订）

致 谢

众声喧哗时，能按自己的初心完成一件事，实属不易。

从项目启动到本书出版，已过十个春秋。

感谢所有给予我支持的师友，还有我供职单位《嘉兴日报》的历任领导和诸多同人。

感谢所有受访者和给予我们采访支持的文化单位、机构和个人。

感谢李辉先生，我们后期一些文化名家后人的采访是在他的推动下完成的。

感谢夏春锦兄的推荐；感谢华文出版社，感谢责编景洋子女士为本书出版付出的辛劳，帮我们纠正了不少文字差错；亦感谢小茜女士，为本书颇具匠心的装帧设计倾注热情和才华。

最后，感谢本书团队——

主创人员：除了我，还有陈苏、朱梁峰、许金艳、高云玲、刘艳阳、沈爱君等人；主摄影（包括老照片翻拍）：袁培德。

感谢范笑我先生对本专题的"编外"指点和无私支持。

感谢杨丽芸、徐莹、杨世祥、颜婧宇、潘舒怡、倪嘉迪、李若愚、何婧等人对采访的翻译、整理贡献。

2024 年 4 月